内 容 提 要

　　DISC 行为模式是产生于 20 世纪二三十年代，描述正常人类行为的共同语言，尤其是在企业和组织中，DISC 的应用更加广泛，成为探讨职业个性的语言和一种富有成效的工具。本书将人在职场的行为按照基本素质与能力、人际交流素质与能力、团队协作素质与能力、领导素质与能力四个维度划分，通过对 D（掌控）型、I（影响）型、S（稳定）型、C（谨慎）型，这四种性格和八种亚性格的人在职场的表现，在各种不同或相同的场景中，不同个性模式会有什么样的回应，不同个性会做出什么样截然不同的反应。认识各个模式的独特回应方式，能帮助我们更好地理解并宽容他人。

图书在版编目（CIP）数据

　　穿透：洞察性格优势，让用人效能倍增 ／ 李亮著．－－北京：中国纺织出版社有限公司，2023.3
　　ISBN 978-7-5180-9438-7

　　Ⅰ．①穿… Ⅱ．①李… Ⅲ．①性格测验—通俗读物 Ⅳ．① B848.6-49

　　中国版本图书馆 CIP 数据核字（2022）第 052826 号

策划编辑：史　岩　　　责任编辑：段子君
责任校对：楼旭红　　　责任印制：储志伟

中国纺织出版社有限公司出版发行
地址：北京市朝阳区百子湾东里A407号楼　邮政编码：100124
销售电话：010—67004422　传真：010—87155801
http://www.c-textilep.com
中国纺织出版社天猫旗舰店
官方微博 http://weibo.com/2119887771
三河市延风印装有限公司印刷　各地新华书店经销
2023年3月第1版第1次印刷
开本：710×1000　1/16　印张：18
字数：298千字　定价：68.00元

凡购本书，如有缺页、倒页、脱页，由本社图书营销中心调换

推荐序一

推荐序一　让人力资源管理回归本质

我认为在人力资源的工作中，关注员工的内心成长及其重要。人力资源从业者，如果能学习并运用心理学等相关知识和方法，学习优秀的传统文化，关注人本身，才能真正做到"以人为本"。

我自1996年进入人力资源领域，2002年起在启明星辰从事人力资源实践工作。约在2004年，我们曾经给研发的中层管理干部做过一个项目管理的培训，从与研发负责人确定培训需求到与老师沟通培训方案，再到培训完成后对效果的评估，一切都很好。可是一个月后，某位经理，又回到了原来的状态，而不是我期望的状态。于是我在思考，问题出在哪里了？后来我从心理学知识中找到了答案。当时我自己得出的结论是，他的性格特点不合适做管理。他的性格特点与他从小生活的家庭环境、教育环境、工作环境均有较大关系。自那年开始，我便对心理学产生了浓厚的兴趣，直到2014年在中科院心理所接触到后现代心理学，更是被深深吸引了。启明星辰的企业文化源自传统文化，近些年，有幸通过北京大学中国文化书院、三智书院，受益于一批优秀的传统文化老师，并还在继续学习中。

我认为人力资源从业者，学习心理学、传统文化，有以下益处：

首先，自己可以得到持续成长，人力资源工作者，是助人工作者，是人与人之间的工作，自身的心理状态决定了工作段位和层次。每个人在成长过程中都或多或少有一些缺失，这是整个社会的现状，若要实现突破要靠自己弥补。

其次，有助于工作能力提升，在工作中面临的各种问题，多数是沟通的问题，而沟通的问题又往往与人的性格特点、内心状态相关。"晨星"公益项目是融合传统文化和心理学的，将会对大家有帮助。

好友李亮老师的《穿透：洞察性格优势，让用人效能倍增》一书填补了现代人力资源领域回归人本研究的空白，同时他的文化底蕴很好地贯穿在这本书的思想体系中。无论对"数字化时代"的人才管理，还是企业管理，都有现实意义。最后，也希望读者们喜欢管理心理学和人格心理学，应用它们于工作和生活中。

谢奇志
西安交通大学管理学博士
国家二级心理咨询师
启明星辰集团党委书记
人力资源副总裁
2022年3月20日（周日）于北京寓所

推荐序二

推荐序二　管理学与心理学的融合：数字化时代的趋势

我对李亮老师出新作期待已久。拿到李老师《穿透：洞察性格优势，让用人效能倍增》这本书的手稿，如获珍宝，一口气读完，感觉获益匪浅、爱不释手。

我与李老师相识多年，他长我几岁，所以也称之兄长，并且李兄学识渊博，称其上知天文、下晓地理也不为过，所以他还是我学识方面的师长，每次和他交流都会有所得、有所乐。李老师的经历让我相信一切皆有可能。他不仅学识渊博，而且经历丰富，在国内知名企业任职过人力资源中高管多年，经过努力成为北京大学教学前沿的管理实践课程导师，令人敬佩不已。在多年的管理实践和教学研究的循环验证中，他积累了丰富的研究理论与实战经验，形成了系统的方法论体系，并且在知名企业人才管理实践中得到了有效验证，本书就是其教学研究与管理实践的精华，这是我十二年咨询生涯中少见的经典论著之一。

该书中嵌入了经典的案例和人才测量工具量表，提到人才测量工具不得不提到心理测量学和"个性心理学"，心理测量的本质是间接测量，心理素质测量的复杂性不言而喻。而关于个性心理学的科学性，在学术界一直存在着争论，但无论是国内还是国外的500强公司，或是中小型公司，无论是管理者、人力资源从业者、咨询顾问、培训师还是心理学家却不这样认为，他们一直认为"个性研究"正处于复兴中，李老师的新书《穿透：洞察性格优势，让用人效能倍增》恰恰宣示了这样一种复兴。

同样，该书中的理论、实践工具与方法正如其名"穿透"一样，能够帮助读者揭开个体尤其是职场中的个体个性与能力素质的面纱，淋漓尽致地描绘其画像，在这个基础上，形成组织和岗位的"能力素质模型"，从而为科学指导组织精准地开展人才资本的评价、使用、配置、开发等工作，为有效的组织管理和人才管理提供支撑。

《穿透：洞察性格优势，让用人效能倍增》不是一本"管理心理学"，或者说人才管理的理论之作，而是一本"管理学"和"心理学"融合的专业实务读物，不仅可以作为企业管理人员（人力资源和各级管理者）的工具用书，也可作为管理咨询师、职业规划师、培训师等专业人员的工作参考书。同样，希望提升自身能力的各职业阶段职场人士，希望提升领导力的各层级管理者，也能通过阅读本书和使用书中的工具、方法，充分挖掘自身的职业潜能，进行自我进修、职业提升和继续教育。

王立国

中国科学院心理研究所硕士

北大纵横管理咨询集团高级合伙人

军工行业事业群负责人，行业中心总经理

咨询模型与工具研究院院长

2022年3月17日（周四）于北京盘古大厦

目录
Contents

绪言 数字化时代的组织和人

一、组织与人　/ 002

二、组织中人格的作用　/ 004

三、DISC：一种识别和开发职业潜能的语言　/ 007

四、职业驱动模型　/ 010

　　（一）因人而异的行为模式　/ 010

　　（二）截然不同的期望　/ 014

　　（三）四维职业驱动模型　/ 017

第一篇 基本素质和能力

第1章　D型人的6种思维模式－行动、主导和掌控　/ 020

　　1.1　技能思维：实用至上的工具使用原则　/ 021

　　1.2　信念思维：拥有强烈的自信　/ 022

　　1.3　目标思维：以任务导向，重视成效和结果　/ 023

　　1.4　具象思维：语言使用的具体化　/ 024

　　1.5　简易思维：直截了当，直击问题核心　/ 025

　　1.6　权力思维：害怕被人利用，没有耐心　/ 026

1.6.1　害怕被人利用　/ 026

1.6.2　漠不关心　/ 027

第 2 章　I 型人的 6 种思维模式－交互、沟通和影响　/ 028

2.1　共鸣思维：出众的交往能力，通过沟通维护关系　/ 028

2.2　信任思维：宽宏大量，信赖包容　/ 030

2.3　抽象思维：抽象的语言使用方式　/ 030

2.4　合作思维：和谐共处，互相关照　/ 032

2.5　亲合思维：热忱随和，善解人意　/ 033

2.6　认同思维：需要承认与赞誉，害怕被拒绝　/ 034

2.6.1　需要承认与赞誉　/ 034

2.6.2　需要群体承认　/ 034

2.6.3　害怕被拒绝　/ 035

2.6.4　欠条理性　/ 035

第 3 章　S 型人的 6 种思维模式－思辨、稳定和探索　/ 036

3.1　逻辑思维：以逻辑为导向的语言使用方式　/ 036

3.2　实用思维：实用至上的技能使用原则　/ 039

3.3　妥协思维：为了和谐的需要可以暂时放弃自己的观点　/ 040

3.4　稳定思维：非常关注工作环境的稳定与和谐　/ 041

3.5　固化思维：始终如一，固守传统　/ 041

3.6　和谐思维：偏爱条理与安宁，惧怕冲突　/ 042

3.6.1　偏爱条理与安宁　/ 042

3.6.2　惧怕冲突　/ 043

第 4 章　C 型人的 6 种思维模式－护卫、谨慎和支持　/ 044

4.1　结果思维：注重结果而非过程　/ 045

4.2　联想思维：话语连贯，常常引发自己以及听者的联想　/ 046

4.3　流程思维：喜欢一板一眼，注重质量，而非工作率性　/ 047

4.4　服从思维：崇尚以服从为前提的合作　/ 048

4.5 怀疑思维：对改变小心翼翼，能提出不少问题 / 049
4.6 安全思维：害怕批评，压力之下表现严厉 / 049
  4.6.1 害怕批评 / 049
  4.6.2 压力之下表现严厉 / 050

第二篇 人际交流素质和能力

第 5 章 与众不同的沟通模式 –DISC 四型人的 8 种沟通技能 / 052

5.1 主导全程的沟通方式 / 056
  5.1.1 主导技能：大胆直接，描绘战略蓝图 / 056
  5.1.2 描述技能：活泼乐观，讲述动人的故事 / 060

5.2 积极明确的谈话风格 / 064
  5.2.1 感知技能：坦诚优雅，给予赞美 / 064
  5.2.2 逻辑技能：严谨高效和富有逻辑 / 067

5.3 随和内敛的交流方式 / 070
  5.3.1 整合技能：随和谦逊，照顾各方利益 / 070
  5.3.2 分析技能：分析探索，给予中肯的评论 / 073

5.4 直接简练的对话方式 / 076
  5.4.1 提炼技能：精确详细和振奋人心 / 076
  5.4.2 观察技能：独立观察，捕捉关键信息 / 079

第 6 章 各有特点的反馈模式 –DISC 四型人的 8 种反馈技能 / 082

6.1 直截了当地反馈 / 086
  6.1.1 掌控技能：掌握时机，在必要时给予反馈 / 086
  6.1.2 引导技能：诚实直率，吸引对方的注意力 / 089

6.2 感同身受地反馈 / 092
  6.2.1 调节技能：根据对方的反应调整反馈节奏 / 092
  6.2.2 影响技能：直接犀利，直击要害 / 096

6.3 友好细致地反馈 / 099

　　　　6.3.1　创设技能：创建友好和谐的反馈氛围　/ 099
　　　　6.3.2　思考技能：精心思考，提前准备　/ 102
　　6.4　准确清晰地反馈　/ 105
　　　　6.4.1　改编技能：崇尚繁琐详细和完美的反馈　/ 105
　　　　6.4.2　简化技能：简洁明确，用事实说话　/ 108

第7章　因人而异的情绪管理模式 −DISC 四型人的 8 种情绪管理技能　/ 113
　　7.1　直面冲突，主动消解纠纷　/ 116
　　　　7.1.1　促进技能：时不我待，快速解决冲突　/ 116
　　　　7.1.2　想象技能：通过想象美好的事情缓解痛苦　/ 124
　　7.2　自我释放，积极消除冲突　/ 131
　　　　7.2.1　回应技能：压抑感受，积极回应以排解不满　/ 131
　　　　7.2.2　控制技能：压抑愤怒，通过理性的对话抒发怒气　/ 138
　　7.3　默默承受，缓慢化解矛盾　/ 146
　　　　7.3.1　承受技能：什么也不说，含蓄轻松的缓解冲突　/ 146
　　　　7.3.2　接受技能：退避忍让，用真诚和信任化解矛盾　/ 154
　　7.4　含蓄表达，迂回处理分歧　/ 160
　　　　7.4.1　暗示技能：控制情绪，迂回解决冲突　/ 160
　　　　7.4.2　内释技能：把愤怒藏在心里，逐步释放不满　/ 165

第三篇
团队协作素质和能力

第8章　团队进阶活动　/ 174
　　8.1　什么是团队　/ 174
　　　　8.1.1　团队的定义　/ 174
　　　　8.1.2　团队的运转　/ 176
　　8.2　团队进阶活动　/ 178
　　　　8.2.1　进阶前　/ 179
　　　　8.2.2　进阶活动的日程安排　/ 182

8.2.3　进阶中：活动的第一个过程　/ 183

8.2.4　进阶中：活动的第二个过程　/ 186

8.2.5　进阶后　/ 194

第9章　团队发展和修复的流程　/ 197

9.1　确认团队的属性　/ 198

9.2　团队成员角色体验　/ 201

9.3　了解团队生命周期　/ 204

第10章　准备好去创建卓越团队吧　/ 210

（一）创建卓越团队的方略　/ 210

（二）卓越团队的性格视角——DISC四型人的4种团队协作模式　/ 211

10.1　主导型模式：可以合作，但需要领地　/ 212

10.1.1　D型人团队行为特征　/ 212

10.1.2　D型人团队行为分析　/ 212

10.2　依赖型模式：相互依赖，鼓励分享　/ 215

10.2.1　I型人团队行为特征　/ 215

10.2.2　I型人团队行为分析　/ 216

10.3　给予型模式：我为人人，人人为我　/ 218

10.3.1　S型人团队行为特征　/ 218

10.3.2　S型人团队行为分析　/ 218

10.4　完美型模式：需要合作，但要有自主权　/ 221

10.4.1　C型人团队行为特征　/ 221

10.4.2　C型人团队行为分析　/ 221

第四篇
领导素质和能力

第11章　战术型领导者　/ 228

11.1　D型领导者的4种潜能 - 行动与战术　/ 228

11.1.1 谈判能力：通过谈判解决问题－卓越的谈判专家 / 228

11.1.2 应变能力：灵活运用生存战术－"危机解决专家" / 230

11.1.3 聚焦能力：关注任务，聚焦目标，直击事物的本质 / 233

11.1.4 适应能力：能够轻松自如的适应任何新环境 / 233

11.2 变劣势为优势－6种领导力提升方略 / 237

11.2.1 领导风格和行为 / 237

11.2.2 领导力提升方式 / 238

第12章 交际型领导者 / 240

12.1 I 型领导者的 3 种潜能－交互与交际 / 240

12.1.1 交往能力：懂得换位思考，具有高度的同理心 / 240

12.1.2 激励能力：具有强大的感召力－催化剂式的领导 / 241

12.1.3 感染能力：具有与生俱来的感染力－卓越的公共关系专家 / 243

12.2 领导力短板：I 型领导者的管理盲区 / 244

12.2.1 过分依赖认可 / 244

12.2.2 过度崇尚和谐 / 246

12.2.3 过度表露人性 / 246

12.2.4 过度掩盖矛盾 / 247

12.3 变劣势为优势：6种领导力提升方略 / 248

12.3.1 领导风格和行为 / 248

12.3.2 领导力提升方式 / 249

第13章 战略型领导者 / 251

13.1 S 型领导者的 5 种潜能－思辨与战略 / 251

13.1.1 协调能力：具有强烈的规划意识，对各项工作都了然于心 / 251

13.1.2 创造能力：善于探索，富有创新精神 / 253

13.1.3 预想能力：擅长思辨和战略规划－预想家式的领导 / 253

13.1.4 目标控制能力：擅长制定周密的目标，并保证目标的实现 / 254

13.1.5 怀疑能力：具有怀疑精神和高超的观察能力 / 255

13.2 领导力短板：S 型领导者的管理盲区 / 256

13.2.1　崇尚简洁的表达方式　/ 256

13.2.2　热衷于抽象的战略分析　/ 256

13.2.3　不愿表达欣赏之情　/ 257

13.2.4　忽视他人的情绪　/ 258

13.2.5　期望过高　/ 258

13.3　变劣势为优势：6种领导力提升方略　/ 259

13.3.1　领导风格和行为　/ 259

13.3.2　领导力提升方式　/ 260

第14章　支持型领导者　/ 261

14.1　C型领导者的3种潜能——支援与部署　/ 262

14.1.1　安定能力：善于建立细致的规则 - 安定剂式的领导　/ 262

14.1.2　赞赏能力：拥有推己及人的赞赏方式　/ 263

14.1.3　后勤部署能力：确保信息通畅，能高效地上传下达　/ 265

14.2　领导力短板：C型领导者的管理盲区　/ 265

14.2.1　过分关注事情　/ 265

14.2.2　过于苛刻　/ 266

14.3　变劣势为优势：6种领导力提升方略　/ 268

14.3.1　领导风格和行为　/ 268

14.3.2　领导力提升方式　/ 269

绪言
数字化时代的组织和人

CHAPTER 0

世界上没有长相和行为一模一样的人，尽管每个人都与众不同，但通过人格评价系统，他们的回应方式却是可预测的。如果一个人的行为倾向与另一个人不同，的确会产生冲突。但这并非意味着：冲突不可避免。而且，组织与人之间本来就有不同的目标，人与人之间也有巨大的差异，很多时候这些差异反而是紧密合作的基础。还有一条更好的路可走：以积极的态度对待他人，以了解和接纳取代消极与拒绝。这样，我们的职业生活才能更积极、更成功、更有意义。

一、组织与人

心理学最基本的观念之一就是人与人是不同的。从出生起，每个人就是独一无二的，而人生的经历又扩大了人与人之间的差别。因此，现代企业的管理者要对这些"天生不同"的人区别对待，方能使员工表现出色。

一个组织包括 5 个基本成分：环境，个体过程，组织过程，变革过程，人际与群体过程（见图 1）。

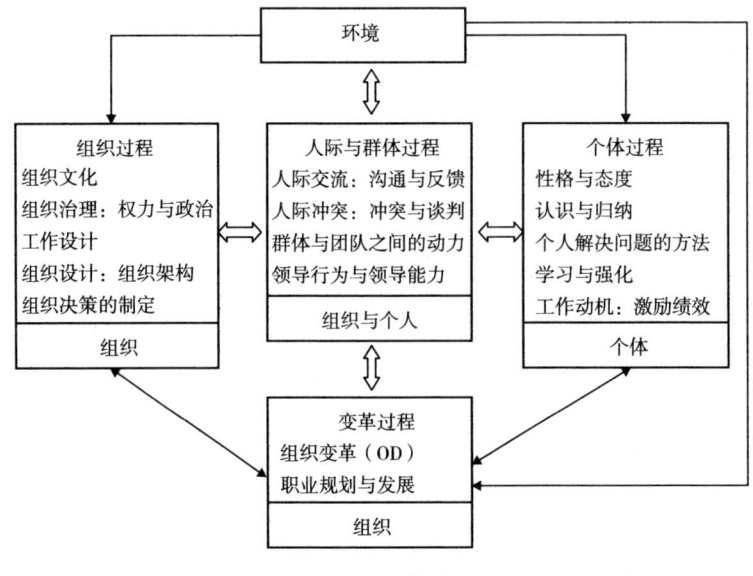

图1　组织构成

人际与群体过程是其他四个过程的综合体现，也是组织活动的核心，这个过程的紊乱，必然会引发整个组织的紊乱。

由于天生的社会性，人们大多不会选择独自生活与工作。我们的时间几乎都用来与他人打交道。我们个人的身份的确是建立在群体的其他成员接受与对待我们的方式上。由于这些原因，并由于许多管理人员将60%以上的工作时间都用在开会上，因此，群体活动的技巧对于所有员工和管理者来说都至关重要。

许多组织的目标只有与他人合作才能完成，这种合作是通过交流和沟通完成的。但是，由于个体性格上的差异和工作关系的影响，人与人之间的沟通总会出现障碍，冲突与矛盾在所难免。因此，员工与上司、同事和其他人进行交流的方式有可能使他们成为卓有成效的团队成员，也可能导致消极情绪与缺乏献身精神。这些沟通障碍和人际冲突，势必会影响整个团队的运转效率，不仅使个体的目标难以达到，还使团队的整体目标难以实现。要想成为一名高效的团队成员，必须了解存在于群体之间和群体内部的动态、团队成员必须善于清除实现目标的障碍，积极面对、解决难题，保持团队成员之间创造性的相互作用，并克服阻碍个体和团体效应发挥的障碍。

同时，组织需要能够将雇员与组织目标结合起来的领导者。组织实现目标的能力取决于领导能力和领导风格，能在多大程度上有效地进行控制、施加影响与采取行动。

组织和个体是通过性格特质、沟通和反馈、冲突管理、团队协作和领导风格进行有效适配的。这五个要素是联结组织和人的基础，就像操作系统和服务器，是计算机、手机和一切电子设备运转的必备工具。

组织和个体之间在"事业规划和发展过程的相配过程"（见图2）。

但个体是千差万别和复杂多变的，当一个人到了一个特殊的工作环境，就变成了组织人，他特有的一套习惯模式、行为表现就必须适应企业的要求而加以控制与变化。管理的出发点与归宿其实都是在对"某一类人"进行管理。而通过对不同个体的人格进行归类管理，是我们进行组织和个人适配的有效途径。

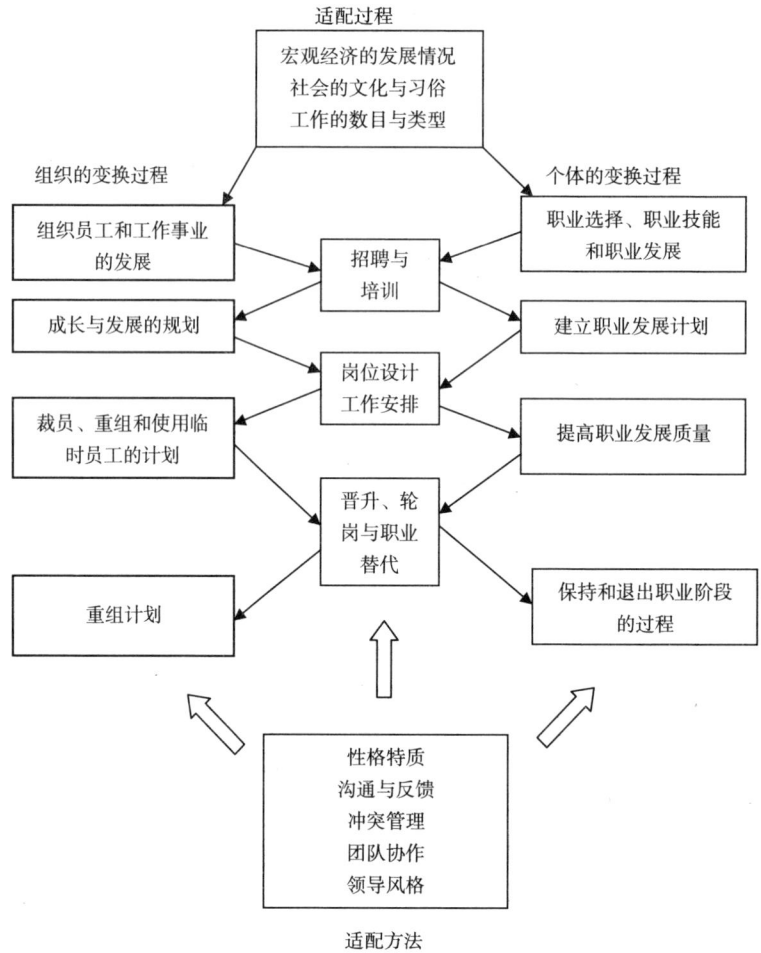

图2 组织和个体的相配过程

二、组织中人格的作用

人格指的是动态心理结构以及受其调节的心理过程,它决定着个体调节自己情绪与行为以适应周围环境的方式。"动态的"指的是在人的一生中人格都会随着周围环境的变化做适当调整。但是特定个人的人格特质却是固定不变的,而且是可以预测和测量的。个体活动水平、发育程度、教育程度、职业、婚姻状况、健康以及社会经济地位发生变化,这些人格特质都会顺应这些变化并加以调整。但是我们会看到这些特质在时间上的连贯性。具有成就取向的人会持续追求成功；责任感强的人一直都值得信赖；具有攻击性的人始终在与时间和不同的情境作斗争。然而，在个体的一生中这些特质也存在一些我们无法识别的文饰作用，尤其是在一个特定的组织内部，个体为了适应与生存的需要，往往会掩饰自己的人格特质。这种掩饰在帮助个体顺利工作的同时，也可能会造成人与人、组织与人的误会和冲突。

当个体针对相同或相似的环境刺激（如领导、薪酬福利、工作需要、团队成员的特征、沟通与反馈、冲突等）做出不同反应时，以及当这些反应的差异能够在认知结构（如信念、理论、价值观、情绪倾向）与认知过程中寻找到差异的痕迹时，人格就在工作组织中得到了最清楚的展示。

人格是一个复杂的结构系统，它包含多种成分。主要由人格倾向和人格心理特征两个方面构成。前者是指人格的动力，后者是指个体之间的差异。

需要和动机是人格的动力，它表现为人格的倾向，是人格中最活跃的因素，是人格积极性的源泉。人格的倾向决定着人对现实的态度，决定着人对认识对象的趋向和选择。

人格的心理特征是人的多种心理特点的独特结合，它构成了一个人心理面貌的独特性，反映了心理面貌的个体差异。这种天生不同的个体差异，由气质、性格和能力三部分组成。

气质是人类与生俱来的天性，相当于我们日常生活中所说的脾气、秉性或性情。性格是后天的衍生物，诞生于气质与环境相互作用的过程中，是一个人在对现实的稳定的态度和习惯化了的行为方式中表现出来的人格特征。性格一般在个体6岁或7岁前形成，之后便趋于稳定，不会随着环境和时间的变化而改变，成为与气质一样的个人的天性。能力是顺利地、有效地完成某种活动所必须具备的心理条件，是人格的一种心理特征，也是气质和性格的具体反映，相应的气质和性格会形成相应的能力。

性格是一种意向，气质是决定意向的倾向。如果将我们的大脑比作计算机，那么，气质就是这部计算机的硬件和基础软件（服务器、操作系统等），能力就是应用软件（社交软件等）。硬件和基础软件是核心，计算机只有先具备硬件和基础软件，各种应用软件才能被安装进去，而安装的应用软件型号和类型都是由硬件和基础软件所决定的，正如每个人的气质和性格都会在他的观念和行为中留下烙印一样。

因此，气质、性格和能力都有其固定的形式，这就意味着我们不仅会受到天性的影响而形成某种观念和行为的固定模式，而且这些观念和行为之间都是统一和对应的，或者说是不可分离的。比如，D 型人的自我形象是在富有美感的行为、大胆的精神以及对周围事物的适应性这三项特征的基础上逐渐形成的，而这三项特征也必然会作为一个整体同时出现和发展，这就好比它们是由一颗种子发育而成的三颗果实。

为了更好地研究人格，心理学家创造出很多人格理论，其中以人格类型理论和人格特质理论最为流行和成熟，这两种理论也成为现在众多人格测评方法和工具的基础。

人格类型理论是按照某些标准或特性，将人划分成几种不同的类型，每一种类型的人有相似的人格特征，不同类型人的人格特征是有差异的。一个人属于某一种类型，而不能属于另一种类型。人格类型理论有多种，较为著名的是瑞士心理学家荣格（Carl Gustar Jung）在《心理类型》一书中提出的内 – 外向人格类型理论。

人格特质理论也将人划分成不同的类型，但不同的是，这种理论把特质（性格和气质）看作决定个体行为的基本特性，是构成人格的基本元素，也是评价人格的基本单位。奥尔波特、卡特尔、艾森克是成就最为卓著的特质理论学家。

人格类型理论很古老，但比较粗糙；特质理论相对比较精细，但分析性欠缺。因此，在两大理论的基础上，心理学家创造出了很多评价和分析人格的工具，目前比较盛行的是：MBTI，霍兰德，DISC，大五人格，SHL，16PF，EPQ，MMPI，TJTA 等。

16PF（卡特尔）、EPQ（艾森克）是一种理论性的测评工具，比较复杂，适合学习人格理论和心理学专业人士使用。

MMPI（明尼苏达多）、TJTA（泰氏分析）主要是测量"异常"与"正常"行为的工具，非常复杂，是一种高度客观的方法，需要使用者受过良好的培训和专门的训练。因此，只限于有从业资格的专业人士使用。

MBTI，霍兰德，DISC，大五人格目标单一，只评估"正常"的或机能健全的行为，适合各类组织（企业、政府、公共事业、家庭、学校等）评价人格使用。MBTI、霍兰德主要应用于职业选择和职业规划；DISC、大五人格、SHL比较全面，不仅适用于职业选择和职业规划，还适用于职业发展和职业提升，应用性和适应面更为广泛。

本书选择了目前在企业应用比较广泛的DISC作为工具，来介绍职业发展与职业提升中的障碍、路径与解决方法。

三、DISC：一种识别和开发职业潜能的语言

20世纪20年代，美国心理学家威廉·莫尔顿·马斯顿博士根据人格类型理论和特质理论开创了DISC行为模式。他按特点将人的行为划分为四种模式，马斯顿相信这一模式适用于所有人。DISC模式经过五代更新改进，最终发展成为一种描述正常人类行为的共同语言，尤其是在企业和组织中，DISC的应用更加广泛，成为探讨职业个性的语言和一种富有成效的工具。

DISC行为模式分为四大类：D（掌控）型，I（影响）型，S（稳定）型，C（谨慎）型。随后，DISC模式的众多补充者，根据四种主要分类又设计了多种不同的个性模式。通过为个性组合增加具体分类，DISC模式可对个性做更具体细致的划分。

DISC四类主要行为模式，被具体划分为8种亚型，这8种亚型又包含16种代表模式。

1. D型人

具有这种行为模式的人，倾向于克服困难，实现目标，塑造自身环境。同时喜欢取得控制权，注重成效（见表1）。

表1　D型人格代表模式

权威D型人
ACEH-主导者（主要D型）：具有最纯粹的高度D型倾向
BCEH-开拓者（D/C）：不善言辞，但是最具接受开拓新生事物的能力
温和D型人

续表

ACFH-组织者（D/I）：倾向于任务导向，但又具有影响他人接受自己观点的能力
BCFH-促进者（D=I）：兼具指导和表达的倾向

2. I 型人

具有这种行为模式的人，注重带动他人与自己合作，以实现目标，塑造自身环境。同时这种个性注重培养人际关系，而不是单纯地完成任务（见表2）。

表2　I型人格代表模式

贡献 I 型人
ADFG-联络者（主要 I 型）：具有最纯粹的高度 I 型倾向
BDFG-鼓励者（I/S）：最具理性思维，高度的怀疑精神，善于维护和谐
实干 I 型人
ADFH-劝说者（I/D）：口齿伶俐，天生擅长推销技巧，善于接近并打动人心
BDFH-谈判者（I/C）：热情似火，爱好创造，洞察敏锐

3. S 型人

具有这种行为模式的人，注重与他人合作，完成任务，实现目标。同时这种个性喜欢成为团队的一员，而不是单打独斗，他们通常有应付烦琐事务的天赋（见表3）。

表3　S型人格代表模式

关照 S 型人
ADEG-坚持者（主要 S 型）：具有最纯粹的高度 S 型倾向，步伐稳健，稳扎稳打
BDEG-顾问（S/I）：关注的重心是人际关系。这与 I 型人中鼓励者很接近
探索 S 型人
ADEH-战略家（S/C/D）：具有三种层次的标准：稳定、目标和服从
BDEH-调查者（S/D）：兼有部分目标导向的特点，关注目标的实现

4. C 型人

具有这种行为模式的人，追求质量，看重秩序，服从权威，遵守规则。做事讲究有条有理，重视细节。他们喜欢与讲究产品（或服务）质量的团队一起工作（见表 4）。

表4　C型人格代表模式

完美 C 型人
ACEG- 完美者（主要 C 型）：具有最纯粹的高度 S 型倾向
BCEG- 改编者（C/S）：具有亲和力，更愿意助人为乐
观察 C 型人
ACFG- 合作者（C/I/S）：口才好，善于合作
BCFG- 分析者（C/S/D）：客观，对自己的判断直言不讳

5. DISC 模式的特点

DISC 四种模式的人具有与生俱来、差异互补的个性特点，这些特点是区别四型人的主要因素（见表 5）。

表5　DISC行为模式

模式	D	I	S	C
基本倾向	快步调 任务导向	快步调 人际导向	漫步调 人际导向	漫步调 任务导向
最大优点	行动果断 主控 重成效 自信 独立 爱冒险	有情趣 有参与意识 热忱 情绪化 乐观 善于沟通	耐心 随和 有团队精神 心态平稳 稳重 好下属	精准 善于分析 注重要点 高标准 重细节 自控力强
短板	没耐心 固执 尖刻，鲁莽	欠条理 不拘小节 不现实	优容寡断 过于妥协 被动，敏感	吹毛求疵 完美主义 好讽刺
沟通	单向 直白 重结果	积极 激励人心 能言善道	双向 最佳听众 坚定有力 善于回应	机智圆滑 观察入微 重视细节

续表

模式	D	I	S	C
恐惧	被利用	失去社会认同	丧失稳定性	被打扰 被批评
爱的语言	佩服	接纳与赞同	欣赏	肯定
压力反应	专制独裁 侵犯 要求	情绪失控，但会避开正面冲突	默默承受 忍气吞声 配合 被动攻击	逃避 退缩 准备还击
对金钱看法	代表权力	象征自由	爱的表达	提供安全
决定	迅速	冲动	人际关系上	犹豫不决
重绩效	凭感觉	信任他人	需要大量信息	
最大需要	挑战 变化 选择 直接答案	娱乐活动 社会认同 从细节中解脱出来	稳定性 适应变化的时间 直接接纳	给予足够的时间来完成任务 事情真相 分析的时间
振奋点	体能活动	社交时间	闲暇时间	独处时间

四、职业驱动模型

在各种不同的生活场景中，这四种个性模式会有什么样的回应呢？这点十分重要，因为在相同情况下，不同个性会做出截然不同的反应。认识各种模式的独特回应方式，能帮助我们更好地理解并宽容他人。

（一）因人而异的行为模式

1. 协作方式

在现实生活中，许多任务的成功实现，通常离不开不同性格、不同技能成员的通力合作。虽然永远会有潜在冲突，然而互相理解，所有四种个性模式都能和谐相处，互助互爱。

D型人一般喜欢发起行动，并希望充当监管人的角色，他们制定具体目标，决定行动的步调。I型人利用自身的交际能力，为任务筹集必需的资金，推动任务的发展。S型人总是默默奉献，愿意为任务贡献自己的技能特长。C型人愿意分析，制定各种操纵流程和规则制度，提供后勤支持、设计、技术和质量管理方面的帮助，使任务圆满完成。哪一种个性最重要？现在，你可以看出，没有所谓最重要的个性模式，对一个成功且运作良好的团队，他们都缺一不可。

2. 领导模式

领导或管理能力关系影响他人行为的能力，这种影响有多种形式，并与DISC个性模式密切相关（见图3）。

D型领导倾向于采用独断的管理方式。在一个D型人担任高层领导的机构里，组织的管理模式是明确责任、执行任务、处理问题。各级管理人员分工明确，权力设置直接到位。

I型领导正好相反，喜欢采取更民主的管理方式。他们提倡自由开放的交流，鼓励员工发挥灵活的主动性。除了提倡民主、划分责任外，他们通常喜欢在倾听各方意见后再做出最终决定。

S型领导会特别关注工作进展。多数日常工作都分配给他人，因为他们接受别人支持的方式是倾听员工的心声，因人而异，让每个员工都有完成任务的机会。他们会竭力保持公司内部的和谐安宁，良好运转。

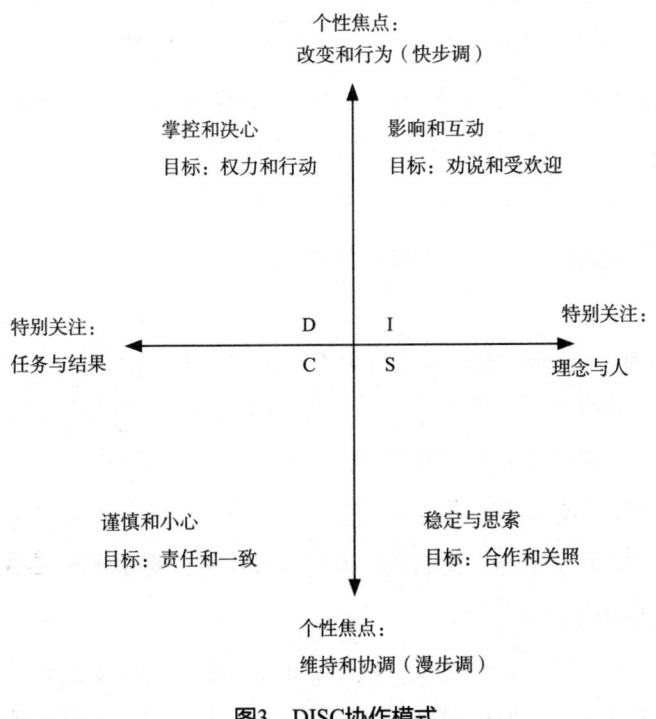

图3　DISC协作模式

C型领导特别强调秩序的重要性，会建立大量烦琐的规章制度，并严格执行，以保证组织的正常运转，使任务顺利完成。在遵守制度的范围内，员工可自由决定并承担相应的职责。他们的领导模式不是人文风格，更接近官僚主义。

独断、民主、参与和官僚型的领导风格互不相同，各有千秋，就如同领导本身千差万别、性格与众不同一样。事实上，负责人的领导方式，是根据需要灵活多变、因时制宜，不断调整的领导方式。

不同的管理模式可能产生冲突。当一个D型领导遇上一个C型领导，专断与官僚相遇，不难想象一场冲突随时会爆发。假如风格各异的领导合作共事，一种减少问题、避免冲突和愤怒的方式就是事先明确各自的领导风格，然后划分各自的权责范围，分工要具体细致。

3.敏于他人的感受

在日常生活和工作中，我们与身边的人相互摩擦，我们能影响他们，他们也能影响我们。临近一天结束，我们可能成为一个装满各种复杂情感的"烦恼的人"。经历特定的事件，他人对我们的回应，可能会帮助我们，也可能伤害我们的感情。每种类型的人处理他人感受的方式各不相同，各有特点。

D型人会全神贯注于任务和目标之上，这会让他们显得对别人的感受漠不关心。其实，这种忽视很少是故意的，由于他们全力以赴要实现自己的目标，因而情感表达在他们眼中会成为累赘。D型人视生活如战场，任何他们前进中的障碍都必须拆毁。不幸的是，伴随这种态度而来的往往是情感上的惨痛伤亡。

I型人要感性得多，他们期望每个人都快快乐乐，享受生活，他们也努力为生活和工作制造快乐，即使不是每个人都那么领情。如果有人情绪低落，他们会送上鼓励，并且千方百计改善对方的心情。

S型人同样对他人的感受十分敏感。他们随和体谅，尽力避免伤害他人的感情，即使这样做意味着自我牺牲。他们回避冲突，避免挑起争端，尽力化解会引起分歧的问题。

在处理情感问题上，S型人和I型人如出一辙；而D型人和C型人，虽然各自关注的重点不同，但他们之间仍有很多共同点。因为C型人也以任务为导向，所以，他们对人的同情有限。

C型人喜欢用逻辑方式对待感情。他们倾向以非此即彼的黑白观念看待一切，这样情感就会变得一目了然。容易分析：如果有人感觉不错，他们认为那是认真选择的结果；如果有人感觉糟糕，他们会认为那是草率决定的后果。对于伤心的人，C型人经典的安慰语是：下一次更认真努力一点，你就会感到好受一些。

4. 压力释放

在日常生活和工作中，压力无处不在，难以避免，从四面八方侵袭我们。每种类型的人都以独特的方式处理压力。

D型人控制欲强，喜欢掌控环境，因此当他们的个人目标受阻后，紧张和不安就会急剧增加。一般而言，他们会选择体能活动来缓解和释放压力。一旦能量得到释放，他们就会更好地回应身边的人。不幸的是，D型人选择的释放方式，在其他人看来可能更像是人身攻击。结果D型人成了让人敬而远之、难以合作的人物。

在压力之下，I型人比平常更加健谈，喋喋不休。他们释放压力的方式，让人看起来有些可笑和幼稚。虽然这种回应压力的方式和D型人有些类似，但显得更积极一些。D型人的压力释放，使人感到受了冒犯；而I型人的释放方式，又让人感到疲惫不堪，奉陪不起。

S型人释放压力的方式与I型人南辕北辙。当压力积蓄到临界点，S型人会选择休息一会儿，或者远离产生压力的环境。因为他们喜欢和睦的环境，天性不喜欢冲突，压力会让他们有一种"被压迫和被控制"的感觉。S型人宁可回避，也不愿当面对峙。

C型人倾向于抛开压力，这种回应方式在很大程度上是由于他们不喜欢混乱和没有"规矩"的环境。当感受到压力时，他们会选择退缩，独自一人，深思熟虑，制定回应步骤。假如一个C型人刻意回避我们，有可能是因为我们让他们感到了压力。

5. 重获力量

压力释放不是恢复的终点。每个人都有自己喜欢"充电"的方式，以便恢复活力，再度精力充沛地面对新一天的挑战。未能及时得到恢复，长期超负荷运转，可能导致情绪上的"短路或跳闸"，使生活和工作失去动力，迷失方向。

D型人一般需要体能活动，释放积蓄的压力。很多D型人会用对抗性的体育运动释放压力，补充能量，比如篮球、网球和拳击。

I型人一般通过寻找机会与人相处得到恢复。毕竟，I型喜欢交流，需要很多人洗耳恭听他们的倾诉。他们乐意随时休息一下，做点有意思的事调节心情。是I型人发明了"只工作不玩耍，聪明人也变傻"的格言。假如他们疲乏无力，只需休息片刻，就能重回战场。人际交往只会让他们"充电"，与人相处，他们才会永远精力充沛，乐此不彼。

S型人需要休息，要打破循规蹈矩的生活，丢开所有精神包袱休闲一下，看看电视、散散步，都能让他们重新焕发活力。

C型人与众不同，他们需要独处的时间，才能释放情绪上的压力。S型人通过休息释放压力，而C型人会抓住一本好书不放。他们喜欢宁静，悠然独处，怡然自得，就能恢复平和，容光焕发。

不同的恢复方式也会引发冲突，能在人际交往中引起问题。比如，一个D型人和一个S型人成为工作中的搭档，他们处理压力的方式明显不同。如果上级是I型人，下属是C型人，也会出现同样的问题。这时，双方需要理解和沟通，制定一个可行的策略应付压力，帮助有压力的一方释放不满，减少不必要的争端。彼此理解，允许对方按照自己喜欢的方式释放、恢复和重新获得能量，这样才能消除误解，保持人际关系的历久弥新。

（二）截然不同的期望

每种类型的人对自己和他人抱有各不相同的期望。概括来说，DISC行为模式所代表的四种个性的人，在制定期望方面都采取了一套不同的标准；而且对自己和他人也抱有各不相同、或高或低的期望（见表6）。

表6　DISC模式期望

D型人	希望处于支配地位，对自身的成就标准另行规定
I型人	希望友好的氛围，可以自由灵活地做出改变
S型人	配合、支持他人的工作，满足他人的期望
C型人	希望能保质保量地完成任务，不犯错误

如果我们把期望看作是对他人的希望，而不是强行要求，那么我们也就赋予了人际关系的活力与希望。当我们对他人提出要求时，我们是在以专断的方式要求他们做出回应，而希望却是给予他人自由选择的机会。一旦领会了不同个性模式的人所抱有的不同期望，我们就可以真诚地接纳对方，不再尖酸刻薄，互相论断；我们需要的是彼此委身，寻求更好的交流与合作，而不是尽力改变对方。

而且，不同的期望对各种类型人的职业发展和职业素质会产生巨大的影响，这些影响读者会在后面的章节中看到。

1. D型人对自己及他人的期望

D型人严于待人，宽以待己，对他人的期望很高，希望他们都服从自己；对自己却很松懈，可以随喜好改变。

与C型人和S型人相反，D型人对自己的期望很低、很现实，但为了维护控制权，对他人则给予了高度的期望。他们的计划通常是为了取得控制权，而且他们的决定是出于对自身目的的考虑。D型人所定的目标一般都在自己的能力和兴趣范围内。虽然对他人的要求很高，但是为了取得所希望的结果，他们保留改变规则的权力。实际上，D型人最有可能会"为了正当目的而不择手段"。

为了实现目标，D型人常常期望其他人能够守纪律，服从命令。如果任务没有完成，他们拒绝接受任何解释。D型人不是把自己的期望作为希望，而是把它作为对他人的强行要求。这种苛求的态度，使其他人觉得他们严厉苛刻，固执己见，专制粗鲁。

2. I型人对自己及他人的期望

I型人不拘小节，对自己和其他人所抱的期望是最低的，没有严格的标准。在以后的章节中，我们将看到I型人更关心他人和维持关系，而非任务和目标。他们愿意营造和谐美满的人际关系，因此I型人往往随遇而安，不愿强人所难。

除非从I型人的角度看待他们，否则我们很难明白他们的行为。I型人的主要目的就是维持众人和睦相处。他们喜欢为自己开脱，违反规矩也是为了使别人开心。

和S型人相似，I型人对他人的期望也不高。S型人不愿对其他人加以限制，担心这样会束缚他们的自由和灵活性。I型人一般也愿意接纳他人真实的自我，并且愿意去理解对方，而不愿意批评论断。

3. S型人对自己及他人的期望

S型人与D型人相反，严于律己，宽以待人。虽然他们对自己定下了高标准，追求高质量地完成任务，但对他人的要求却不高，不会期望他人也达到自己的高标准。

S型人与C型人一样，对自己抱有非常高的期望。实际上，满足他人的期望，就是他们对自己的期望。

S型人倾向于为自己定下不现实的目标。和C型人一样，他们的能力往往达不到这种强加于自己的高标准。因此S型人需要其他人的鼓励和支持，以抵消那常常侵蚀他们的自卑感。假如S型人没能完成任务，他们很有可能会需要情感上的安抚和鼓励，否则他们会觉得自己是个失败者。往往一句鼓励关怀的话，就能帮助S型人克服内心的障碍。

总体来说，S型人不会用要求自己的标准来要求他人。他们严于律己，宽以待人，更能忍耐、接纳他人，包括对方的不足和缺点。他们倾向于从与人为善的角度去待人处事。他们可能会毫无怨言地接受别人的解释，不会感到任何不满，这与C型人截然相反。

4. C型人对自己及他人的期望

C型人对自己和其他人的期望都是最高的，他们为自己的表现定下了高标准，对其他人的要求也是如此。

C型人定下的目标与期望都十分宏大，往往是他们自己的时间与精力难以实现的。如果因为某种原因，他们未能达到自己的期望，信心就会受到打击。同样，他们也会轻看自己的能力，总自认为不能胜任某项工作。所以，为了能担负新的责任与使命，他们需要得到其他人的支持与增援。

除了对自己定下很高的期望，C型人也常常对同事、上级、朋友和家人提出不现实的高标准。如果C型人定好在早上9点开会，他们期望自己和其他人到达会场的时间是8点59分，不是9点过1分，也不是9点整。而且C型人的计划是不容许任何改变或通融的。

C型人期望每一个人都不折不扣地执行任务。他们总是心烦意乱地抱怨："他为什么没有执行计划"。而且C型人对他人的要求绝对不会低于计划本身，他们总是希望对方能超额且高质量地完成任务。

（三）四维职业驱动模型

根据组织行为学和人格心理学的理论，以及DISC行为模型，可以形成职业素质与能力提升的通道，我们将这个通道称为"四维职业驱动模型（见图4）"。在这个模型中，通过DISC行为模式工具，形成了基本模式、交流模式、团队协作素质、领导素质四个职业发展与职业提升的维度。并形成了集工具性、方法性和应用性为一体的"DISC四型人思维和技能"提升方略，即：

24种思维模式：　　　　　自我管理提升方略。

16种语言管理技能：　　　沟通和反馈提升方略。

8种情绪管理技能：　　　　冲突管理提升方略。

4种协作模式：　　　　　　团队协作提升方略。

15种领导管理潜能：　　　领导力提升方略。

这四个维度的平衡发展，会促进员工职业素质和能力的整体提升。在这个基础上，形成组织和岗位的"能力素质模型"，为有效的组织管理和人才管理提供支撑，从而达到组织和个人的适配。

企业千差万别，各个企业的人力资源管理机制、制度和工具都是企业在长期发展中形成的，与企业文化、管理风格、业务类型、市场情况等密切相关，具有很强的特殊性，但并不一定适用其他企业，兼容性比较差。比如华为、腾讯、IBM、HP、微软等，这些企业的管理具有明显的本企业特质，如果将这些企业的管理机制生硬地套在其他企业上，反而会导致制度竞合，影响企业的发展。

但是员工的人格却是天生的，就像服务器或操作系统，是计算机、手机和一切智能设备运转的必备介质，不可或缺，是一种工具和学习平台，离开了它的支持，组织和人才管理系统就会偏离正常的轨道，甚至会瘫痪。比如个体的行为特征，以及由这些基本素质和能力演化出的沟通、反馈、情绪管理、团队协作、领导素质和能力，无论什么企业，这些与生俱来的天赋都不会改变，只会根据环境的变化做适当调整。因此，企业管理者就是要发现这些天生的素质和能力，才能更有针对性地管理员工；人力资源管理者只有了解了不同类型员工的人格、素质和能力，才能更有效地做好人才管理工作。所以本书最主要的目的就在于：识别和发现这些潜能，然后有效的管理这些与生俱来的天赋，从而更好的提升员工的职业素质，同时增加我们了解他人和与他人交往的乐趣，让天生不同的人适合组织的需要，更快乐的工作。

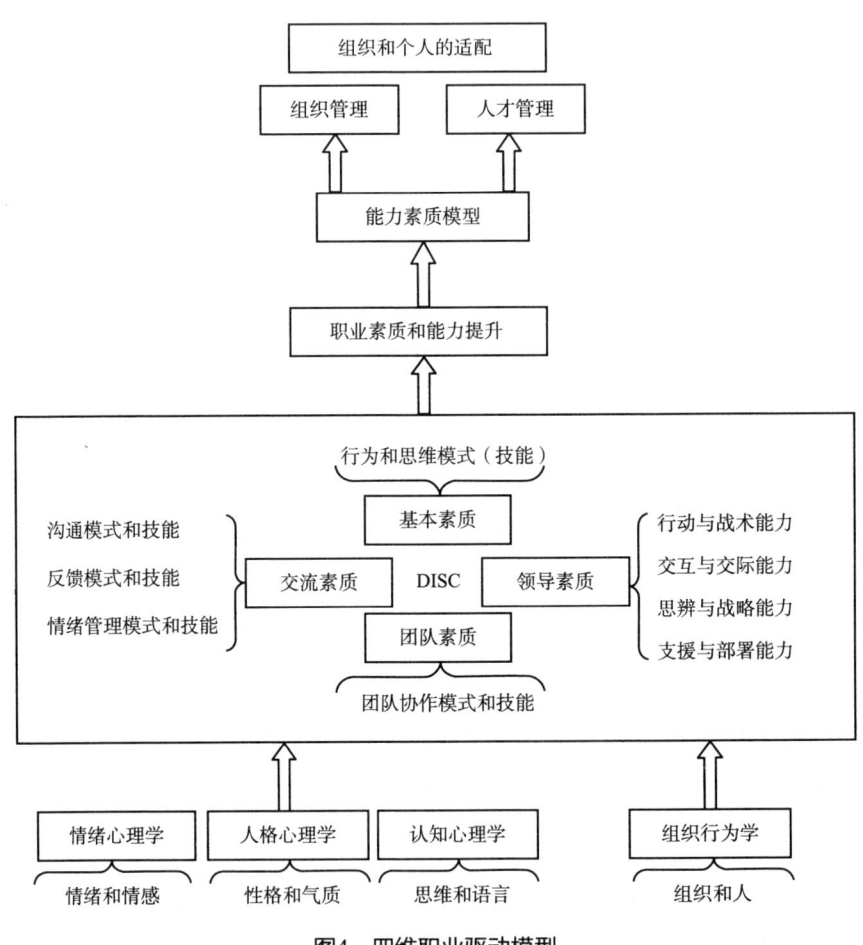

图4　四维职业驱动模型

第一篇
基本素质和能力

CHAPTER 1

第1章 D型人的6种思维模式-行动、主导和掌控

如果运气不佳，一位销售总监被派去指挥一支刚刚组建、缺乏资源、没有朝气、人数少得可怜的团队，去拓展具有战略意义的市场，这位总监会有什么感觉？如果让这位销售总监带着这支战斗力极差的团队，插入对手的市场领域，去与资源雄厚、战斗力超强、经验丰富的对手周旋，这位总监会如何应对？这些状况对多数人来说简直让人心惊胆战、沮丧痛苦，但对另一些人来说，却能激发斗志、提起兴趣，他们靠着信心、决心和勇气，面对这些困难，并且取得成功。具有这种行为模式的人就是"掌控一切，以行动为导向"的掌控者（D型人）。

对多数人而言，D型人的目标也许遥不可及？任务也许障碍重重？想攀登的山峰也许高不可攀？想蹚过的河流也许深不可测？但D型人就是为此而生，天生喜欢迎接挑战，不惧困难，并且将这些困难看成一种考验和磨炼。只要他们接受了一项挑战和任务，就会制定具体目标，摩拳擦掌，采取积极态度，争取主动权，全力以赴，投入实现目标的行动中去，一心一意解决问题，然后翻越一座座高山、跨过一条条激流，用行动的力量排除一个个阻挡自己前进的羁绊，完成一个个困难重重的任务，向着目标奋勇前进。

D型人生来就有一种克服艰险的兴趣和勇气，有超常的能力，能在恶劣和不确定的环境中扎根、生存和壮大，特立独行、一枝独秀、傲视天下。困难能激发他们的斗志，挑战能激活他们的能力，艰险能激荡他们的锐志，使D型人能取得不俗的成绩，创造让人嫉妒和羡慕的业绩。

D型人做得最多，同时也最擅长的一件事，就是以一种战术性的方式来改变身边的环境。作为出色的战术指挥家，D型人能够观察到周围环境中那些最细小的环节，即使是最细微的变化，无论是发生在眼前还是后方，都逃不出他们的火眼金睛。所以D型人总能够把握时机，充分调动、利用和整合手中的资

源，来为他们的目标服务。

D型人如同顺风耳一般随时监听和观察着局势，又像一名老到的医生一般牢固而准确地把握着事态的脉搏，因此总是能够洞察先机，发现机会，并从旁人看来很一般的事物中嗅到机遇的味道，然后毅然地投入实现目标的行动中去，最终品尝到胜利的果实。因此D型人具有"行动素质"的特点。

当然，无论D型人从事什么职业，都得益于他们敏锐的感知力，D型人也是四种人格类型中最懂得利用、调动和使用自然资源的人，他们总能凭借自己与生俱来的能力，探测出资源的位置，并从中获取利益。

D型人意志坚强、力争主动、行动果断，这些特质和行为倾向使他们与众不同，天性驱使他们积极争取领导地位，将权力和主动权牢牢地掌握在自己手中，以便在机会再次来临时，能快速响应，迎接挑战，实现短期或长期目标。

1.1 技能思维：实用至上的工具使用原则

无论在商场、战场或者舞台上，还是在公司的办公室中，D型人都在积极地策划和思索如何利用各种工具，从画笔到篮球，从飞机到坦克，从计算机到移动通信工具。D型人总能自如地调动自己的各种工具，然后巧妙地利用它们发挥功能功效；或者，整合各种工具，打组合拳，兼而有之地发挥各种工具的优势。这一切都是为了更好地为行动服务，因为D型人始终对利用工具和运用工具的技巧充满了浓厚的兴趣。

为了实现既定目标，D型人形成了"实用至上的工具使用原则"。为了目标的实现，D型人通常会首先考虑什么方法最有用，什么工具最合适，然后才会思考目标和方式是否能够得到社会的认可。这一切都表明，只有那些有益和有用的事物才能引起D型人的注意和兴趣，要么马上就能发挥作用，要么很实用，否则，D型人是绝不会将时间、精力和资源浪费在毫无用处的事情上的。因为在D型人看来："如果行动和努力不能满足意图，也不能帮助实现既定目标，那么，为什么要付诸行动呢？"

D型人在使用工具前绝不会像稳定者（S型）那样反复思考，必须要弄清方法、工具与结果之间的关系。D型人会在短暂的思考后，毫不犹豫地选择最实用的方法和工具，然后利用这些工具迅速将想法付诸实践，至于结果、后果和意义，他们不会考虑很多，甚至压根儿就不去理会。

D型人这种崇尚实用的性格特质，会使他们常常在行动中另辟蹊径，不拘小节，出奇制胜，不按常理出牌，这些在大多数人，尤其是稳定者（S型）和谨慎者（C型）看来几乎是不可思议的事情。可D型人却不管不顾，勇往直前，积极面对，解决棘手的问题，处理突发情况，克服困难，消除障碍，无论授权与否，或者是否得到大家的同意，他们都会采取一切可以利用的方法，如秋风扫落叶一般前进。D型人的这种特点，使他们能抓住先机，迅速占领制高点，永远在"蓝海"中驰骋，在高山顶上俯瞰一切，在其他人还沉溺于"做与不做""前思后虑""充分论证"的时候，已经实现了目标，取得了某一领域的成功，等到其他人开始行动的时候，D型人已经收获了丰硕的果实，开始了另一场实现目标的战斗。

D型人只关注现实世界中发生的事情，他们只对那些有效且有回报的工作感兴趣，他们有一句口头禅："不论是黑马白马，只要能拉车就是好马。"

1.2 信念思维：拥有强烈的自信

D型人总是确信自己战无不胜，是一切的主宰，能实现一切愿望和诉求。他们自信满满，意气风发，信心十足，精力充沛。这种主导一切和风风火火的气势，使与他们水平相当甚至更优秀的人也自愧不如。如果D型人选择带领一队人马爬山，他们不是仅仅考虑上山的路，因为D型人确信路就在脚下，他们的队伍一定能登上顶点，D型人考虑更多的是如何更快地登上山顶，以胜利者的姿态傲视众人。

当然，D型人的这种倾向是把"双刃剑"，有时也具有巨大破坏性，难免走极端和急功近利。D型人喜欢谈论自己的成就，却很少提及自己的错误和失败，他们常常挂在嘴边的一句口头禅是："我并没有犯错误，不用大家提醒，我知道要如何做，只是我的一个很小决定没有成功，原因是其他人没有很好地理解和执行我的意图。"

D型人比DISC模式中其他几种类型的人，更容易表露信心（见图1-1）。

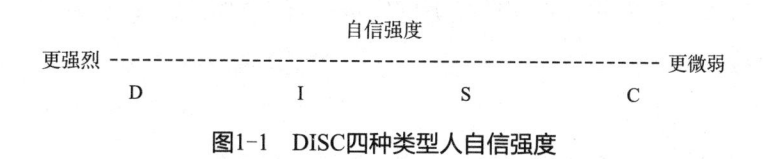

```
                      自信强度
更强烈 ---------------------------------------- 更微弱
         D         I         S         C
```

图1-1　DISC四种类型人自信强度

D型人喜好展现成绩，容易以自我为中心，对他人的建议不感兴趣。

I型人表现自信，但更多关注集体成就，而不是唯我独尊。

S型人保持低调，不事张扬，喜欢得到他人的肯定。

C型人深藏不露，含蓄内敛，不会通过外在方式表露自信。

D型人在领导方式上以任务导向为主，这种领导方式需要自信。无论是带领一个团队在商场中搏击，还是率领一支队伍在战场上驰骋，都需要具有自信的力量。

1.3　目标思维：以任务导向，重视成效和结果

D型人会倾其所能，利用一切可以调动的资源来实现自己的目标，有时，他们会将别人的观点视为绊脚石和阻碍，而不是善意的劝谏和有益的帮助。D型人常常告诫自己："他人只是实现目标的一个助手，但很多时候，这些人会成为自己前进的障碍。"有些人可能会对这种想法感到愤怒，但它的确反映了D型人对任务痴迷的程度，他们的思维模式就是任务导向，而不是人际导向。为了实现任务和目标，他们往往表现出不近人情，不顾他人感受的特征。

D型人的另一个强烈的倾向是比DISC模式中其他三种类型的人更加重视成效和结果（见图1-2）。

```
                  倾向于促成结果的趋势
偏高 ---------------------------------------- 偏低
         D         I         S         C
```

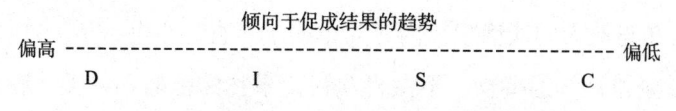

图1-2　IDSC四种类型人倾向于促成结果趋势

D型人更重视任务的完成,多于重视与他人的关系;面对冲突,具有攻击性和抗拒感。

I型人看重与人的关系而非任务的完成;善于抽象思考;不愿意刻意催促他人。喜欢通过沟通、劝说、鼓励、谈判、情感联络影响对方,使他人自动转变态度。

S型人适应于多种工作环境并力求人际关系的和谐。

C型人看重质量胜于数量,避免卷入任何冲突。

D型人追求成效和结果胜过一切。目标、成效和成绩在他们心中占据首要的位置,关系、情感和思考只能退而求其次。如果D型人认为某人对自己的目标构成了威胁,他们会不惜一切手段去反击会回应,即使与这个人发生冲突,只要对目标实现有利,他们也会在所不惜。对某些看重人际关系的人,尤其是影响者(I型)和稳定者(S型)来说,D型人往往显得冷漠自私、不近人情、刻薄、固执、简单粗暴、鲁莽和专制。

1.4 具象思维:语言使用的具体化

D型人的沟通方式较为直接和具体,表现为他们往往倾向于谈论此时此刻正在发生或即将发生的事情。绝大多数D型人不会把时间花在考虑那些根本无法观察或接触到的事物上,这就意味着,他们在表达或理解事物时通常更关注字面或真实含义,而不是深入探究事物内在或象征意义。当D型人需要拿事物作比较时,他们显然更偏爱直白的语言,尽可能避免含混不清和晦涩的隐喻和暗示。

日常生活中,D型人的语言大都细致而详尽,很少会出现"可能""也许""大概""计划""规划"等字眼。他们更倾向于明确而清楚地描述事物,不会对事物做似是而非的概括和归纳。"是与不是",只能选一种。

D型人在与他人的谈话中,内容简单明了,直导主题,他们往往更青睐实际存在的单独和具体的事物,不太喜欢讨论事物的范畴和种类。在思想方面,D型人通常看重经验,轻视理论,喜欢使用归纳的方法,对演绎法不屑一顾。

的确，要想用抽象的概念来吸引和激发 D 型人的注意力，相当困难，因为天性决定了他们更喜欢那些不受定义和解释限制，无须考虑原则、假设和与想象无关的内容。这些话题也许能引起其他人，比如稳定者（S 型）和影响型（I 型）的兴趣，但对 D 型人来说，这简直是在浪费时间。

D 型人之所以能在人生舞台上独领风骚，原因就在于他们对和谐的连贯性有着异常敏感的感知力，或者说，他们知道什么话听起来会让人感觉舒服、满意和易于接受。D 型人有一双无比"灵敏"和"警觉"的耳朵，他们的感觉极其敏锐，尤其是听觉，任何细小的和谐或不和谐都逃不过他们那双顺风耳。我们甚至可以说，任何出自 D 型人的文字或语言都是一首能够令人振奋的乐曲。

D 型人不仅在语言使用上具体和明确，相对于 DISC 模式中其他三种类型的人来说，他们对自己的身体语言也特别自信，自我感觉良好。他们常常会用肢体语言来帮助自己表达观点，在进行口头叙述的同时，D 型人总会配合各种各样独特的手势。

无论是书面文字还是口头表达，D 型人都会选择具体的语言来表达他们对实物、人或事情的看法，并选择与口头语言相配的肢体手势来增加说服力和感染力。当然，这些语言的选择不但要具体，还要简单和节约成本，一般来说，D 型人是不会费时间去选择和使用与要表达的观点不相关的语言和手势的。他们要达到的效果是文字、语言和手势相一致，配合得天衣无缝和相得益彰。

1.5 简易思维：直截了当，直击问题核心

在企业中，D 型人更容易成功，他们占据着企业大多数权力岗位。D 型人的一个行为倾向就是坦率直接，但在大多数人眼中，这种行为是鲁莽、专制和尖刻。但 D 型人却认为这是一种高效率，坦诚不公的工作方式，可以节约时间成本，快速完成任务。他们期望其他人也和自己一样直截了当，只要对任务完成有利，鲁莽的行为不会让他们感到愤怒。D 型人希望所有人在 10 个字以内就把问题交代得清清楚楚，或者说他们喜欢有话直说，对拐弯抹角、东拉西扯十分反感。如果他们期望了解更多情况，会有针对性地向对方

发问，一般来说，从 D 型人直白的方式和提问的多少，就可以判断出他是否对你的话题感兴趣。

一旦新项目开始运作，D 型人就会自己琢磨楚问题的所有细节。他们不是阅读说明书，或者坐在桌前看别人提交的报告和资料，在他们看来，这些不能反映项目的真实状态。他们更喜欢凭直觉办事，在行动中处理问题。只有碰了一鼻子灰后，为了任务的顺利完成，他们才会勉强翻看说明书和资料，当找到了解决问题的办法后，他们又会恢复本性，扔掉说明书，开始用行动解决问题。

当 D 型人参与攀登高山的活动时，其他人还站在山脚下，讨论着登山的计划，或者忙着闲聊的时候，D 型人已经开始脚踏实地向目标点——山顶进发了。当我们走走停停，在半山腰争吵着登山的路径，或者坐在地上休息攀谈的时候，D 型人早已登临山顶，以胜利者的姿态，享受着成功的喜悦。请记住，只有当你已经决定出发，才能请 D 型人做你的向导。

1.6 权力思维：害怕被人利用，没有耐心

1.6.1 害怕被人利用

D 型人能迅速抓住有利时机，然后采取行动达到目标，因此自我感觉良好，认为自己能够主导一切，主宰一切，包括自己的命运。如果他们的权威和主导感遇到挑战，就会显得焦躁不安，暴怒偏执，这时他们会采取行动，试图保护自己的权力，并寻找时机，获取更多的控制权。害怕失去控制权，常常会引发他们的攻击性和专制感，当他们的目标遭遇威胁和挑战时，D 型人不会以忍耐慎重的态度做出回应，更不会坐以待毙，而是将对峙和抗争视为解决问题的最好方式。

如果我们发现自己在与 D 型人竞争，那么就要相当小心，D 型人会采取攻势，主动出击的方式，毫不留情地扫除前进道路上的障碍。不要激怒 D 型人，除非我们已经准备好接受 D 型人的挑战，确信自己能赢得胜利，否则不要贸然上战场。因为一旦激怒 D 型人，他们就会不顾一切，成为一名骁勇的战士，偏

执、暴烈和富有攻击性，将我们打得毫无还手之力，因为在 D 型人的人格特质中，他们往往具有"反社会人格"的特征。

1.6.2 漠不关心

对他人的感受、观点和看法漠不关心，是 D 型人的另一个盲点。他们凭借坚强的个性和真实的能力，往往会产生认知偏差，认为自己玉树临风、英明神武，无须依靠他人，就能达成目标，度过一个个艰难险阻。因此，他们常常表现出自以为是，对他人的优点、能力和建议无动于衷。

如果你试图将自己的观点或感受传达给 D 型人，很可能会碰壁，撞上"南墙"，这句话最能贴切地形容被 D 型人漠视，产生沮丧感的人们。自负和任务导向的他们，对别人的情感和想法显得迟钝麻木，那些与 D 型人长期共事的人，都有被 D 型人利用和轻视的感受。作为 D 型人的下属，总会发现自己的的感受和努力在上级眼中简直一钱不值，他们的价值在上级心中从未被真正考虑过。在 D 型人前进的路上，敏感和以人际为导向的人，尤其是谨慎者（C 型）和稳定者（S 型），常常会遍体鳞伤，为 D 型人完成使命付出了高昂和沉痛的代价。当 D 型人在伤害别人时，他们却无动于衷，也可能浑然不知，因为此时此刻，D 型人正按照自己所设定的唯一路径，一心一意埋头奋战。

D 型人要想克服自己冷漠和过于直白的盲点，首先要学会倾听他人的心声，察觉他人的需要。因为，在倾听上的失败会付出惨重的代价。

第2章　I型人的6种思维模式-交互、沟通和影响

企业中，D型人勇往直前、一心一意指挥着团队向前发展，然而这支团队也需要激励者，振奋人心、鼓舞士气。D型人决定企业前进的步调，I型人却钟情于平衡与交流。具有这种人格模式的人就是"影响他人，擅长交互沟通"的影响者（I型人）。

I型人天生乐观、热情，他们乐于助人、擅长协调与沟通，善于劝勉灰心丧气的员工重新树立信心。在一个团队中，如果不同性格的人能融洽相处、团结一致，就能带动团队平衡发展，成功实现目标。

I型人以一种积极乐观的心态，满怀希望地看待一切事情。I型人善于表达、热情主动，能够与不同的人打成一片；他们能言善辩，能够融化人们之间的坚冰，打破人与人之间的隔阂；他们善于交际，是极富感染力的演说家和劝说者。

I型人不仅在工作中是出类拔萃的实干家，他们还善于自省和反思，对一切事物都保持一种积极的兴趣，是天生的逻辑专家，质疑一切，但从不怀疑和否定一切，他们靠着丰富的想象力和敏锐的洞察力，能从质疑中找到事物积极和有价值的一面；I型人还极富创造力，充满热情，有一颗仁慈的心，他们富有同理心，喜欢给予和奉献，是一位富有爱心的贡献者。

总之，I型人的全部生活都聚焦在了"协调""联络""劝说""谈判""鼓励"，是名副其实的人际交流专家，具有高超的"交互素质"。

2.1　共鸣思维：出众的交往能力，通过沟通维护关系

交往能力是一种运用策略，是巧妙得体地处理人际关系的一种潜在能力。

在这里，"策略"并不等同于 D 型人所使用的"战术策略"，I 型人的策略其实是一种比喻，用于描述 I 型人高超的人际交往技巧，或者说是 I 型人敏锐的感受力。无论是前者还是后者，它们都是 I 型人所擅长的，同时也是他们的兴致所在。

I 型人很早便开始以这种极度敏感的方式与人交往，以至于人们会忍不住猜测这是否是一种天赋：借用情感共鸣和交际技巧来维护和完善人际关系。

的确，伴随着个体的成长，尤其是在工作关系中，一方面，D 型人的"行动能力"会变得越来越娴熟，谨慎者（C 型）的"后勤支援能力"会越来越强，稳定者（S 型）的"思辨能力"也会越来越高；另一方面，I 型人也会不甘落后，他们那与人相处的交际水准也会稳步上升。I 型人像是练就了一双慧眼，用眼睛发现各种可能性，从而把握机会使潜在的人际关系得以发展。同时，I 型人借助自己那流利的语言表达来调和与化解人际交往中的矛盾。在交往能力的帮助下，I 型人总能迅速地发现人们或事物之间的共同点。

由于"天赋异禀"，I 型人不仅能够以一种积极的方式阐述自己的观点，还懂得换位思考，具有高度的同理心，常能设身处地为对方着想。此为，I 型人在比喻性语言的帮助下，甚至可以轻松且流畅地将原本并无关联的两件事物天衣无缝地联系在一起。这样，占据了"人和"的 I 型人在人际交往中自然会所向披靡。无形中，I 型人在交往中也对其他人的观念和行为产生了不可小视的影响：不仅鼓励对方成长，还帮助他们调解差异、平息矛盾、化解烦恼，甚至能启发个体的心灵，使他们成为一个和谐的统一体。

I 型人之所以如此喜爱交际，原因在于分裂、隔阂和敌视常常会让他们感到无比的烦恼和焦虑。矛盾和争论会让 I 型人心绪不宁，而分歧和争辩会令他们紧张不安，甚至连稳定者（S 型）所坚持的一丝不苟的精神和犹豫不决的性格也会让 I 型人情不自禁地产生抗拒心理。I 型人认为，所有这些差异和争辩都是强加在人性体验上的人为概念，是一种"人性的枷锁"。相比之下，I 型人更愿意关注那些"共享体验"和"具有普遍性的观念"，因为这能让每个人获得相似的智慧和潜能，同时使人与人之间的差异最小化。

2.2 信任思维：宽宏大量，信赖包容

I 型人的目光始终聚焦于事物的内涵，很少关注事物的表象。他们关注的是人们能为对方做什么，而不是人们之间究竟存在怎样的隔阂。

I 型人注重人的感受与人际关系，他们能无条件地接纳许多不同性情的人。即使他们被人唾弃、被视为无可救药的人，I 型人也能在他们身上看见闪光的潜力，不离不弃、一路扶持。当其他人都在灰心丧气准备认输时，I 型人仍满怀信心与期盼，充满希望地看待困难。I 型人比 DISC 模式中其他三种类型的人信任包容力更强（见图 2-1）。

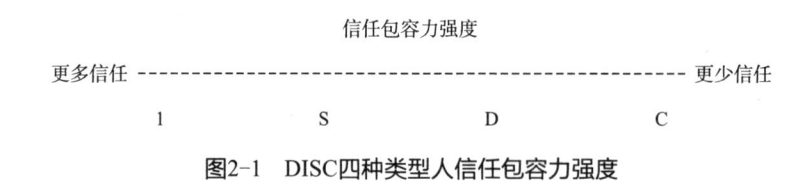

信任包容力强度

更多信任 -- 更少信任

      I   S   D   C

图2-1　DISC四种类型人信任包容力强度

I 型人无条件信任他人。
S 型人客观评估他人。
D 型人倾向于不信任，与人交往有戒备心。
C 型人性格多疑，除非对方的行为被证实值得信任。

包容是一种美德，信任是一种关爱，当 I 型人释放包容和信任的能量时，他们得到的是对方双倍的信任与包容。

2.3 抽象思维：抽象的语言使用方式

抽象的语言通常都是用来描绘那些无法通过眼睛来观察，只存在于想象中的事物。具体的语言正好相反，它们描述的大都是能够通过眼睛观察而无须借助想象的事物。

Ⅰ型人很少会谈论眼前的事情，相比之下，他们更愿意谈论那些只有通过思想的眼睛才能看到的概念或事物：爱与恨，善与恶，喜剧与悲剧，心灵和自我，故事和传奇，信仰和价值等。此外，性格、个性和天赋也是Ⅰ型人喜欢讨论的话题。

在谈话中，Ⅰ型人会很自然地产生想归纳自己想法或观点的意图。他们会很快地将话题从局部转向整体，从特殊的细节得出一般性结论，从最细微的表象全面地了解事物。Ⅰ型人的注意力始终集中在那些无法通过眼睛来观察的潜在事物上，因此，他们往往能够敏锐地感知事物内在的暗示和线索。

对Ⅰ型人而言，仅仅一点表象或一丝细微的迹象，或是一点提示、一个符号，就已足够。当然，要得出这些归纳性结论，Ⅰ型人还需要一种"直觉式的跳跃"；他们往往会语出惊人，而最能体现Ⅰ型人这个特征的就是人们常说的"心电感应"和"第六感"。的确，在所有人当中，Ⅰ型人领悟"言外之意"，或者说"引申含义"的能力的确首屈一指，而他们的直觉更是灵敏得令人诧异。事实上，Ⅰ型人也的确喜欢跟着自己的感觉走，他们特别关注自己的感觉，并且坚持说自己"就是知道"人们想做什么，以及对方的言下之意是什么。即使面对那些复杂的问题，Ⅰ型人也只需稍稍聆听解释，就感觉自己已经完全了解一切，很快便从分辨细节跳到了对事物的总体把握上。

Ⅰ型人想揭开这个世界的意义与价值，并试图理解自己所信赖的就是事物的本质这一真谛。因此，Ⅰ型人的思想和话语往往伴有浓厚的阐释意味，这说明，他们经常会对事物做出有见地的评论。Ⅰ型人不会像Ｄ型人和谨慎者（Ｃ型）那样始终专注于可观察的事物，也不会像稳定者（Ｓ型）那样时刻不忘以逻辑推理来约束自己的思想。Ⅰ型人会跟着直觉的指引从一件事转换到另一件事，求同存异、合并归纳，将原本对立的事物通过某种方式联结起来。

Ⅰ型人热衷于各种在不同的事物之间建立联系，因为这个特点，他们才会在谈话中大量使用暗喻，将某些人或事的特点归结在另一些人或事上面：包括有生命的与无生命的，可视的和不可视的。

Ⅰ型人可以轻而易举地说出"这个人是善良的"或"那个人是恶意的"的话语。但Ⅰ型人的意思并不是说第一个人拥有美德和善心，第二个人表现得像个恶魔，Ⅰ型人只是想告诉大家：他们分别代表了两种不同的人，就像太阳始终朝我们微笑，公司的宗旨就是获取利益，员工的职责就是完成任务。

I型人在谈话中还经常使用夸张的手法。这与稳定者（S型）的表达方式正好相反，稳定者通常更青睐轻描淡写的陈述方式。在表达上，I型人除了夸张，他们的语言似乎也缺少一种循序渐进的层次感，往往是一蹴而就，一跃而成。I型人很少会说他们对某个观点"有一点"兴趣，也不会对某个人的行为"从某种程度上来说"感到不满意。I型人总是全身投入，要么"完全"被吸引，要么"彻底"厌倦；要么"非常高兴"，要么"绝对"震惊。对I型人而言，世界上只有两种事情，正确的和错误的。

虽然I型人的言谈给人一种夸张和跳跃式的感觉，但这并不意味着I型人在与人交流时显得大大咧咧。相反，他们显得十分细腻，对出现在谈话中的肢体语言、面部表情及音调的细微变化，都表现出高度敏感。相对而言，其他类型的人常常会忽视这些细微的差别。同时，借助敏锐的观察力，I型人总是能够察觉出语言中的"蛛丝马迹"，哪怕只是一个词或一个字，他们都能从中体会到暗示和影射的意思，就好像I型人具有一种高超的能力，能够窥探到任何藏匿在语言中的信息。

I型人常常提醒自己："我的每一句话都会对周围的人或事产生作用，因此，必须在说话时保持谨慎，三思后行。"对I型人而言，这种针对语言超级敏感的态度所导致的直接后果之一就是，他们常常在谈话的时候会错意。但I型人会立刻意识到这种错误，及时进行纠正。

2.4 合作思维：和谐共处，互相关照

与谨慎者（C型）的合作方式稍有不同，I型人的合作是以众人的一致意见为基础的合作，而不是谨慎者那种纯粹以服从为原则的合作。在I型人的意识中，合作应该是一种大家都认可的、统一的行为方式，类似一种协议，或者说协调方式。

对I型人而言，为了集体的利益，以一致或协调的方式行为，远比单纯地统一工具种类和操作方式更加重要。按照I型人的观点，人们所选择的工

具和行为应当能够被大家接受，哪怕这些工具的效率远不及那些尚未获得认可的工具或行动。与谨慎者一样（C），I型人也认为D型人和稳定者（S）所推崇的以完成工作为主旨的实用主义，丝毫不顾及方式和方法的选择，如果不符合道德和规则的要求，最终只会适得其反。因为不能仅为了提高实用性而无视人们的感受，忽视和谐的工作氛围，愉快地合作，才是一切工作的目的。

的确，对那些冷漠无情或一心一意追求实用性的功利行为，I型人始终抱有一种非常怀疑的态度。他们担心，这样做的后果会使充满温情的人际交往因此中断，原有的和谐和统一也会因为追求便利或利益而土崩瓦解。I型人期望人们能够超越竞争和争辩所带来的摩擦，建立完美的人际关系，并在交往中相互扶持和帮助。因为任何形式的冲突都令人感到无比痛苦。I型人践行着自己的理念，他们在工作中愿意竭尽所能，避免或阻止冲突的发生。按照I型人的行事风格，他们往往会通过安抚、调和、支持等形式来维持亲善的人际关系。

当然，这并不意味着I型人不想获得和使用更好的方法来实现自己的目标，实际上，I型人非常愿意接受那些能让工具最大限度发挥功效的方式和方法，只不过，这些方式和方法首先要经过严密的审查和过滤，以免出现任何违背I型人信念，或是令同伴感到不悦的消极后果。无论从事何种工作，I型人首先考虑的往往是如何培养亲善的人际关系，这似乎已经成了他们实现目标的必备条件。I型人的理想就是与身边的人和谐共处，互相关照，相互扶持，从而使所有人能够为了共同的利益而努力。

2.5 亲合思维：热忱随和，善解人意

正如我们所看见的，I型人在人际交往中如鱼得水，他们友善主动，平易近人。I型人天生能说回道，善于沟通说服，谈起话来有声有色、口若悬河，充满了热情和激情，率真的本性在沟通中流露无遗，不仅使对方受到了感染，还能使原本平淡无奇的事变得光彩夺目。I型人比DISC模式中其他三类人有更强

的亲近倾向（见图2-2）。

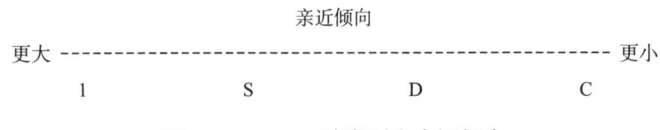

```
                        亲近倾向
更大 ------------------------------------------------ 更小
     I         S           D            C
```

图2-2　DISC四种类型人亲近倾向

I型人接纳感恩，充满爱心。

S型人平易近人，但在接纳前会反复思考，权衡利弊。

D型人老于世故，善用手腕，但对亲近的人仍保留爱心。

C型人一般不易亲近，但因为任务的需要，被动亲近某些人。

2.6　认同思维：需要承认与赞誉，害怕被拒绝

2.6.1　需要承认与赞誉

当另一个人与I型人平分秋色，受到相同关注时，I型人的压力就会骤增，因为I型人天生具有强烈的表现欲，喜欢得到人们的承认与褒奖。

I型人虽然具有包容心，希望与人们建立和谐的共处关系。但要与他们和别人一同分享表现的机会，会使I型人十分不快。I型人如果不能克服这个弱点，嫉妒、猜忌就会从趁虚而入，最终会给他们带来烦恼和痛苦。

2.6.2　需要群体承认

受人承认与赞誉，是I型人自我评价的一条重要标准。少了人们的赞誉，I型人就会怅然若失。I型人需要修炼的重要功课就是：总是期盼群体的承认，指挥导致沮丧和失败。

I型人要记住：不是非要通过不俗的表现，别人的赞誉，才能证明自我价值。伴随着人们认可而来的，除了鲜花与掌声，那些无形的压力和形形色色的诱惑也会侵袭自己的身心，就像坠入欲望的陷阱。随着对赞誉和承认越来越强的需要，I型人会越陷越深，最终束手就擒，成为赞誉的奴隶，任由它们恣意毁坏却无力抵抗，赞誉成了枷锁，I型人成了黑暗中牢笼的囚徒。只有摒弃对

赞誉与承认的依赖，I 型人的优势才能真正发挥作用。

2.6.3 害怕被拒绝

如果得到公众接纳是 I 型人最大的动力，那么遭到公众拒绝就是他们最大的恐惧。公众的拒绝，他人的轻视，可以摧毁 I 型人的信心。只要想一想可能遭到拒绝，会让他们不寒而栗。倘若这种恐惧失去控制，失败的人生则无可避免。

假如 I 型人愿意敞开心扉，承认自己的需要，寻求别人的帮助，他们就可以克服这种性格上的弱点。

2.6.4 欠条理性

I 型人一心追求社会活动、和谐的人际关系与受人欢迎的感觉，其余一切在他们看来显得黯然失色，不那么重要。特别是对繁缛琐事、重复性的工作和日常家务，I 型人丝毫不感兴趣。

心猿意马、惯于开脱，阻碍了 I 型人的成长和工作效率的提高，使他们不能尽情发挥潜力，实现既定的目标，取得更多的成果。如果我们发现 I 型人有一堆工作没有做，有堆积如山的任务没有完成，请不要吃惊，因为这在 I 型人身上屡见不鲜。

I 型人的时间，永远不够完成任务，他们伶牙俐齿、能言善辩、善于沟通，假如他们辩解和理由受到质疑，就会毫不犹疑地列出一堆无可挑剔的"正当理由"。

第3章　S型人的6种思维模式-思辨、稳定和探索

D型人是严厉突击者，他们追求控制权，不惜一切代价完成任务。I型人是引人注目的代言人，是热情、善于沟通和协调的鼓动者。D型人与I型人通过各自的方式塑造环境，然而生活和工作中也需要脚踏实地、稳定可靠的人，这就是"稳定随和，善于思辨探索"的稳定者（S型人）。

S型人富有团队精神，喜欢取悦他人，为维护团队和谐稳定，情愿舍弃个人目标。他们就像一艘轮船上的锚一样，无论轮船多么豪华，在风暴肆虐的大海中，是小小的锚保护了整艘轮船能安全航行。尽管海面起伏不定、波浪滔天，毫不起眼的锚将船身与坚固的海底连接在一起。S型人就是这小小的锚，他们通常不会抛头露面，而是在幕后默默无闻、始终如一地传递着自己的力量。

很多人说，D型人是天生的领导者，而S型人是天生的跟随者，这并不正确。这两种类型的人都能成为优秀的领导者。果断坚决、控制欲强的确是D型人的天性，S型人则生性平和，不愿盛气凌人。面对变化莫测、发展迅速的情况，D型人和I型人的领袖或许更加胜任；但稳定不变的环境则更适合S型人的领导风格。他们擅长创造和谐温馨、互助互爱的环境，与其他个性的领袖一样，S型人同样会取得不菲的成绩。

总之，S型人的生活和工作都聚焦在了"关照""支持""坚持""战略"上，是名副其实的稳定器，他们具有高超的"思辨素质"。

3.1　逻辑思维：以逻辑为导向的语言使用方式

一方面，与I型人一样，S型人也会使用抽象的语言与他人进行交流；另

一方面，他们又会像 D 型人一样，是不折不扣的实用主义者。S 型人在交流中，必须使用文字来传递信息；为了实现目标，又不得不借助工具的力量。因此，文字和工作的使用，成了 S 型人性格发展中最根本的基本要素，也是他们思辨素质最重要、最直接的反应。我们先来看看 S 型人是如何利用抽象的语言来进行交流的。

人们用抽象的文字来描绘那些存在于我们想象中的事物，而具体的文字通常被用于说明那些可以观察到的事物。S 型人谈论的对象大都是一些存在于想象中的事物，而很少谈论那些能够被观察的事物。他们更倾向于思辨，喜欢探讨那些只有通过思想的眼睛才能看到的概念性事物，至于那些存在于眼前的可以被感知的具体事物，S 型人往往不太感兴趣。所有人都既可以观察到眼前的一切，也可以发挥想象力，构思那些只存在于脑海中的事物。这并意味着人们从事这两项工作的能力旗鼓相当。在很小的时候，我们便开始显现出自己在使用语言时的倾向性：是善于观察可知的事物，还是善于想象，并且会在接下来的一生中都保持这一语言习惯。和 I 型人一样，S 型人往往会选择谈论一些存在于想象中的概念性或推论出来的事物，而尽量避免那些可以被观察、感知或体验的事物。

在交流中，S 型人会试图避免那些与话题无关的，琐碎或冗余的内容。他们不愿意浪费口舌，因此 S 型人的话语通常言简意赅；虽然他们明白有些多余的话可能必不可少，但是 S 型人仍然不愿意去描绘那些显而易见的事实和道理，或者反复强调自己的观点。S 型人会尽可能压缩各种解释和定义，因为他们认为，既然这在他们看来是显而易见的，那么对其他人而言也同样如此。S 型人觉得，如果他们真的反复强调那些显而易见的事实和道理，那么，听众或读者即使不把这当成一种对智慧的冒犯，也一定会感到无聊透顶。在谈话的过程中，S 型人通常会将自己的感受强加给他人，只要他们这样认为，他人也必定会这样想。而 S 型人这种过于简明扼要的语言风格，在沟通中往往会主观地过滤掉很多他人需要的信息，使对方感到疲惫和不知所云，很难跟上 S 型人思维的脚步。因为这个缘故，S 型人的听众有时会变得越来越少，而他们自己却不知道这是为什么。

S 型人之所以能够保持思想和语言的一致性，原因就在于他们那深邃的思辨素质，富于逻辑性的演绎推理。S型人的这种思辨素质与I型人擅长归纳总结的能力有异曲同工之处。尽管是推理和演绎，但是S型人的引证仍然需要一些"直觉式的跳跃"，这是一种只有S型人才会采用的思维方式，即使在S型人继续保持现有的思索状态时，他们也常常会不由自主地转向这一"跳跃"。但这种跳跃是S型人不愿意做的，偶尔一次的跳跃，S型人只把它当成暂时的放松，很快又回到之前未完成的话题上。和谐融洽的思维和谈话通常都是以小心措辞为基础的，谨慎地选择和搭配词语，并且注意表达的方式。虽然S型人会对这种方式感兴趣，但绝大多数S型人不具备这项技能。

S型人喜好推理和演绎的谈话方式，在很多时候会表现出"吹毛求疵"或"拘泥于琐事"的弊端。他们会反复斟酌，不断思考各种假设，这会导致S型人做事犹豫不决、瞻前顾后，在D型人看来，这就是推延和低效率的表现，不仅会影响S型人的工作效率，还可能给他们的职业发展和晋升带来麻烦。

S型人的语言中常常会出现各种各样的假设和先决条件，可能性和概率，基本条件和前提，以及假定和定理。他们也特别看重数据的意义。但S型人忘了，这些假设和数据在谈话中，只能扮演支持和辅助性角色，如果过度使用，会使谈话没有效果，或者不欢而散。

在谈话中，S型人也十分注重语言的一致性，因此他们会在开口前首先确认每个词语和短句的正确性，绝不会说出任何不符合逻辑的话来，也不会留下任何会遭到逻辑质疑的疑问。这种谈话风格使S型人在交流时往往显得十分谨慎，通常会添加诸如"可能""有可能""通常""有时候"和"在某种程度上"之类的修饰词。

此外，S型人的用词往往也带有浓厚的专业色彩，那些没有专业含量的闲谈，很难调动S型人的兴趣。

总之，在交流中，S型人通常希望自己能够表现得沉稳、理性和深邃，但是在别人看来，他们却显得过于拘谨。因此，S型人会尽量减少使用肢体语言、面部表情以及其他非语言性的修饰。不过，一旦受到鼓舞和激励，S型人往往会用自己标志性的手势来表达对话题的精确度和控制权的要求。他们会将一只手或双手都握成爪形，就好像他们想借此抓住正在谈论的话题一样。同时，S型人还会弯曲指头，在自己面前的空间里比画，试图在空中为听众传递和描绘自己的观点。此外，S型人还喜欢将一些小物件握在手中，比如钢笔、茶杯、纸张或装饰物，然后将它们陈列在桌面上，协助自己陈述观点。不过，S型人最喜欢使用的手势还是将大拇指并列地放在其他指尖上，它们觉得这样做就好比将某一观点摆在了最合适的位置，同时也不失精确度。

3.2 实用思维：实用至上的技能使用原则

在追逐自己的目标时，S型人奉行的是实用至上的原则。他们看中行动或思想的实际可行性，以实际结果作为评判正确与否或价值大小的必要标准，这点表现了S型人在生活和工作中如何评估和选择，他们对事情的评价通常包含实用的建议。这意味着，他们显然更加看重工具的实效性，而不是工具的社会认可性：从道德、法制，以及正统的角度来说，人们是否应当使用它们。但S型人为了保持和谐的人际关系，往往只在思想上产生抵触，在表面上却被动地接受约束，但在行动上往往采取故意推延的策略，在别人眼中，这是一种工作效率低的表现。

这并不是说S型人更青睐那些离经叛道，违背道德和法律约束的工具使用原则。事实上，S型人并不排斥与他人或各种社会组织合作，只不过，和D型人一样，他们在使用工具时，首先会考虑如何才能让工具最大限度地发挥效用，从而在最短的时间内实现自己的目标，而将取悦他人和遵守规则摆在第二位。

不过，必须强调的是，S型人这种抽象的实用主义毕竟还是有别于D型人那种具体的实用主义。D型人关注的是工具的有效操作，只要能实现目标，"一切皆可用"；而S型人关注的是工具的高效率操作。高效和有效完全不同，如果一种操作方式可以实现目标，但是相对于结果而言，成本耗费过高，这只能是有效却不是高效。S型人寻找的恰恰是一种以最少的投入换取最大产出的高效率操作方式，如果成本过高，即使对目标完成有利，S型人也会弃之不用；如果成本低廉，即使违背规则和道德，他们也会果断使用。这种工具使用原则在很多时候反而影响了S型人的工作效率，让人们感到S型人的工作效率低，想得多做得少，因为 S 型人总是在反复比较各种工具的使用效率，他们宁可拖延目标的完成，也不轻易出手。

即使 S 型人的实用主义得不到社会的认可，或不符合制度、规则的要求，S 型人仍然会我行我素。事实上，很多 S 型人会虚心听取任何人对自己方式方法所提出的有益建议，不过，他们也会毫不犹豫地忽视那些反对意见。一旦涉及以目标为导向的行动效率这个问题，S 型人可以无视所有的社会标志和规则：身份、特权、权威、地位、许可、准则、原则等。在他们看来，所有这一切都无关紧要，可以充耳不闻，视而不见。有些时候，这种行为会被人们视为傲慢、狂妄和自大，在工作中会被认为是"不守规矩，不好管理"的员工。

S 型人常常习惯于以思想家和原动力者自居，他们认为自己有义务高举实用主义的大旗，对习俗、规则和制度提出挑战，并且在经过不懈的斗争之后，最终将高效率和明确的意图引入事业当中。S 型人这种态度，在许多人眼中，往往被认为是傲慢的表现。不过，既然被认为是傲慢，那至少说明这一观点本身并非一无是处，毫无疑问，S 型人正是靠着这种观念的驱使，才能摆脱各种条条框框的限制，成为具有战略头脑的领导者、策划大师、创新者、科学家和思想家。

3.3 妥协思维：为了和谐的需要可以暂时放弃自己的观点

很多时候，S 型人不会做出决定而是喜欢服从集体的意见，因为追求和谐、赞同与支持是他们的动机，其实这也是他们实用主义的一种表现，"为了和谐的需要可以暂时放弃自己的观点"。

在工作中，如果要征求 S 型人的意见，最佳时机是在每个人都发言之后，这样 S 型人能有时间反复思索，严密组织，令自己的见解更加成熟。假如 S 型人得到了足够思索的时间，24 小时是最低要求，他们的真知灼见、细致周到、高瞻远瞩会令团队成员佩服得五体投地。但很多时候，环境不允许 S 型人有奢侈的时间三思而后行，这时他们就会采取以退为进的策略，让别人决定，自己服从。S 型人常常这样说："不要问我，我也没有更好的建议，随大家的意思吧。"

S型人的这一特点在他们的一生中流露无遗：注重实际、有团队精神、随和、爱充当和事佬。但要记住，这些特点很多只是表象，这并不是说他们真的服从了，也不是说他们有团队合作精神，更不是主动地随和，只是S型人实用主义的反应，一种不得已的权宜策略罢了。

3.4 稳定思维：非常关注工作环境的稳定与和谐

S型人需要安全感、和平、安宁与协作，很多S型人都非常看重家庭，尤其是工作环境的稳定。假如S型人与团队成员之间有冲突，他们会忧心忡忡，痛苦不堪。为此，S型人会极力回避冲突，有时会选择逃避，听凭他人做主。

D型人可以不受环境干扰，全神贯注于自己的目标，而S型人会因为受人关注和欣赏而沾沾自喜。很多时候，S型人与I型人一样，是和睦的维持者，因为他们都关注人际关系的和谐。在工作中，S型人会表现得忠心耿耿、乐于助人。他们会对自己认可和敬佩的上司、同事非常忠诚；S型人也会坚守在工作中最艰难的岗位上，只要工作环境稳定，他们会不改初心，默默奉献。如果换了其他人早就忍无可忍、不甘寂寞、一走了之。而S型人就像稳稳沉沉的船锚，只要他们认可了目前的工作环境，纵使外面诱惑重重，S型人依然忠诚无私、不改初心。我们会发现，在公司中，很多工作10年以上的员工，S型人占了近30%；15年以上的员工，占了近55%；20年以上的员工，占了近70%。我们要珍惜S型员工，因为他们是企业的稳定器，是企业最忠诚的守护者。

3.5 固化思维：始终如一，固守传统

S型人安于现状、固守传统。在工作中，S型人一贯保持稳健的作风，稳扎稳打，忠于职守。

如果S型人成为领导者，他们这种认真稳健的特点也会表现在领导风格

上，S型领导者不会轻易指派员工担任重要岗位，除非这个员工能在小事上证明自己的忠心，然后才能得到S型领导者交付的其他任务（见图3-1）。

S型人在DISC模式中行为倾向始终如一，稳重可靠。

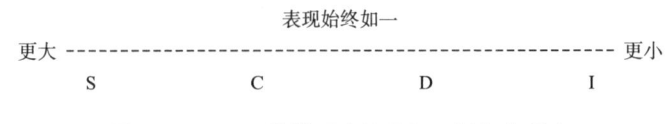

```
                        表现始终如一
更大 -------------------------------------------------- 更小
         S           C           D           I
```

图3-1　DISC四种类型人始终如一行为表现度

S型人稳定、可预见。
C型人关注细节，频繁查验确保准确。
D型人意志坚强，行动迅速，喜欢迎接挑战。
I型人夸夸其谈，行动迟缓。

3.6　和谐思维：偏爱条理与安宁，惧怕冲突

3.6.1　偏爱条理与安宁

S型人偏爱稳定不变的环境，讲究组织与秩序，因此S型人最善于处理日常琐事，他们会将一切安排妥当，使工作井然有序。

在S型人的生活和工作中，改变是不受欢迎的。他们安于现状，墨守成规，抵制改变。在工作中，即使是优厚的报酬与待遇，都不能动摇S型人对改变的反感。

改变是对的，但我们需要先理解S型人，不要将这种个性特点视为无能与怯弱，要有策略，讲究方法，有智慧地帮助S型人面对改变。

要S型人作出改变，首先应该知道，他们通常会变得行动迟缓、瞻前顾后，这是S型人对改变的普遍回应。其次，要给予S型人时间，让他们逐渐适应改变，作出积极的回应，而不是激起他们的反感和对抗。最后，允许S型人与其他同样面临改变的人，交流分享。要记住，稳定是S型人最核心的需要。

如果找到行动的捷径，对S型人来说，他们得到了一次自我实现的机

会，会受益匪浅，因为承认赞扬 S 型人的贡献，能使他们感到欣慰快乐，干劲十足。

3.6.2 惧怕冲突

S 型人害怕改变，惧怕冲突，担心失去稳定性。S 型人沉稳扎实、乐于助人、固守传统，他们需要接纳与信心。因此，S 型人对冲突和变化莫测的环境，感到诚惶诚恐。

要想帮助 S 型人克服恐惧，就要对他们言明面临的任何潜在的改变，无论是生活中的还是事业中的，然后给出清晰明了的解释和切实可行的理由。一旦宣布了改变，就要留给他们时间适应环境，不要期望 S 型人会立即接受改变。

面临竞争，特别是激烈和不确定性的竞争，S 型人会惶恐不安。设想 S 型人和 D 型人竞争同一职位，S 型人的期望是"能更好地养家糊口，支持公司的发展"。然而，一想到与 D 型同事发生正面竞争，可能会造成误会和冲突，S 型人就会深感不安。S 型人非常关注人际关系的和谐与稳定，很多时候，他们会为了和睦而选择妥协放弃，知难而退，但换来的却是个人职业生涯的受损。

第4章　C型人的6种思维模式-护卫、谨慎和支持

有时仅仅完成工作是不够的，我们渴望得到优质的结果，保质保量完成任务是通往完美的台阶。幸运的是，有人仍在孜孜不倦地追究完美，这就是"谨慎细致，提供护卫支持"的谨慎者（C型人）。

我们已经知道D型人关注任务，全力以赴追求目标，他们喜欢按照自己的规则行事；I型人能言善辩，善于鼓励，激发人们的积极性；S型人则是不动摇的基石，擅长思考，忠于职守、无私奉献。

C型人喜欢为团队制定标准，而且期望每个人都恪尽职守，他们注重质量，追求精确无误，秩序井然。D型人带领团员完成目标，而C型人会确保团队万事齐备，无后顾之忧，在正确的时间到达正确的地点，并使整个行动不超过预算。

与S型人一样，C型人安于现状，不喜欢改变，突如其来的变化令他们不安，新的环境使他们感到忧虑。对新点子、新主意，他们通常会不厌其烦地提出一堆详尽又细致的问题。偏爱冒险的D型人和喜欢随意的I型人可能会认为这样做多此一举，庸人自扰。

C型人对待改变的谨慎小心，往往使他们能在酝酿阶段发现问题并及时纠正错误。在商场和企业管理中不乏痛苦的案例：投入了大量人力、物力、财力，费尽周折，但由于对某个重要环节欠缺考虑，最终导致整个项目流产。而谨慎细致、周密慎重的C型人能为公司挽回不少时间与损失。

从另一个角度来说，谨小慎微的人需要留意：过于专注细节，反而会舍本逐末，得不偿失。假如我们只专注核实数据的准确性，也许会错失经营人际关系的良机。

总之，C型人的全部生活都围绕着"完美""分析""支持""合作""改编"运转，是名副其实的追随者，具有高超的"支援素质"。

4.1 结果思维：注重结果而非过程

D 型人和 C 型人都是任务导向型，而非人际导向型（与 I 型人和 S 型人相反）。不过 D 型人更关注实现目标的过程，而 C 型人更倾向于制造优质产品，得到一个完美的结果。

以图书编辑为例。D 型编辑的角色是一位策划者，他们追求目标，按照自己的想法一步步将计划付诸实施，像组稿、编辑、印刷，他们会全程参与，最终将本书送到读者手中。D 型编辑关注的重点是控制实施情况，确保任务完成。而 C 型人的角色更像是一位责任编辑，他们努力、细致、追求完美，保证书稿准确无误，语法正确、印刷质量到位，他们的考虑包含方方面面，而且不会遗漏预算控制。C 型编辑关性的重点是产品质量，他们对产品更感兴趣，而 D 型编辑则对行动过程更感兴趣。

当然，这不是说某个性格类型有超然的优越性，要圆满顺利完成一项任务，离不开每种个性模式的努力与配合。实际上，只有 D 型人和 C 型人携手合作，才能打造一部优秀的作品。不要忘了还有 I 型人的努力，是他们制订了形形色色的营销计划与活动，才使这本书最终进入读者的视野。

D 型人在 DISC 模式中更关注任务的结果而非过程（见图 4-1）。

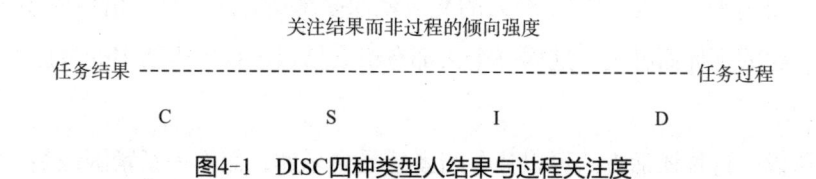

关注结果而非过程的倾向强度

任务结果 -- 任务过程

　　　　C　　　　　S　　　　　I　　　　　D

图4-1　DISC四种类型人结果与过程关注度

C 型人关注精确无误完成任务，崇尚质量高于一切。

S 型人关注尽职尽责履行任务，在行动过程中循规蹈矩、尽力帮助。

I 型人在行动过程中，踊跃发言、积极协调。大力促进决议的产生，带动他人积极投身行动。

D 型人期望控制任务的实施过程，激发行动，创造最好结果。

如果这四类人共同参与一个产品的推出：S型人是架构师或设计师；D型人是产品经理或需求工程师；C型人是产品工程师；而I型人负责沟通协调，是一位职能类的管理者。

4.2 联想思维：话语连贯，常常引发自己以及听者的联想

和D型人一样，C型人谈论的大多数话题都与自己看到的具体事物有关。他们也许会出于礼貌，耐心地聆听有关理论或假设的谈话，只不过，C型人决不会做出任何回应，并且很快就会将话题转到那些更具体的、可以被感知的事物上。例如，商品和服务、贷方与借方、价格与薪水、销量与定价、失与得等，当然，他们也愿意讨论抽象的事物，只不过由于缺乏兴趣，可能会在不知不觉中将谈话重新转移到那些具体的话题上。

C型人的话语十分连贯，并且经常会引发自己以及听者的联想。也就是说，他们会从一个话题联想到另一个与之有确切关系的话题，而不像I型人和S型人那样通过归纳或演绎引出另一个话题。当C型人想到某事的时候，无论这件事距离正在谈论的话题有多远，或者说根本毫无关系，他们也会毫不犹豫地将它们说出来，而这通常也会让对方联想起某些相关的事情，并在C型人的提醒下说出来。于是，与C型人的交流就像多米诺骨牌一样，借助联想效应，随着话题的延伸而继续，这样每个人都有机会借谈论自己生活中的事情参与到谈话中来。

所以，这种谈话方式可以让参与者感受到乐趣，而不是紧紧围绕某一个单独的话题而展开，从而使很多人失去了发言的机会，或者让讨论流于表面而无法得出定论。而C型人最擅长这类小型的谈话。

对于感兴趣的话题，C型人为了使自己在交流时侃侃而谈，自由地联想，会积累大量的事实资料。他们可以记住大量的事实信息，比如姓名、生日，朋友的父母及孩子的姓名，谁得到了什么工作，家庭住址，等等。总而言之，任何一条细微的信息都可以轻易地引起C型人对另一件事的联想。

除了易于联想，正统也是 C 型人语言的一大特点。他们说话时总是格外小心，尽可能避免使用那些装腔作势或不切实际的语言。所以，在语言选择上，C 型人会倾向较为传统的词汇和表达方式，有时还会"引经据典"，说出一些箴言、谚语和警句。

C 型人在谈话时还经常充满了告诫之意。他们会倾向于警告他人注意任何可能的危险，无论危险伤害的是自己还是其他人。当他人对自己的警告置之不理时，C 型人往往会斥责或指责那些不守规矩的人。相对而言，其他类型的人这样做的可能性很小，因为循规蹈矩的 C 型人不会让任何人偏离正轨。

4.3 流程思维：喜欢一板一眼，注重质量，而非工作率性

C 型人天生喜欢一板一眼，他们追求质量、准确与秩序；会按部就班，一步一个脚印去实现目标。对 C 型人而言，生活和工作就是沿着一条可预见的轨道前进。他们信守这样一条人生格言："除非确保万无一失，否则我不会贸然行动。"

I 型人和 D 型人正好相反，他们喜欢无拘无束、率性而为，他们的座右铭是"让我们放开手脚，尽兴而为吧！"

C 型人在 DISC 模式中更关注计划、遵守计划（见图 4-2）。

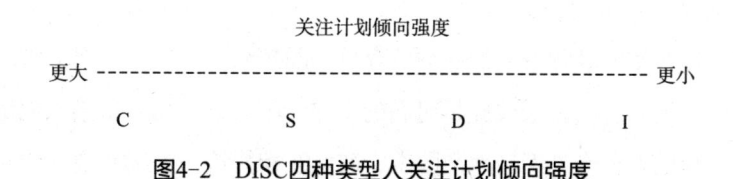

关注计划倾向强度

更大 -- 更小

C　　　　　S　　　　　D　　　　　I

图4-2　DISC四种类型人关注计划倾向强度

C 型人情感表达严谨有序，关注细节与正确性，讲究工作秩序。

S 型人情感表达有节制，工作习惯固定不变，条理分明。

D 型人情感表达不受压抑，喜欢迎接挑战，对例行公事感到厌恶。

I 型人情感表达无拘无束，率性而为，很难遵守计划，对社会工作有强烈兴趣。

4.4 服从思维：崇尚以服从为前提的合作

企业文化伴随一个个部门的建立而形成，而部门则是由各种各样的工具汇集而成。这里的工具就是技术、管理、业务和决策。但凡有工具的地方，就一定存在操纵工具的使用规则。我们要么服从这些规则，与规则合作；要么依照自己的方式去使用规则。C 型人会毫不犹豫地选择前者。

I 型人也具有"合作式的工具使用原则"，但 C 型人的合作方式稍有不同，I 型人的合作是以众人的一致意见为基础的合作，而不是 C 型人那种纯粹以服从为原则的合作。

企业存在的基础就是制度与规则，因此无论哪种类型的人都必须适应企业的这个特点。当我们在企业工作时，会逐渐接近这些规则，脑海里可能会冒出"合作、顺从、遵守、服从"的想法。只不过，只有 C 型人的意识才会完全被这些规则所占领。

C 型人会将 D 型人那种实用至上的行事风格，为了完成工作而不择手段的做法，当作利己主义或不负责。在 C 型人的管辖下，没有人能够仅仅为了获得乐趣或加速事情的进程而无视规则的存在。在 C 型人看来，忽视规则也许暂时有助于事情的进展，但从长远利益来看，会埋下风险或毁灭的种子。相对而言，合作就显得安全得多。

一旦选择合作就意味着人们必须放弃自私的想法，与他人一同工作，双方始终保持步调一致，从而确保彼此长时间的合作。不然，一切必将陷入混乱。在 C 型人看来，与他人合作是天经地义的事，彼此互相扶持，为了实现一个共同的目标而努力，最终，在纪律和团队协作的指引下，高质量的目标一定会实现。

一直以来，C 型人都在努力制定和推行各项指导人们行为的法则。他们坚信，只有通过建立和遵守各项原则和规章制度，人们才有希望维持社会或组织的秩序，从而保卫自己的家园、社会以及事业。对于其他类型的人而言，尽管他们也许因为有人维持秩序而心存感激，可是他们自己对制定或推行规则却毫无兴趣，所以他们自然会十分乐意将这件"苦差事"交给时刻保持警醒的 C 型人。同时，他们对C型人维持规则的工作深表满意。

幸运的是，绝大多数C型人都十分乐于承担这项工作。因此，在了解这一切之后，我们完全能以一种平和的心态接受这一事实：很多业务稳定、处于行业标杆的公司，CEO，总裁，将近半数的管理者和员工都是C型人，因为公司需要靠制度和规则来运转。

4.5 怀疑思维：对改变小心翼翼，能提出不少问题

在C型人主动接受改变之前，他们必须慎重考虑方方面面，要做到滴水不露，包括所有与改变有关的情况。这一点与S型人很相似，区别在于S型人是从战略层面考虑，他们思考的是改变之后能否保持长久的稳定；而C型人是从支持层面考虑，他们思考的是改变是否会破坏眼前的稳定。

纵使面对压力和阻碍，C型人通常会顺服掌权者。正如前面所说，他们的质疑能使计划作出有益的改进。如何把所有设备搬到市中心而不停止生产，不影响产品质量？这个问题，足以敲响警钟。

尽管提问能部分打消C型人的顾虑，但在完全接受改变前，他们仍会有很长时间对改变抱有戒心。另外，C型人会不断测验新的程序，直到确认改变有益无害。一旦确认了改变的正确性，C型人就会忠心耿耿地按规定执行下去。

如果C型人放心地接受了改变，让他们获得足够的信息十分关键。因为C型人天生忧虑，一件小事或一句话就能影响他们"支持改变"的信心。这时，我们要及时和反复向他们解释，打消他们的疑虑，使C型人坚定信心，迎接改变。

4.6 安全思维：害怕批评，压力之下表现严厉

4.6.1 害怕批评

由于C型人对结果和质量的高标准，他们通常特别害怕自己的工作受到指

责，无论是恶意还是善意的批评，都会深深刻进他们的心里，给C型人带来沮丧和烦恼。

I型人或S型人对他人的批评同样很敏感，将批评看作不被接纳和不被欣赏的记号，因为他们都是以人际为导向的人；C型人却会将批评视为一种对自己努力的否定或不满，甚至是蔑视和嘲弄，他们会对批评耿耿于怀，难以接受。因为C型人以任务为导向，他们将自己的成果看得无比重要，不容任何指责。

既然C型人对自己的要求非常苛刻，他们一般会将他人的批评深藏于心，闷闷不乐、灰心丧气，在一些极端的情况下，甚至会引发人际冲突。害怕批评成了C型人最大的弱点，有时他们会为几句批评辗转反侧，闷气难消。

当C型人被批评搞得心烦意乱的时候，我们能做的就是：首先让他们倾心吐意，坦承自己的不满；然后给他们提供一个行动策略，比如体育运动、散步，或者是读一本小说，这样可以转移C型人的注意力，使他们充满盼望。温柔、忍耐、劝勉与鼓励。能安抚C型人惶惶不安的心，使他们重获力量，积极面对挑战。在这方面，I型人可以说是C型人的良师益友。

4.6.2　压力之下表现严厉

C型人不会单独一人追求质量与秩序，相反，他们不仅严格要求自己，对他人同样吹毛求疵，尤其是在压力下。假使我们对他们作出承诺，C型人就会期待我们信守约定，贯彻到底；如果情况有变化，就要准备好洗耳恭听C型人的"谆谆教诲"。但物极必反，有时过度追求完美只会带来副作用。

如果C型人在压力下产生了负面情绪，我们要做到：耐心地对待他们，不要指责他们的无知与固执，允许他们表达感受，让C型人感到大发牢骚而不必担心受到惩罚。在C型人充分表达了不满，释放了压力之后，我们再回答他们的问题，巧妙地引导C型人从另一个角度认识问题，纠正他们消极的思维方式。

要记住，C型人非常敏感，很容易产生压力感，指责、嘲笑和批评只会加重他们的压力，使C型人变得吹毛求疵、严厉苛刻，随时准备还击，或者采取逃避、退缩来缓解压力。无论哪一种方式，都不利于C型人的成长，还会影响他们的职业发展。

第二篇
人际交流素质和能力

CHAPTER 2

第5章 与众不同的沟通模式-DISC四型人的8种沟通技能

每个公司的员工都需要掌握有效沟通的能力，对于在不同行业从事不同职业的高级管理人员、普通员工、职业经理人以及后勤人员来说，我们的角色是一样的，都是受雇于企业的职场人。我们每天大部分的时间都在与各式各样的人进行沟通：上级、对方、下属、客户、政府官员，沟通能力是决定我们事业成败的关键。我们在会议中需要交流，在一对一的谈话中需要交流，在与客户的谈判中需要交流；还会通过电子邮件、电话、即时通信工具、视频会议以及公开演讲进行沟通。我们在工作中进行沟通的目的不外乎要清晰地表达自己的观点，被团队成员理解和接受，推动工作的顺利进行。但是，现实情况与员工的期望却大相径庭，经常无法实现这个目标，有时甚至最高明的沟通者也会被人误解。因此，我们必须改善和提高沟通能力。

在工作中，我们可能遭受到各种各样被人误解的情况：

（1）当别人感到我们在责备他们时，我们会感到很受伤、很生气，因为我们感到已经竭尽全力控制自己的情绪了。

（2）如果有人认为我们不够亲切、慷慨，我们会因为不被欣赏而愤怒，因为我们坚信自己不是他们认为的那种人。

（3）有人觉得我们冷酷、粗鲁、虚假时，我们会非常沮丧。

（4）如果我们的行为被人误解，或者别人觉得我们过分敏感，我们就会感到受到了伤害，非常生气。

（5）如果有人觉得我们个性冷淡、行为高傲，我们就会困惑于为什么他们会这么想。

（6）如果有人觉得我们悲观厌世，我们就会反应过度，毕竟我们已经努力掩饰这一切，尽量表现出积极的一面了。

（7）在工作中，如果没有被领导或同事认真对待，我们就会感到非常悲伤，因为我们自认为比对方有更多想法，对工作的了解程度也更深入。

（8）我们努力自制，因此，当别人不止一次说我们控制欲太强时，我们几乎发狂了。

（9）如果别人不考虑我们的要求和建议，我们先是感到困惑，然后偷偷地生气。

这些工作中的误解都是沟通"失真"的反映。

在某些情况下，我们说的话是否遭人误解呢？又或者，在听完别人的讲话后，我们是否感到自己并没有真正听进去呢？上述两种情况，事实上都是"DISC"的信息失真在起作用。我们在进行沟通时，自身性格类型所特有的谈话方式、身体语言以及盲区就会自动使我们所要说的话失真；在聆听时，我们仍然通过自己的性格类型选择和过滤所听到的内容。

我们不可能总是了解与自己交流的对象究竟属于哪种性格类型，但如果确定了自己的性格类型，我们就会尽量改善自己的沟通能力。知道如何进行交流，这是第一个步骤，然后才能决定自己需要改变些什么。

（一）信息发送者的失真表现

当我们在向对方传递信息时，有三种失真在中间发挥作用。

第一种，谈话方式：是指我们讲话以及讲话内容的总体模式。有人语速缓慢，别人容易抓住重点；有人甜言蜜语，有人讲话则像机关枪一样；有人爱讲故事，有人爱分派任务；有人只顾谈论自己的感受，有人却只就事论事；有人婉转，有人直接；有人沉默寡言，几乎什么都不讲，有人喜欢交流，喜欢倾诉。

小黄是个影响型（I型）的人，在一家公司担任法务主管。他的谈话方式简明扼要、直接而坦诚。他原本觉得这样会给对方一种诚实、坦率的印象，没想到却被对方误解为生硬、盛气凌人。小黄觉得自己向领导汇报工作时，清楚明了、重点突出、诚实可信，然而领导却认为他的谈话方式匆忙急促、不够细致、非常不尊重人，感觉就像要尽快结束谈话、赶紧回去继续工作。

第二种，身体语言：包含我们的姿态、面部表情、手势、身体动作、精神状态以及其他不胜枚举的无须语言表示的外在动作。谈话方式和身体语言结合起来可以反映出我们80%，甚至更多的要表达的信息，而谈话内容只占20%。

尽管身体语言对沟通的成功非常重要，但绝大多数人却不了解自己的身体语言，因为它就像我们的呼吸一样，是一种无意识的表现。

小罗是个稳定型（S型）的人，在一家企业担任销售经理。有一次，小罗正在给公司研发部门做关于销售部门对新产品的反馈报告。其中一名研发主管认为这个描述性的报告包含了太多对产品的不当批评，于是小罗开始为自己辩护。这时一个对方突然说道："我感觉小罗开始发火了。"小罗一边用拳头拍打桌子，紧锁眉头，一边大声吼道："我没有生气。"会议中开始爆发出轻微的笑声，因为小罗的身体语言已经暴露了他真实的状态。

第三种，盲区：盲区所包含的信息对我们来讲不是很明显，而对方却很容易察觉到，因为我们在不知不觉中，通过谈话方式、身体语言以及其他可推断的表现泄露了我们的盲区。比如经常清嗓子、拉头发、站立时交叉双腿，或者不断地重复"这个嘛，那个嘛"，或者对自己行为和个性中的盲点浑然不知。初次听到这些我们肯定会很惊讶，而这些都是盲区所泄露的信息。每种类型的人都有自己独特的盲区，无心地向对方不断传递一些无意识的信息。

小毛是个掌控型（D型）的人，在一家物业管理集团担任管理职务。他非常有条理、聪明、有战略目标，能够出色地训练缺乏经验的员工，因此公司总是希望他能晋升到一个更高的领导岗位。小毛对此感到惊慌，他希望成功，但对自己易怒的个性非常担忧，觉得这种性格短板会把一切搞砸。

小毛参加了一项管理培训，通过学习，他发现自己的问题并不是出在易怒上，而是由于自己性格类型所具有的盲区：易受攻击的个性和随后过于强烈的反应。培训师发现小毛在工作中，有两种谈话内容总会引起他的过度反应：一个是对他本人的不真实的描述和诽谤，另一个就是对他关心的人的负面评价。即使培训师提前告诉他这种谈话内容即将发生，小毛还是会忍不住发怒，感到受挫和伤心。因此对小毛来说，认真研究一下这个盲区对他的成长和未来的成功有着至关重要的作用。

（二）信息接收者的失真表现

接收者也会通过失真的滤镜来过滤信息发送者所说的内容，而这种过滤过程也是无意识的，不同类型的人所关注的内容也会有所不同。比如，如果我们比较关心对方是否接纳了自己，或者担心对方是否要占用自己的时间和精力，那么我们就不可能拥有足够清晰的头脑来正确判断对方所要表达的意思。很多帮助员工提高沟通能力的课程都会教授一项技能：积极聆听，即在对方讲话时先认真倾听，然后再向对方解释自己的理解和观点，看是否正确。

但是，即便我们努力要正确听取对方表达的内容，绝大多数人还是会错过一些信息或误解对方的意思。这是因为在某种程度上，我们作为人总是不自觉地选择我们所要听取的内容，将很多我们不关注的信息给过滤了，很多时候，恰恰是这些被过滤的信息，才是对方所要表达的真实意图。

在介绍了信息发送者和接收者的失真后，本章笔者将会总结这些失真在每种"DISC"性格类型中所起的作用，即人们为什么被人误解以及为什么会误解别人的想法。

每种类型的员工都有自己独特的谈话方式、身体语言、盲区和失真滤镜。为了避免被误解，最好的办法就是改变我们谈话的方式（见图5-1）。首先，需要了解自己的交流模式，然后努力改变自己的行为。同样，为了能够最大限度地正确理解对方的想法，我们就要尽量减少失真滤镜所起的作用。在确定了自己的失真内容后，应该努力降低甚至删除它的负面影响。

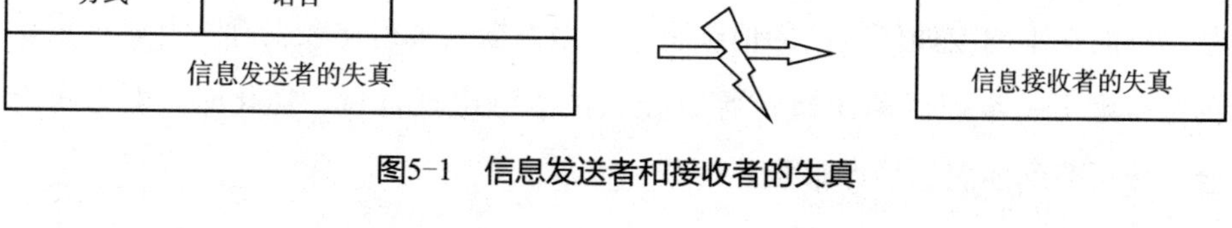

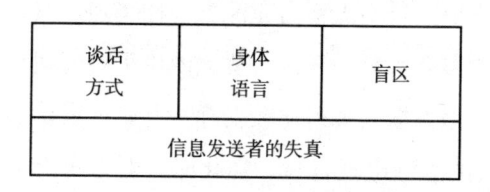

谈话方式	身体语言	盲区
信息发送者的失真		

失真的滤镜
信息接收者的失真

图5-1　信息发送者和接收者的失真

5.1 主导全程的沟通方式

5.1.1 主导技能：大胆直接，描绘战略蓝图

（1）权威 D 型人的谈话方式

- 大胆、命令
- 描绘大的、战略性的蓝图
- 为了构建或者控制形势进行说明
- 对细节表现得不耐烦
- 言辞强烈直到对方被迫给予回应
- 可能会直接表达愤怒
- 讲话粗鲁
- 说话很少，表现出压迫性沉默
- 感觉被批评时开始指责对方

D 型人喜欢挑战，但不欣赏来自对方没有预料到的挑战，因为 D 型人的谈话方式会因形势的不同而有差别。在不那么重要的情形下，D 型人也可能表现出轻松的谈话方式，他们会表现得轻松、愉快，要么发表一下对自己或事情的评论，要么加入对话当中谈论一下自己的看法，有时甚至会开一些与身体相关的玩笑。如果 D 型人觉得无聊，他们的思维可能会飘离出去，转而去思索一个完全不同的问题。

D 型人就像一个居高临下的权威人士，经常描绘一些庞大的战略性蓝图，有时也可能因为任务的需要，偶尔关心细节。D 型人精力充沛、个性坚强。只要在觉得对方和自己水平旗鼓相当时，才愿意和对方开诚布公地谈论重要的问题。然而在不确定如何行动的情况下，D 型人会表现得比较安静，开始严肃认真地考虑下一步的行动计划。当 D 型人的思维出现盲目、僵化时，对方可能会充分领略到他们的强悍乖张。

小何是一家制造企业B生产线的主管，一名权威D型人，谈话表现为权威式。最近他所在的企业被其他公司收购了。新公司决定不再和被收购企业的一些员工续约，经营层将这项裁员计划交给小何去处理，这是个费力不讨好的任务。对于这项决定，小何无能为力，只能硬着头皮做，但收效甚微。更为致命的是，新公司发过来的信息一变再变，整整4个月，有些关键问题仍然没有弄清楚：哪些员工可以留下，合同时间从何时起算，岗位如何安排，薪酬如何确定；哪些员工要被解雇，合同何时终止，赔偿如何计算。种种整合期表现出的混乱、不公和相互推诿让小何非常沮丧，而他的上级，新公司的张副总裁，对发生的一切却知之甚少。

一天在等电梯的时候，小何突然走到新公司的张总面前，未加思索地脱口而出："如果公司可以随意终止劳动关系，甚至不给雇员提供办公场所，我们的赔偿方案变来变去，那公司还有什么资格要求员工对企业忠诚呢？"两个月以来小何第一次碰到张总，就劈头盖脸地向上级发出了质问。张总被小何突如其来的指责惊得不知所措，沉默地站在那里。小何在说这番话的时候，旁边还站着另外三个人，其中一个碰巧是公司总裁。

对于这么重要的问题，小何像很多D型人一样，敢于正面迎接挑战。没有任何前奏和征兆，和新公司的副总裁关系也非常一般，小何却不假思索地在大庭广众之下质问自己的主管。小何的冲动是由于几个月的情绪积压所造成的，不由自主地把愤怒表达了出来。小何对事情的判断当然是正确的，但他还是应该反思一下，如果能够注意时机和措辞，效果会更好。

几天后，张总对小何进行了严厉的批评，小何脑海中瞬间的懊悔消失了，取而代之的是对张总缺乏能力和同情心的严厉指责。

D型人在受到不公的批评时，会习惯性地指责对方，然后采取行动，或者报复，或者离开。

（2）权威 D 型人的身体语言

- 即使沉默时，身体语言也很明显
- 调整音量
- 语速快而且生硬
- 通过各种方式达到最大影响力
- 强烈的无言暗示
- 拍打一切可以发声的东西
- 紧锁眉头，眼睛直视对方
- 不断摇头

D 型人通常具有明显的身体语言，易于察觉，即使语气缓和的时候也是如此。

小何在电梯里碰到张总，他的谈话方式和身体语言都非常强烈，虽然小何并没有感到自己这些强烈的状态。小何质问张总的新闻迅速在整个公司传播开来，有的同事认为他是英雄，也有的同事不以为然。但更多的同事认为小何过于鲁莽，不注意场合和时机，谈话方式生硬，身体语言强烈，将小何当作反面角色。

当 D 型人走进会议室，在座的同事，就连 D 型人的上级都能感受到他们居高临下的权威性，即使 D 型人极力收敛，也难以掩盖他们自信满满的气场。在说话时，D 型人总是随时改变自己的声音以调整影响力，希望自己的每一句话像刀子一样刻在听众心里。即使 D 型人保持沉默，他们表现出的一些无言暗示也会让周围的人感受到精力充沛和强烈的压迫感。

D 型人一般会努力自制，因此当别人不止一次说他们控制欲很强时，他们会非常震怒，甚至发狂。

（3）权威 D 型人的盲区

- 没有意识到自己的行为，即使一些并不胆小的人也会被吓到

> - 他们的精力比自己预想的还要旺盛，认为别人也同自己一样
> - 即使在尽量抑制的情况下也会表现出一种压迫感
> - 不是所有人都像自己那样能迅速抓住机会，但 D 型人却不这样认为
> - 在没有意识到的情况下，D 型人也可能显露出自己的缺点

D 型人总是以自己的行为去衡量对方，给对方一种压迫感，"我这样，别人一定也这样"，这是 D 型人沟通盲区的问题所在，但他们却毫无察觉。

当张总被小何的质问吓到的时候，小何感到很惊讶，小何原以为作为一名高级管理人员，不应该轻易失去勇气。因为小何自己是有勇气的人，他认为张总也应该这样，在面对质问时能积极回应。

小何感到惊讶，是因为这是 D 型人的一个盲区在起作用：没能意识到即使是并不胆小的人，也会被自己突如其来、充满压迫感的语言和气势吓到。从小何的角度看，他已经努力控制自己的情绪，张总看到的可能只是自己真实感觉的 60%。另外，小何希望张总和自己旗鼓相当，但在张总和其他人眼中，小何的这些行为具有侵犯性，好像在强迫自己放弃原来的主张，显得粗鲁、专制和蛮横。

有时 D 型人会努力掩饰自己的缺点，但这在相对安静的时刻反而会无意识地显露出来。这个时候，D 型人可能正在反省所发生的事情或者开始担忧未来的局势是否会更加困难，但 D 型人的压迫感会无形传递到对方心里，让对方感受到了这些缺点。

（4）权威 D 型人失真的滤镜

> - 帮助那些自己认为应该帮助的人
> - 痛恨软弱和胆怯
> - 喜欢控制
> - 喜欢诚实

> • 不喜欢被人责备

D 型人具有强烈失真的滤镜。他们痛恨软弱，同时又认为需要帮助那些不能保护自己的人。D 型人面对软弱的态度也说明了为什么他们总是无意识地在别人面前掩饰自己的缺点。在和别人交往时，D 型人总是会评定一下对方是强者还是弱者，是否要尽力控制局面等。如果对方表现软弱，D 型人就会瞧不起这些人，对这些人所说的内容也不以为然。如果对方试图控制局面，D 型人通常会随时准备反击。如果对方态度强硬但行为愚蠢，D 型人会表现出自己的蔑视，然后控制整个形势。然而如果真的有人需要保护，D 型人也会毫不犹豫地承担起这个责任。

小何认为张总没有能力、毫无责任感、控制欲强并且软弱，同时感到那些遭到解聘的员工需要自己的保护。另外，小何也不信任张总，认为张总在赔偿方案方面对员工使手腕。小何还认为张总是故意告诉自己错误的信息，这样那些被解雇的员工最后会怪罪自己，自己成了一只替罪羊，还会被张总一脚踢开，遭受被解雇的命运。

小何在四个月中没有和张总进行深入、坦诚和即时的沟通，使自己失真的滤镜不断被放大，最终与自己的上级发生了严重的冲突。这是小何沟通失效的最终结果。

5.1.2 描述技能：活泼乐观，讲述动人的故事

（1）温和 D 型人的谈话方式

> • 说话快速、自然
> • 讲述动人的故事
> • 从一个话题转向另一个话题
> • 乐观的、有魅力的

> - 避免谈论关于自己的负面话题
> - 重新组织负面信息

在被含蓄地质疑知识不足或者经验欠缺时，为什么温和D型人仍然能够全身心地扑在工作上，根本不受影响呢？D型人的谈话方式自然，快速地讲述一个又一个信息，喜欢通过讲故事来阐述自己的观点，并且想法不断变化。D型人乐观、迷人，就算从别人那儿听到一些负面信息，也会立刻开始重组信息，积极地进行思考。如果做不到，D型人就可能会批评对方，这通常发生在D型人觉得自己也被责备的时候。

小方和同事老陆是一家儿童玩具公司业务3部的销售人员，小方是一位温和D型人，希望能够得到一份大的订单。这个客户是老陆的朋友介绍过来的，后来老陆邀请小方和他一起工作。老陆在儿童玩具领域已经有20年工作经验，已经准备好了给客户的展示材料。而小方两年前曾经完成了一个比较小的但与这个订单相似的项目，而且很成功，因此她觉得自己在这个领域也很精通，是个专家。老陆开车时，小方开始浏览那份20页的展示材料。大约过了5分钟，小方觉得自己已经对随后的工作胸有成竹，并就项目方案的修改提出了很多新的建议。她的想法有些还是有价值的，而另一些则缺乏实用性。在停车场，老陆下车后询问小方是否需要花点时间再看一遍相关文件。

"我已经看完了"，小方自信满满地回答。

老陆问道："你真的这么快就看完了？"

小方眼睛明亮，微笑着快速答道："我的速度技巧是在南方财经大学商学院读书时掌握的！那是一门课程，每个学生都要求学习。"内心深处，小方有些生气，她开始在车边踱步，心想："为什么老陆认为我没有读完这些材料？如果浏览就能获得相同的信息，我为什么非要一个字一个字地读呢？"

小方具有温和D型人的谈话方式：自然、语速很快，时时反映着她头脑中的想法；另外，她的思维也快速地从一个想法跳跃到另一个想法，反应敏锐。小方浏览完材料后的行为也表现出了 D 型人的风格，她想出了很多新点子，然后快速地按照顺序一个接一个地讲出来，就像与自己自由讨论一样。

小方还会给一些含蓄的负面评价寻找积极的解释，这种信息的重组可以从她对"浏览"一词的解释中看出来。对绝大多数人来说，浏览并不是真正的阅读，而是快速粗略地了解大致信息。然而按照小方的观点，浏览等同于阅读，而且还是更有效率地获取信息的方法，那为什么还要一个字一个字地读呢？

（2）温和 D 型人的身体语言

- 微笑、眼睛明亮
- 生气时嗓音比较尖锐，但音量小
- 面容活泼，手势或胳膊的动作很多
- 讲话时可能绕着什么走或者来回踱步
- 很容易分散注意力

小方认为老陆对自己过于吹毛求疵，而她的这种想法已经通过身体语言明显地表现出来。当小方解释自己曾经参加过速读培训时，她提到自己在一所著名财经大学学习，这是为了向对方传递自己受过良好教育的信息。小方有些生气，但是老陆并不一定能够感受到她的情绪。小方的嗓音会变得尖锐，表明她已经开始心烦，但音量较小，而且依旧面带笑容，目光炯炯。D 型人在不高兴的时候也会微笑，但却显得比较警惕，因此他们的身体语言可能会使人感到困惑。

D 型人在讲话时喜欢绕着什么走或者来回踱步，就像小方在老陆的车边走来走去那样。在很多情况下，D 型人的身体语言比较活跃，并不仅仅对应某种特定的情绪。比如，被一个想法分散了注意力或者外界的刺激都会让 D 型人激动，然后他们就可能走来走去；但是这些身体语言最常对应的情绪包括激动、焦虑、愤怒或沮丧。

（3）温和 D 型人的盲区

- 可能并没有完全吸收自认为已经掌握的信息和知识
- 没有认识到正是由于自己的行为才导致没被认真对待
- 经常变换的想法以及活跃的身体语言会造成对方的不安

这个案例同时说明了 D 型人的盲区。起初，老陆只是问了小方一个事实问题，因为他并不了解小方可以像她自己说的那样快速地浏览并吸收相关信息。另外，老陆也认为小方后来提出的建议并不实用，可能是缺乏对该领域的相关经验，他开始怀疑小方的能力。然后老陆开始关心小方是否真的掌握了展示材料的所有信息，担心她是否具有和自己合作的深度。而小方在汽车边的来回踱步也扰乱了老陆的思绪，使他没有弄清楚小方究竟都说了些什么。

工作中如果没有被认真对待，D 型人就会非常伤心，因为他们认为比别人有更多的想法，对工作的了解程度也比别人更深入。然而，D 型人可能并不知道，被漠视或被刺痛部分来自他们的沟通盲区，如果揭开这个盲区，D 型人一定会恍然大悟。

（4）温和 D 型人失真的滤镜

- 感觉自己的能力被贬低
- 知道对方要说些什么内容，就不再认真聆听
- 总是认为对方可能要对自己进行限制
- 被迫承担一个长时间的责任

在老陆询问小方是否需要时间再看一遍相关文件时，她失真的滤镜开始发挥作用。小方觉得老陆问这个问题是在表达一种对自己的负面评价，她认为这是对自己能力的一种挑衅。

另外，D 型人的第二个滤镜也在运转：小方在老陆结束谈话之前已经开始假设他的真实想法。这个案例中，小方还认为老陆是觉得他比自己的能力强。

小方的这些反应导致她认为老陆的潜在目的只不过是想在这个项目中掌握

控制权。D型人如果觉得有人想要控制形势或者冒充权威，就会变得非常警觉，深怕对方限制自己的选择。而从老陆的观点来看，他的确主导着这个项目，客户也是和自己联系，在这个领域中老陆远比小方有经验。而小方却越来越担心自己必须在这个受压制的环境中接受老陆的领导，还要承担长时间的责任。这些都是D型人失真的滤镜在过滤信息后的真实反应。

5.2　积极明确的谈话风格

5.2.1　感知技能：坦诚优雅，给予赞美

（1）贡献I型人的谈话方式

- 询问问题
- 给予赞美
- 关注别人是否满足
- 很少提到自己
- 声音温柔
- 听到不喜欢的话题时会生气或者开始抱怨

小孟和小龙是一家医院的同事，小孟是一位贡献I型人。一次，小孟和小龙在吃午饭时闲聊，小孟关切地询问小龙最近怎么样。小龙很伤心地说他一个非常亲近的同事最近在爬山时去世了，这件事小孟也知道。原来，前段时间医院组织了一次个人发展和成长的培训，小孟和这位同事都参加了，其中一门是帮助他们克服恐高症的爬山课程。在高200米的悬崖上，这位同事却突发严重的心脏病而死亡。小龙觉得培训师在这件事发生后表现得非常冷漠，在后续的课程中，好像已经忘了事故的发生。小孟恰好是这位培训师的朋友，而且私下，这位培训师不止一次表示过对事故的痛心和悔意。当听到小龙打算向自己的朋友找麻烦时，小孟变得非常激动并且指责了小龙。

在和他人的交流中，小孟经常使用"给予"这个词来形容自己。贡献I型人在谈话时，经常询问问题，并且不时地赞美别人，很少将注意力放在自己身上。事实上，如果有人讲到有关自己的问题，他们总是把话题转移到对方身上。当听到不喜欢的内容时，I型人温柔、富有同情心的声音也会瞬间发生变化，显得非常不高兴。

无论询问小龙的状况，还是听到朋友被人攻击，都会毫不犹豫地指责对方。虽然对象不同，但反应是一样的，都体现了I型人对别人关注的特点。

（2）贡献I型人的身体语言

- 微笑，轻松自在
- 放松的面部表情
- 坦诚，优雅的身体动作
- 激动时眉头紧皱，面部紧张

上面的场景清楚地表明了I型人谈话方式的变化，先是温柔、轻松，当激动时，嗓音会变得充满抱怨和愤怒。同时，身体语言也会发生明显的变化，微笑、放松、关切很多面容不见了，瞬间转为眉头紧锁、表情紧张，这些变化非常明显，即使在通电话的情况下也能感觉到。因为小孟觉得自己的朋友正处在被围攻的危险中。

但当I型人听到有人说自己不够亲切、慷慨时，他们就会非常愤怒，因为他们坚信自己不是他人说的那个样子。

（3）贡献I型人的盲区

- 慷慨、友好、乐于助人的表现背后可能隐藏着其他的目的
- 如果对他人不感兴趣，就会迅速逃离

上面的对话结束后，因为害怕小龙不开心，小孟又一次约小龙一起吃午饭。小孟首先问道："我想知道你的情绪是否已经平复了？"紧接着又说："不要做伤害培训师的事情，他已经尽到责任了，对突发事件他也无能为力。"上

面的谈话内容显示出Ⅰ型人的第一个盲区,即乐于帮助别人的表象下可能掩藏着深层的动机。

在这个案例中,小孟的深层目的就是要保护那个培训师,从而获得这位朋友的赞扬。在其他情况下,Ⅰ型人在热心帮助他人时,可能存在各种各样的潜在目的,比如,为了获得他人的感激,为了使自己感觉良好,或者希望别人认为自己是必不可少的一员等。无论何种目的,都与Ⅰ型人渴望认可与赞赏的需要紧密联系在一起,尤其是来自朋友、亲近的同事和家人的肯定,这往往是Ⅰ型人非常乐于助人的深层动机。在这个动机的催动下,小孟产生认知盲区,越发错误地认为小龙一定在准备采取进一步行动。

Ⅰ型人的另一个盲区在上面的案例中也有显现。Ⅰ型人可能会问一大堆问题,如果由于某些原因又对谈话丧失了兴趣,他们的注意力就会迅速转移到其他身上。小孟在问小龙最近怎么样时,对他的答案并不感兴趣,因此也没有注意到小龙的悲伤和愤怒,小龙的心思已经完全集中在那个培训师是否会受到攻击这件事上了。

(4)贡献Ⅰ型人失真的滤镜

- 他人是否喜欢自己
- 自己是否喜欢对方
- 自己是否愿意帮助对方
- 对方的影响力有多大
- 对方是否准备伤害自己想要保护的人

这个案例同时显示了Ⅰ型人的失真过滤是如何发生的。第二次谈话快要结束时,小孟问小龙:"你还喜欢我吗?"Ⅰ型人的两个过滤器通常是交织在一起的:一个是自己是否喜欢对方以及对方是否喜欢自己,另一个则是对方是否在指责自己喜欢或者亲近的朋友。在这个案例中,小孟认为小龙正在攻击那个培训师,而那个培训师是别人和自己都非常尊敬的人。

5.2.2 逻辑技能：严谨高效和富有逻辑

（1）实干I型人的谈话方式

- 清晰，有效率，逻辑严谨，经过良好的构思
- 语速快
- 避免自己所知甚少的话题
- 避免显示自己消极一面的话题
- 喜欢列举具体的事例
- 对长时间的谈话表现不耐烦

小高是一家IT公司人力资源部的培训经理，一个实干I型人，谈话方式表现为务实。小高常常感到烦恼，因为当他听到同事或上司认为自己冷酷、粗鲁、虚假时，就会感到非常沮丧和不知所措，小高坚信自己不是他们说的那个样子。

小高正专注于如何成功地完成一门培训课程，中间休息时，同事小姜找他聊了一些事情。小姜说："我觉得课程进行的并不是很好，另外还有一件事，主管研发的副总裁约我今晚一起吃饭，他也是这个课程的参与者。可是他的太太出差了，我该怎么办呀？"

一瞬间的犹豫之后，小高回应说："课程结束后我们再讨论这件事吧。"实际上小高的心里想的是："小姜为什么这会来找我？课程还有四个小时就结束了，我们应该专心致力于如何让一切顺利进行。反正现在除了这个我什么都不想。"

小姜又迷惑又着急，她的想法是："难道小高没有听到我在说什么吗？"

小高的反应恰恰表明了I型人的务实谈话方式：有逻辑性、有效率，同时只关注重点。小高的目的非常明确：我现在不想讨论这件事。小姜则认为课程进行得不是太好，但小高无法把一切重新拉回正轨。副总裁对小姜提出的非分要求使小姜感到忧虑，严重影响了她的工作状态，只会损害接下来的工作。小高的反应正是I型人最自然的选择，那就是当面对自己所知甚少并且无法解决的问题时，他们就会变得不耐烦。同样，小高也要尽量避免讨论一个可能让他偏离目标的话题。

课程结束后，小姜再一次和小高讨论这个话题。小高听了一会儿，只对部分感兴趣，然后开始按照时间顺序列出了一些小姜在培训过程中表现不足的地方。所有写下来的内容都是小高经过深思熟虑的，逻辑严密、富有条理。

（2）实干 I 型人的身体语言

- 看起来有条理
- 看起来有自信
- 从胸腔处深深地呼吸
- 肩膀耸起
- 为引起注意故意做出某种行为
- 经常四处张望观察别人的反应
- 让对方知道是时候该结束了

案例中小高的身体语言展现了 I 型人务实、自信的一些方式。尽管小高对培训课程的顺利进行也存在疑惑，但没有人能看出来，也没有人知道小高经过思考会对小姜的苦恼说些什么。高耸的肩膀以及来自胸腔处的呼吸使小高看起来非常泰然自若，镇静坦然。

无论是在课间休息，还是课程结束后的谈话，小高都清晰地表明自己对这个谈话内容不感兴趣，完全没有耐心。小高向小姜表明了自己的态度后，剩下 95% 的时间都在为完成既定目标服务。

（3）实干 I 型人的盲区

- 认为对方没有能力时会变得不耐烦
- 避免讨论自己失败的经历
- 表现得很有紧迫感
- 表现得非常着急或者看起来不太理会他人
- 可能看起来有些粗鲁、虚伪

小姜无意识地触动了小高的一个盲区。如果觉得对方没有能力或没有自信，I型人会变得不耐烦。其实，小姜只表达了自己的忧虑，但在小高的眼中，小姜的这种忧虑是缺乏自信和勇气的表现，会给自己和工作带来不好的影响。同时小姜的行为还可能阻碍培训课程的顺利完成。另外，小高也不能忍受小姜关于课程的负面评价，这是I型人的第二个盲区：不愿意讨论负面话题，尤其是那些可能预示自己和目标失败的话题。

小姜觉得小高非常冷酷、粗鲁，没有真正关心自己的感受。但在其他场合，小高又会展现出I型人的特点：风度翩翩、善于沟通、热情、自信和富有感染力，让团队每个成员都感到轻松，是可以依靠和信任的伙伴，这些差异让小姜感到非常困惑。

当听到有人觉得自己冷漠、粗鲁、虚假时，I型人会感到非常沮丧和不知所措。

（4）实干I型人失真的滤镜

> - 信息对自己是否有用
> - 信息是否会影响自己目标的顺利达成
> - 对方是否表现出自信和能力

小高性格中的失真功能使他无法了解小姜真实的想法。事实上，小姜希望和小高协作，一起努力改进课程，但对副总裁提出的非分要求，也希望得到小高的支持和帮助。然而，小高的性格漏斗过滤了小姜真实的表达，他获得的信息却是员工不喜欢这个培训，这可能影响课程的顺利完成。绝大多数I型人在谈话中都会无意识地过滤出那些预示自己可能失败的信息。

另外，小姜在和小高的谈话中显得非常疲惫。I型人不太相信那些不自信的人所提供的信息，通常不愿意和没有能力，或者没有勇气的人近距离接触。小高对小姜的态度恰恰表现出了I型人的上述特点。

5.3 随和内敛的交流方式

5.3.1 整合技能：随和谦逊，照顾各方利益

（1）关照 S 型人的谈话方式

- 按照顺序提供细节信息
- 尽量公平，照顾各方利益
- 内心反对，为了避免冲突，表面赞同
- 使用的表示同意的词语常常是"是""啊哈"等

小胡是一个典型的关照 S 型人，10 年来，她成功地经营着自己的事业，是一家大型电力制造企业的市场经理，目前她还是公司市场管理委员会委员。这个委员会的主席由公司分管市场的隆副总裁兼任，委员则分布在公司各个分支机构，每个月通过视频会议进行交流，委员们一年仅碰两次面。下面的事情发生在 6 个月内，包括视频会议以及私人的电话交流。

委员会不太满意目前公共关系代理机构的表现，希望能换一家更专业的代理公司。隆总推荐了一家电信公司，这家公司目前想把业务范围扩展到公共关系领域；同时，隆总还提议了另一家在公共关系方面具有经验的公司作为备选。

委员会开始讨论究竟聘用哪家公司，小胡帮助整个委员会了解两家公司的优势和劣势。另外，她还非常认真和细致地列出了对代理公司的各项能力要求：包括表格、数据和分析图。在其中一次视频会议中，小胡建议选择那家有经验的代理公司。

然而，委员会最终选择了隆总推荐的那家电信公司。3 个月后，由于公司的负责人不了解公共关系所牵涉的各项事务，团队成员都是新招聘的员工，从业时间很短，基本不具备从事这项工作的相关经验，导致这家电信公司无法在规定的时间内完成合同规定的各项义务。委员会不得不再找一家公司来处理公共关系事务，由此证明，小胡的判断是正确的。

小胡相当气愤，在一次私人通话中，她向委员会的一个同事抱怨道："我从来没见过管理这么混乱的委员会，根本不能听取别人的不同意见！"

S 型人通常会按照顺序讲述所有细节信息，他们会照顾方方面面的问题，尽力维持和谐关系。小胡在管理委员会的谈话方式就是如此。委员会的有些同事的确记得小胡曾经建议选择那家有经验的代理公司，但却不记得她当时都说了些什么。这种集体失忆部分是由小胡表达观点的方式造成的。

按照小胡的想法，她已经列出了公共关系公司所应具备的各项能力，同时也指出了两家公司的优缺点，而这些表述都是通过大量的表格、数据和分析图展现的。很明显，委员会的其他成员通过自己的分析，就应该充分认识到那家电信公司欠缺相关的能力。另外，自己也的确建议委员会选择那家有经验的代理公司。

然而，委员会并不像小胡认为的那样去解读她的行为。小胡的目的想让大家选择那家有经验的公司，但在陈述自己的观点时，小胡的铺垫、辅助性的工具过多，没有突出重点；对两家公司的分析用了同样的精力，没有展示出倾向性，只是在最后表达了"建议选择那家有经验的代理公司"，让大家感觉小胡只是在流程性地展现信息，甚至感觉小胡好像也很支持那家电信公司。

在投票环节，隆总询问大家是否都支持电信公司时，小胡为了避免冲突，也没有清晰地表达自己的观点，而是用了"啊哈"的词语。在小胡看来，"啊哈"只代表自己了解对话的内容，相当于两人谈话时的点头而已，并不代表同意，尽管很多人都不会像她所说的这样理解。这种传递信息的模糊性，导致接收者产生误判，没有人知道小胡其实是多么强烈地反对选择那家电信公司。而小胡却因为大家没有听取自己的意见而感到困惑和不满。

如果别人不听取自己礼貌的要求和建议，S 型人首先会感到困惑，然后会暗自生气。

（2）关照 S 型人的身体语言

- 随和，看似随意，放松

> - 微笑，谦逊
> - 很少显露强烈的情绪，尤其是负面的感受
> - 通过面容而不是身体语言来表达情绪

小胡的身体语言同样会让其他委员误解她的真正意思。S 型人在谈话和表述观点时，通常随和、谦逊、放松，很少公开显露自己的情绪，在持积极或者中立态度时经常微笑。这种身体语言，会让人产生误解，感觉小胡的观点和表述非常随意，只是在例行公事而已，选哪家公司都可以。

如果 S 型人不太赞同，他们的不同意经常显示在脸上，而不是口头上。由于视频会议的局限性，其他成员很难长时间和细致地观察小胡的表情，从而无法了解她的真实意思。这些身体语言都会掩盖小胡的真实表意，使同事产生误解。

（3）关照 S 型人的盲区

> - 长时间的解释导致听众丧失兴趣，产生疲惫感
> - 罗列多种观点，导致自己真实的看法缺少影响力或者可信性
> - 别人不能理解 S 型人的真正需要

小胡很生气，但是她的愤怒却不是针对自己的意见是否被忽视，而是针对整个委员会的能力和水平，她想当然地认为委员会管理混乱，能力很差。小胡的愤怒点之所以发生变化，是因为 S 型人的盲区在发挥作用。

小胡没有意识到她对公共关系事务的详细解释没有抓住委员们的注意力；也没有意识到，由于对两家公司的分析投入了相同的精力，同时列出了多种观点，其他委员已经开始怀疑小胡是否知道正确的选择；小胡缺乏清晰的态度，使她的观点缺乏相应的影响力。尽管小胡认为自己的表达已经足够清晰，但这种不够直接的方式使同事根本无法理解她的真正意图。

（4）关照 S 型人失真的滤镜

- 要求 S 型人改变或者做某些事情
- 被批评、忽视或者轻视
- 别人拥有相反的观点
- 害怕别人对自己生气

S 型人对被忽视的感觉非常敏感，这种失真滤镜的作用清楚地从小胡对委员会的评价中显现出来："我从来没见过管理这么混乱的委员会，根本不能听取别人的不同意见！"

S 型人在被批评或者被轻视时也很敏感，这通常发生在有人不同意他们观点的时候。小胡觉得整个委员会都反对自己的观点，这个失真的滤镜使她根本没有注意到事实上还是有人赞同自己。

小胡在向同事抱怨委员会"管理混乱"时，另外两个失真的滤镜也在发挥作用。这个同事并不赞同小胡的看法，并试图改变她对委员会的看法。如果 S 型人觉得别人在向自己提出要求或试图改变自己，就会表现得非常抗拒。当听到同事反对自己的观点时，小胡固执地坚持自己的立场，这时她已经无法听取对方的任何信息。

同事解释说自己从一开始就赞同小胡的观点，但是却无法同意小胡关于委员会的说法。而对于小胡，她只注意到了这位同事反对自己对委员的看法。

在担忧对方是否生气时，S 型人的另一个滤镜开始工作了。因为 S 型人是那么热切地希望维持和谐的人际关系。小胡在抱怨委员会的时候，才觉悟到谈话的对方就是委员会的副主席，她开始害怕副主席是否会因为自己的批评而感到愤怒；由于过度担忧，小胡根本没有听副主席后来说了些什么。

5.3.2 分析技能：分析探索，给予中肯的评论

（1）探索 S 型人的谈话方式

- 开始是分析性的评论
- 讲话要么断断续续，显得很犹豫；要么大胆，自信

> · 喜欢谈论烦恼、令人关心的事以及进行假设分析

小贾是一家商业银行的理财经理，探索S型人，工作很出色，能力很出众。最近小贾必须和领导谈一下晋升和涨薪的问题，他非常担心，已经在脑海中无数次地排演过这个场景。因为害怕老板忘记事先预约的时间，小贾打了几次电话提醒领导；另外小贾想到领导可能会迟到，他提前为此做好准备，以防到时惊慌失措。

是直切主题呢，还是先介绍一下自己对公司的贡献？这个问题以及其他很多可能的选择一遍遍地出现在小贾的脑子里，如影随形，挥之不去。

小贾到了领导的办公室，他首先介绍了自己对公司的贡献，语气大胆，又很温和。说到中间时，小贾开始担心领导是否同意自己所说的内容。他的讲话开始变得犹豫："你，你，你是否也这样认为呢？"

这就是探索S型人的谈话方式，有时显得清晰、自信，有时听起来又模糊、担忧。

当领导提到一些不太赞同的方面时，小贾简直要发狂，他努力控制着自己的情绪，或者说试图掩盖自己的情绪。

最后，小贾是这样切入晋升问题的："好的，也许你并不想这样做，因为……"

S型人经常先预想一些消极的可能性，然后针对这些可能性提出解决的方法，就像是对一个预想的危机提出实用性解决方案。

（2）探索S型人的身体语言

> · 眼神自信、直接
> · 显得兴奋、迷人、投入
> · 有时眼神又会水平地来回移动，像在扫描危险

- 面部表情显得担忧
- 感觉到威胁时快速作出无声反应

S型人具备勇气时，他们的身体语言会表现出这种勇气，就像小贾在谈话之初的表现一样。他们身体前倾，眼睛直视对方，看起来就像能够实现任何目标。这个时候，S型人显得兴奋、迷人、精神投入。如果他们开始担忧，就像受到围攻一样，眼睛开始水平地来回移动，面部肌肉变得紧张，看起来就像是被猎人追赶的小鹿。在巨大的压力下，S型人的这些无声反应都是无意识发生的。

（3）探索S型人的盲区

- 进行最坏结果的预想会给人留下消极、悲观、什么也做不成的印象
- 自我怀疑和担忧会让别人质疑S型人的能力
- 无论如何努力掩饰，S型人忧虑和担心的表现还是很明显

如果有人觉得S型人悲观厌世，他们就会反应过度，毕竟他们已经努力掩饰这一切，尽量表现出积极的一面。

尽管小贾已经努力掩饰自己的不开心，但在别人看来仍然很明显，这就是S型人的盲区：无论如何掩藏，别人总能感受到他们的担忧。S型人有时看起来很自信，但他们表现出的明显担忧却会让别人质疑他们的能力。比如，小贾的领导可能也开始担心：如果小贾自己都觉得不可能获得晋升，那我也不应该提高他的职位。另外，S型人还喜欢设想最坏的结果，这样往往给人留下消极、悲观、什么也做不成的印象。

（4）探索S型人失真的滤镜

- 别人运用权力是否正当
- 将自己的想法、感觉归因到他人身上
- 他人是否值得信任

在去见领导之前，小贾身上的失真滤镜已经在发生作用。S 型人像 C 型人一样，也属于情绪型，对权威非常敏感。S 型人对权威所持的态度是看他们能否正确地利用自己的权力，即是否能够公平、公正地运用权力，而更重要的是不会伤害到自己。

S 型人的第二个失真的滤镜就是把自己的态度、感情或猜想归因到别人身上。当小贾觉得领导不同意自己的自我评价时，他开始列出一堆自己不能获得晋升的原因。事实上，小贾是把自己的恐惧归因到领导身上，他觉得领导是因为对自己某些方面的表现不满意而不提升自己，但又不知道是哪方面的原因，只得将他主观认为的原因罗列出来。

小贾不但预想了最坏的场景，而且把自己的想法投射到领导身上，认为领导对自己充满怀疑。小贾认为领导对自己能力的质疑同时还显示出 S 型人的第三个滤镜：别人是否可以信赖。在这个案例中，小贾认为在今后的职业生涯中，领导不再值得信赖。

5.4 直接简练的对话方式

5.4.1 提炼技能：精确详细和振奋人心

（1）完美 C 型人的谈话方式

- 精确，直接，振奋人心，清晰，详细
- 和别人分享关于工作任务的想法
- 经常挂在嘴边的词包括：应该、应当、必须、正确的、杰出的、好的、错误的、正当的等
- 思维反应快速
- 在被批评时开始自我防御

老程刚刚被一家非营利机构聘任为董事局主席，完美 C 型人。在了解了该机构目前的混乱状态后，老程完全惊呆了，他开始关注如何获得整个董事会

的支持。在第一次董事会会议上，新任董事小穆总是指责老程。小穆属于S型人，每当老程发表看法时，她总是会问"为什么"，比如"为什么不实施这种政策"，"为什么我们不能试一试""为什么这种方法可行呢"。老程非常生气，他不明白小穆为什么对他和这个机构那么吹毛求疵。

而小穆决定参加完近期一次会议后退出董事会，因为自己每次想要获取更多信息的努力以及所提的建议，换来的都是董事会主席老程的敌视和不满。小穆觉得其他董事成员都特别欣赏自己的能力和创造力，而老程显然不是。

老程作为完美C型人，感到十分苦恼，他觉得自己被扔进了一个无法控制局面的工作环境中，所以每当小穆提出问题，经过他的失真过滤，就会变成批评。

作为S型人的小穆，刚刚进入一个新的工作环境中，她觉得老程误解并完全拒绝了自己。这些都是S型人通常所具备的过滤器在起作用：总觉得被误解和被拒绝。小穆不能理解老程的真实想法，也看不到他为整个机构所作的具有创造性的发展规划。

老程和小穆矛盾的形成是时间积累的结果，其中双方的"沟通方式"起到了推波助澜的作用，笔者主要分析老程的沟通方式。

如果给C型人的谈话方式下定义，最合适的词就是"细心"，因为他会努力选择最恰当的词来表达自己的意思。比如，"好的""应该""应当"总是直接或间接地出现在老程的话语中。C型人思维反应迅速，一旦觉得自己被他人责备就会开始反击。下面这段对话可以帮助我们了解C型人的谈话方式。

老程和小穆准备参加一个专业会议。老程对小穆说的第一件事就是："你没有穿正装？"

小穆因为这种主动的评论有些吃惊，立刻回应道："什么？你为什么对我说这些？"

老程的反应非常迅速并且真诚："你的穿着对这次会议来讲太休闲了，你应该穿正装。我只不过想帮你。"

老程在和小穆的谈话中没有使用"正确的"或者"必须"的字眼，但是这种意思却清楚地通过"你没有如何如何"以及"你应该如何如何"表达出来了。老程的快速反应和防御性解释都是C型人谈话方式的主要特征。

（2）完美C型人的身体语言

> - 腰板挺直
> - 肌肉紧绷
> - 目光直视
> - 身体语言可能泄露出自己否定的态度
> - 衣着讲究，经过仔细整理和熨烫

在和小穆的对话中，老程的身体语言变得越来越紧张。从老程的内心来说，他真的只是想帮助自己的同事，而不是批评和故意刁难他。

随着讨论的继续，老程的下巴开始紧绷，眼神变得激烈，腰板挺得笔直并开始向后移动。老程经过认真的修饰，服装和配饰考究，着装和出席场合非常相配，他之所以对自己的外表这么重视，是想和同事分享他的观点，因为C型人对自己非常严格，也希望同事能和自己一样认真对待每一件事，尽管小穆对此根本不感兴趣。

老程的身体语言使小穆感到紧张和不安，她认为这是老程吹毛求疵，故意刁难自己，再和双方工作中的冲突相结合，老程与小穆的矛盾只会变得越来越深。

当C型人被告知他们在责备别人时，C型人会感到很受伤害并且十分生气，因为他们已经竭尽全力控制自己的情绪。

（3）完美C型人的盲区

> - 看起来有些挑剔，不耐烦，或者生气
> - 固执地坚持自己的观点

上面的对话暴露出了老程的一个盲区，老程没有意识到自己实际上批评了小穆的穿衣选择，而且在小穆表达了不满后仍然坚持自己的意见。C型人即使努力控制自己的情绪，仍然会显得有些挑剔和不耐烦。这些都会引发小穆的不满，加深彼此的矛盾。

（4）完美C型人失真的滤镜

- 被他人批评
- 专心于自己的想法
- 关注他人的表现是否正确和可靠

C型人总是努力做正确的事情，当他们对别人提出批评和建议时，非常喜欢专注于观察和过滤对方的反应。因此老程对小穆愤慨和质疑的表现非常生气。另外，C型人对自己的看法非常自信，往往不能正确判断对方所说内容的真实含义。老程认为小穆的穿着实在不合适，甚至对他不花时间挑选合适的服装感到气恼，再联想到彼此工作中的种种不快，老程会将小穆归到"不负责任，不遵守规则"的一类人中，因此根本没有感觉小穆话语中流露出的受伤感和怒气。

老程与小穆关于穿着的对话可以反映出完美C型人沟通方式的特点，正是由于双方都误解了彼此沟通方式的这些特征，才点燃了他们心中的怒火，误解不断、互相敌视。

5.4.2 观察技能：独立观察，捕捉关键信息

（1）观察C型人的谈话方式

- 谈话要么简明扼要，要么长篇大论
- 精心选择用词
- 很少分享个人信息
- 分享思想而不是感受

小徐是一家大型物流集团的中层管理人员，观察C型人，最近参加了一项

关于"DISC"和交流方式的商业课程。课程中介绍了观察C型人的谈话方式：要么短小精悍，只有很少的词或短句；要么长篇大论，像做论文一样。当培训师问小徐原因时，他先是沉默了一会儿，然后谨慎地答道："原因很简单"，他说，"这取决于观察C型人对这个话题究竟有多少了解"。

在上面的案例中，小徐的回答简练、小心，认真选择了用词。他给出了一个概括、客观的回答，没有使用个人的措施，比如"当我对谈话主题了解时就会说很多"等。在大庭广众之下，C型人通常会讨论思想，很少谈及自己的感受。小徐在上面的回答中也没有提到自己的感受，比如"如果不知道答案，我会感到很着急"或者"如果我对相关信息所知甚少，就会觉得很难堪、很不安"。

（2）观察C型人的身体语言

- 表达想法时很少涉及感情内容
- 显得独立、自制、克制，没有太多身体语言

当小徐与大家分享自己的见解时，他就像绝大多数C型人一样，面部没有太多表情、身体挺直，看起来就像是一个客观的记者在报道或者置身于事外进行观察后做出的评论。通常C型人看起来就像是一直生活在头脑里，畅游在想法中。由于这个原因，C型人通常被称为"只讨论想法的人"。如果我们近距离观察C型人会发现，他们似乎只讨论自己头脑中一部分的想法，或者有时候谈话C型人好像还在背后偷偷进行观察。

（3）观察C型人的盲区

- 不会表现出热情
- 显得冷淡，疏远
- 有时说得太多，可能会失去听众
- 有时又会讲得太少，可能无法被别人理解
- 有时显得很谦逊，有时显得很张扬

C型人的第一个盲区就是过于强调自己头脑中的想法，从而在人际交往中显得不热情，往往对话也无法继续进行。C型人也会感到很温暖或者富有同情心，但他们尽量不表现出这些情绪。C型人还具有一种能力，就是可以暂时逃离自己的情绪，然后在准备好或者感觉比较舒服的情况下再重新考虑事情。这种思想和感觉的分离往往使C型人给人留下冷淡、疏远的印象。

小徐在解释了为什么C型人有时长篇大论，可能会失去听众；有时少言寡语，可能无法被人理解之后，听众笑了起来，表示感激他的说明。这时小徐的回应是无声的：一个苦笑，表现得好像听众的反应让他很愉快。但是让小徐惊讶的是，对方可能会觉得他表现得太过杰出或者高傲。听众中有人就觉得小徐的笑充满嘲弄，好像在说"你们连这个都不知道"；而事实上，小徐的感觉是很高兴能向大家介绍C型人的内心想法。

（4）观察C型人失真的滤镜

- 要求和期望
- 感觉不适当
- 他人带来的情绪压力
- 信任他人以保留隐私
- 觉得身体接触太过亲密

小徐所在课程的导师非常清楚C型人所具备的失真的滤镜，因此她在提问时非常小心，以防触发C型人的失真过程。一旦觉得别人对自己有所期望或者自己感觉不合适，C型人就会隔离自己，保持沉默。因此培训师这样概括并且感情中立地提问："有没有哪个C型人愿意解释一下为什么他们谈话时会采取两种完全不同的方式？"这样的措辞没有给任何课程参与者造成必须回答的压力。

另外，培训师在提问时始终站在原地，没有移动，这样就不会"侵入"听众中任何一个C型人的个人空间。如果有人在物理空间上距离C型人太近，他们失真的滤镜就会发生作用，从而歪曲对方的意思。

第6章　各有特点的反馈模式-DISC四型人的8种反馈技能

"反馈"涉及一个人对另一个人行为的直接、客观、简单、礼貌的看法。缺乏反馈能力、缺乏成果预测能力和缺乏反馈技巧被视为有效实现工作目标的三大障碍。遗憾的是，绝大多数公司和员工不愿意进行反馈。很多员工要么没有认识到反馈的重要性，要么对自己提供反馈的能力没有信心。有些人是由于自己的原因，比如害怕反馈会伤害对方的感情或者使形势更加恶化。

在职业生活中，提供反馈和接受反馈不仅重要，也非常困难，主要是由以下三个原因造成的。第一，在发表意见时，我们不了解自己和对方的性格类型，究竟会发挥怎样的干扰作用；第二，我们可能缺乏提供反馈和接受反馈的相关技巧；第三，我们可能不知道如何根据DISC类型来调整反馈的方式，包括说什么和如何说。

笔者会详细分析这三个原因，由于反面的意见远比正面的信息更难说出口，在所列举的案例中，笔者会集中描述如何传达否定的反馈信息：也称"建设性的"或者"纠正性的"反馈信息。需要注意的是，无论是传达积极性的反馈信息还是消极的反馈信息，这些原则都可以适应。

在介绍每种DISC类型人的"反馈模式"时，笔者将从"不同类型的人如何提供反馈"和"如何向不同类型的人传递反馈"两个方面来了解。

（一）如何提供反馈

本章的第一部分包含一些具体的事例，主要讲述每种"DISC"类型在向他人传递反馈意见时可能犯的错误，而无论信息接收者究竟属于哪种类型。每种类型的人都有一些特定的行为可能影响反馈意见的传达，因此每个例子后面都列出了一些本类型需要注意的地方。我们可能已经知道了自己在"DISC"模式中的位置，但不一定知道对方属于哪种类型，因此最好的方法还是从自己做起。意识到自己提供反馈意见的局限性后，我们就可以努力降低这些特定行为的负面影响，从而更有效地提供反馈。

每种"DISC"类型中都有一些善于提供反馈意见的人，遗憾的是，绝大多数人在提供反馈时总会犯一些错误，而这些错误是与我们性格类型所表现出的行为趋向联系在一起的。

尽管我们的出发点都是一样的，但是每种性格类型都有自己中意和擅长的反馈能力，通常就是自己喜欢的接收信息的方式。然而出乎意料的是，善良的本意并不代表我们就能有效地提供反馈信息，是什么阻碍了我们特有的反馈能力的发挥呢？本章将给出一些答案和思考。

有趣的是，向和自己相同性格类型的人提供反馈信息可能是最困难的。我们可能讨厌那些与我们行为类似的人，因为他们总是提醒我们想起了自己。因此这种情况下的反馈可能含有一些负面因素，对方凭直觉就能感受到，然后就会愤而反击。

（二）积极反馈法

在"如何向不同类型的人传递反馈"中，笔者将介绍一种对所有类型都适用的简单有效的技巧：积极反馈法。

了解自己的性格特征在给予反馈时的各种特点，可以帮助我们在工作中调整自己的行动。同样，如何向不同性格的同事传递反馈信息也很重要，而掌握和练习一些基本的反馈技巧对工作的顺利开展更有益处。掌握了这些基本技巧后，再结合自己对不同类型人的了解，就可以量体裁衣，根据对方的性格特征采取有效的反馈方式。

"积极反馈法"简单、有效，可以用来传递正面以及负面信息。掌握了这个方法不仅可以改善我们的给予反馈的能力，同时也能让接收者更容易理解包含在反馈里的信息。

"积极反馈法"的步骤：

第一步，可预见的行为。首先，描述一下对方实施的具体的、可预见的行为，注意要条理清晰，客观中肯，符合事实。谈话以这种状态开始，有助于在沟通早期就能达成共识，同时还能降低对方的抵触情绪，减少沟通成本。

第二步，行为可能造成的影响。在这个步骤中，要告诉对方反馈信息对他、对整个公司、对团队、对自己都很重要。这样的话，不但能激发对方改正行为的动力，而且在轻松的状态下，也向对方提供了为什么要改正的基本原因。

第三步，可供选择的行为。这是最后一步，向反馈信息的接收者提供一些可供选择的行为方式，这能帮助对方思索一下自己当时忽略了哪些主要因素。这个步骤使提供反馈者在要求对方改变的同时去除了一些主观臆测。

"积极反馈法"的具体应用：

公司接到了两家客户对老王的投诉。小刘要向老王提出反馈意见。下面是小刘的具体措辞。

第一步，可预见的行为。

我希望我们能花些时间谈这个事。现在可以吗？（开始倾听和等待对方的回答）。

你的两个客户（记住这时一定要说出客户的名字）给公司打来电话，他们觉得最近和你会面（一定要指出确切的时间）显得过于仓促。你同意吗？（开始倾听和等待对方的回答）。

第二步，行为可能造成的影响。

客户想知道你是否听取了他们的观点。如果因为这个原因他们决定与别的公司合作，那该是一件多么可惜的事情。我们尊重你的工作，作为公司也希望你继续与这些客户合作，而不愿意让其他同事接手。

我当时不在现场，没有什么第一手资料，不知道情况为何变得这么棘手。你怎么想呢？（开始倾听和等待对方的回答）。

第三步，可供选择的行为。

大体上，我们在和客户会面时应该定时地提出问题，然后认真听取客户的反映。现在，你可能很想立刻给客户打电话，询问客户对自己的意见和建议。如果你这样做的话一定要非常谨慎，注意不要一开始就解释自己为什么做这个，或者为什么没有做那个，等等。尽管你很想告诉客户，但这样做很容易让客户觉得你根本没有听取他们的意见。你想怎么做呢？（开始倾听和等待对方的回答）。

绝大多数时间，只要我们通过这一反馈法，然后尽量去除自己的性格特征带来的障碍和负面影响，就能有效地给予反馈。如果我们要对自己传递反馈信息的方式和方法进行调整，同时考虑对方的性格特征所具有的特点，那么我们就会感到反馈并不困难。

如果掌握了这个方法，在工作中就会事半功倍，畅通无阻地进行反馈和交流，因为，任何一种技巧都是越用越熟练。

（三）反馈的一些技巧

下面的一些反馈技巧，适用每个人。无论是预先规划如何进行反馈，还是真正开始传达相关信息，这些技巧都非常实用。

在开始讲话前最好先考虑一下所要讲的内容：

- 反馈应该针对人们可以有所改变的领域。
- 确保自己给予反馈的目的是帮助他人，而不是嘲弄、讥讽，甚至伤害对方或者强迫对方改变。
- 注意自己交流时流露出的非语言信息。
- 应该私下传递反馈信息。
- 表达要直接，但同时应当对他人保持尊重。
- 确定对方目前的情绪状态可以听得进你说的内容。
- 反馈信息除了负面意见外，还应当包含积极的内容。
- 不要试图用自己的想法去解读对方的行为，这很危险。
- 确保对话是双向进行的。
- 事先和他人预演一下如何给予反馈，一方面可以练习，另一方面可以得到一些建议。
- 记住最重要的一点：没有人可以改变别人，只有自己才能改变自己。

还有以下三点我们必须牢记：

· 不要因为自己性格类型的一些倾向性特点影响了自己传递反馈信息的能力。

· 在向不同性格类型传递信息时，要有意识地使用"积极反馈法"，多用没有坏处，直到它成为自己的一种技能或能力。

· 学习"DISC"知识，根据对方的性格类型适时调整自己给予反馈的方式，直到DISC成为自己得心应手的一个工具。

下面的案例，背景一样，核心部分都是"客户关系"事件，只是场景中的人物和内容，根据要介绍的性格类型做了一些微调。在"积极反馈法"部分，由于信息接收者的性格类型不同，发送者具体的措辞也会有一些改变，变化虽小，但至关重要，会直接影响事件的结果。

6.1 直截了当地反馈

6.1.1 掌控技能：掌握时机，在必要时给予反馈

（1）温和D型人如何提供反馈

①反馈场景

D型人往往在必要的时候才会给予反馈，他们不喜欢讨论负面的事情，尤其是那些让自己或对方感到痛苦、不舒服和敏感的问题。

D型人在工作中会尽量避免感受以及思考一些消极的事情，他们觉得别人也该这样。因此，有些D型人往往采取乐观和温和的方式传递一些负面信息。

老周和小朱是一家IT公司客户关系部的同事，假设老周是一位典型的温和D型人。这段时间，小朱在处理客户关系中屡屡失误，公司接到了两家客户对小朱的投诉，比如"朱经理在与我们见面时总是草草结束，太过匆忙"。老周希望指出小朱工作中的问题，并帮助他改正。在和小朱的对话中，老周一开始可能会极力渲染事情进行得有多么顺利，然后才会说："有一个小事情，但我相信你可以很轻松地处理。"

D型人往往善于把问题放在一个不同的、积极的、更大的背景中进行重新考虑。

在老周与小朱的沟通中，老周首先把客户的问题归因于小朱的技能不足，他会告诉小朱："这些客户刚刚进入这个行业不久，他们可能无法理解会议中探讨的问题。"或者，老周认为是由于客户自己公司的不确定性才导致问题的发生，老周可能会说："两个客户的公司目前正在研究各自的并购方案，没有时间仔细思考你的问题，这是客户的原因，与你们之间的见面没有关系。"

老周的这种反馈方式，也许是善意的，他希望将小朱的问题放在一个客观的环境中进行评价。这种重新思考问题的方式也许是正确有用的，但也可能会掩盖真正的原因，让小朱产生错觉，认为一切都是客户的责任，自己根本没有必要做任何改变。老周希望通过反馈，指出小朱在处理客户关系方面需要提高的企图彻底失败。

D型人在给予反馈时的另一个问题在于跳跃式思维。一个想法接着一个想法，D型人可能会在例子和解决方案之间来回跳转，一会儿又突然穿插对客户意见的分析，最后又列举了很多例子。D型人可以跟得上自己高速运转的多项思维，而对方却做不到。

小朱听了老周的意见，开始反思自己的问题，但老周突然话锋一转，又和小朱聊起了公司在研发方面的问题，一会儿又谈到了人力资源部在绩效考核方面应该做哪些改进。当老周说得不亦乐乎的时候，小朱却听得云山雾罩，不知所云，连刚刚开始思考的问题也给忘了。

尽管D型人具备敏捷的多向思维，但是反馈的接收者却只能在完全解决一个问题后才考虑另一个问题。D型人要特别注意这点。

②反馈建议
· 保持自己的乐观，但是注意不要掩盖接收者需要听取的意见。

- 注意不要过分相信自己的背景推测，以免延误真正问题的解决。
- 要集中介绍相关信息，以免接收者偏离轨道。

（2）如何向温和D型人传递反馈信息

假设小朱是一位温和D型人，老周应该如何运用"积极反馈法"向他传递反馈信息呢？对温和D型人要用婉转式。

①可预见的行为

> - 把挑剔的反馈意见放在两个积极的评价中间来讲
> - 首先听取D型人的想法
> - 无论是否可能都使用D型人自己建议的方法
> - 在D型人面前始终保持乐观态度

小朱，我希望我们能花些时间谈谈这件事。现在可以吗？（开始聆听和等待小朱的回答）。你在最近的项目中取得了巨大的成功！恭喜你。

但是不知道你是否留意到了你的两个客户的声音？（说出客户的名字，开始聆听和等待小朱的回答）客户给公司打电话说觉得最近和你会面（指出确切的时间）显得有些过于仓促。你同意吗？（开始倾听和等待小朱的回答）

你觉得客户为什么会有这种感觉呢？（开始聆听和等待小朱的回答）你的想法当然很有可能，我觉得还有另外一些原因会导致客户有过于仓促的感觉（告诉小朱自己的想法）。我知道你肯定能够扭转客户对你的印象！

②行为可能造成的影响

> - 让D型人始终专注于要思考谈论的问题
> - 使用第一人称的陈述
> - 把问题放在更大的背景中考虑
> - 即使你是D型人的上级，谈话时也不要表现出领导的派头

你觉得这件事对你有什么影响？（开始倾听和等待小朱的回答）对公司又

有什么影响？（开始倾听和等待小朱的回答）客户想知道你是否听取了他们的观点。如果因为这个原因，客户决定与其他公司合作，该是一件多么可惜的事情。

我们尊重你的工作，作为公司也希望你继续与这些客户保持良好的关系，而不愿意让其他同事接手。我知道每个员工负责的客户都很多，因为公司目前的发展前景超出了我们的预期，而负责客户关系维护的你尤其忙碌。

我当时不在现场，没有第一手资料，因此不知道情况为何会变得这么棘手。到目前为止你怎么想呢？（开始倾听和等待小朱的回答）

③可供选择的行为

- 向 D 型人强化积极的效果
- 给 D 型人选择的机会

在如何处理这件事情方面，你肯定已经有了一些建设性的想法。你有什么具体的想法吗？（开始倾听和等待小朱的回答）我这里还有一些其他想法，你可以从中选择一个你认为最好的。大体上，我们在与客户会面时可能需要定时地提出问题，然后认真听取客户的反映。

现在，你可能很想立刻打电话给客户，询问客户究竟他们的意思是什么。如果这样做的话一定要非常谨慎，注意不要一开始就解释自己为什么做这个，或者为什么不做那个，等等。尽管你很想告诉客户，但这样做很容易让客户觉得你根本没有听取他们的意见。我们这里提到的很多想法听起来可能奏效，你想怎么做呢？（开始倾听和等待小朱的回答）

6.1.2 引导技能：诚实直率，吸引对方的注意力

（1）权威 D 型人如何提供反馈

①反馈场景

尽管绝大多数 D 型人通常并不畏惧说出自己的想法，但他们有时也不喜欢传递拟定好的反馈信息。事实上，很多 D 型人会长时间地苦于以何种方式讲述一些重要的事情，他们也会反复考虑以确认自己的话能够吸引对方的注

意力。

在传达一些负面评价之前，D型人也会进行预先准备，因为他们深知自己的诚实、直率、快速反应会使对方觉得受到了威胁。

如果老周是一位权威D型人，事先没有考虑措辞，可能会对小朱说："这些都是我们最重要的客户，他们感到很不满意。你应该关心他们的感受，快点打电话。"老周所说的内容也许都是真的，但是如果再斟酌一下措辞，效果会更好。老周在提出建议之前，最好仔细倾听和考虑一下小朱的看法。

如果采取上面的方式，一些在对话中没有流露出的情绪可能通过相互之间的紧张对峙表现出来。D型人在有挑战性的环境中往往如此，他们显得非常紧张，可能会下意识地进一步靠近谈话对象。这种身体距离的过分贴近会使接收负面信息的一方感觉受到威胁。即使D型人努力控制自己不要靠得太近或者尽量保持低调，别人仍然能够感受到他们权威式的能量和驱使力。

在努力保持正直、诚实的时候，D型人会忘记向沟通的对方积极地表示尊重，即使他们真的很尊敬对方。在有些情况下，D型人可能并不尊敬对方，他们崇尚强者、瞧不起弱者，认为尊敬是要靠自己赢得的，而不是别人给予的。在传达反馈意见时，D型人应该表现出一定程度的尊敬，即使不喜欢对方也要如此，这是反馈成败的关键。比如，D型人可以通过温和的眼神接触、微笑或者一些支持性的评价表示尊重。

老周可以用这样的方式向小朱传达自己的意见："我们知道你可以解决这个问题，因为你一向很有能力！我们信任你。"

面对事情时，D型人总是喜欢正面解决问题，但要记住反馈的接收者可能更喜欢按照自己的时间规划和方式处理问题。

②反馈建议
- 保持自己关注中心点的能力，但要采取容易被接收的方式。
- 事先考虑一下如何采取行动，如何组织语言。

- 可以拥有自己的观点，但要学会倾听对方的意见。
- 继续保持自己对整个工作的控制能力，但不要表现得过于紧张，否则会让对方不堪重负。
- 微笑、开一些轻松的玩笑以及耐心地等待对方的反应，对于交流效果都有帮助。
- 保持自己的真实，但也可以表现得更积极一些。

（2）如何向权威D型人传递反馈信息

假设小朱是一位权威D型人，老周应该如何运用"积极反馈法"向他传递反馈信息呢？对权威D型人要用直接式。

①可预见的行为

- 传递给D型人的语言要简洁、直接、诚实
- 向D型人描绘大的蓝图
- 让D型人始终有响应和辩解的机会

有两个客户最近向公司反映了一件事情，我想你也应该听一听（说出客户的名字）。尽管他们只是你众多客户中的两个，但都很有可能给公司带来大笔收入。客户打电话来说，他们认为在最近一次（给出具体时间和地点）会面中，你似乎显得过于仓促。告诉我，你对这件事是怎么想的（开始倾听小朱的回答，准备好接受或长或短的回应）。

②行为可能造成的影响

- 告诉D型人，自己相信他有处理问题的能力
- 巧妙地让D型人了解自己所能提供的后备支持
- 让D型人了解自己绝不会偏袒任何一方，会公平地处理问题
- 帮助D型人专注于事情的对错

你了解事情造成的影响吗？或者你愿意听一下客户都说了什么吗？（如果

小朱愿意讲述自己的理解，就仔细倾听，分享一下他的想法。如果同意小朱的评价，就直接进入下一个步骤"合适的行为"；如果不同意或者小朱不理解究竟有什么影响，继续下面的谈话）

客户想知道你是否真的听取了他们的观点。客户有权利选择自己合作的对象，公司不希望因为这个原因，客户决定与竞争对手合作。你知道我们都很尊重和关注你的工作，我们也相信你可以处理好这个事情。

既然当时我不在现场，没有什么第一手资料，也就没有什么更多的信息告诉你。你对目前这个情况怎么想呢？客户的反馈意见有哪些是正确的，又有哪些是不正确的？（开始倾听和等待小朱的回答）

③可供选择的行为

> - 让 D 型人觉得是自己拥有控制权
> - 对 D 型人的评论要直接，经过精心准备

你觉得我们应该做些什么？你需要一些建议吗？（开始倾听和等待小朱的回答）我这里有一些看法，可能比较关键、有效。大体上，我们在和客户会面时应该定时地提出问题，然后认真听取客户的反映。这非常简单，效果往往不错。

现在，你可能很想立刻打电话，询问客户究竟他们的意思是什么。但这样做的时候一定要非常谨慎，注意不要开始就解释自己为什么做这个，或者为什么没有做那个，等等。尽管你很想告诉客户，但这样做很容易让客户觉得你根本没有听取他们的意见。你想怎么做呢？（开始倾听和等待小朱的回答）

6.2 感同身受地反馈

6.2.1 调节技能：根据对方的反应调整反馈节奏

（1）贡献 I 型人如何提供反馈

①反馈场景

小杨是一家通信设备集团W事业部的产品经理，这段时间，小杨负责的产品线屡次出现质量问题，收到了三家大客户的投诉。客户抱怨："杨经理在与我们见面时总是草草结束，太过匆忙，而且没有认真听取我们对产品的反馈意见和建议。"公司质量管理部指派质量经理小郑与小杨沟通，指出小杨工作中的失误，并帮助他改进。小郑是一个贡献I型人。在和小杨的交流中，小郑的反馈方式和表达不仅不会过于苛刻，反而过分积极，使这次谈话在失败中结束。

贡献I型人除了不被领情或者觉得有义务保护某人的情况之外，总是不愿意伤害反馈信息接收者的感情。在这种情况下，I型人可从以下三个选择中挑选一个：

选择一：对负面的反馈评价进行加工和处理，使对方听起来没有那么要紧："客户是这么说了，但他们并没有特别气恼。"

选择二：把反馈意见搪塞过去，这样就可以不露声色地宽恕对方的行为："客户是这么说了，但我知道你有多忙，而且你和客户的关系一直非常好。"

选择三：避免传递任何负面信息："我和三个客户谈过了，你和他们保持联系了吗？听取他们对产品改进的建议了吗？你和他们的关系如何？"

I型人会根据对方的反应调整自己的反馈方式，因此在上述案例中，小郑可能会密切观察小杨的非语言行为，然后凭借自己特有的直觉优势获知对方的反应。I型人通常会不知不觉地观察对方的行为、面部表情、说话语气以及其他身体语言，再根据不同情况调整自己的反馈方式。如果小杨听到反馈意见后开始动怒，小郑就会感同身受，采取换位思考的方式，好像小杨在跟自己生气一样。这时，小郑可能还会自责，认为自己的交流方式非常不合适。

如果I型人对反馈意见的接收者存有一些不便说明的看法，有时也会发表自己的判断。这时，I型人不仅开始挑剔，而且会推断出一些正确或错误的结论。

小郑从客户的投诉中可能得出以下结论：小杨不关心产品质量，对客户意见不够重视，对公司声誉置之不理。在这种情况下，小郑可能会说："公司认为你根本不关心产品质量，你的客户认为你忽视了他们的意见，我觉得你应该认真考虑一下。"

有些时候，我们都会对谈话的另一方进行假设，而 I 型人尤其如此，这是因为他们自认为非常善于观察对方的内心。但不管 I 型人的感觉如何敏锐，他们在传达反馈意见时还是倾向于就事论事，而不愿意披露自己的观点和见解。

②反馈建议

I 型人要记住：尽管你们非常愿意和别人一起分享自己的见解，但反馈意见的接收者也许并不需要你的帮助，他们都有自己的想法。

·保留自己对别人的正面认识，但也要在适当的时候发表自己的反面意见。

·需要注意别人的感受，但不能因为害怕伤害对方就把事情讲得模糊不清。

·需要关注对方的反应，但不要跟着对方的情绪走，一会儿高兴，一会儿失落，要保持情绪的稳定，才能接收到对方的真实反应。

·要保持自己敏锐的感觉，但需要注意的是，自己的见解并不总是正确的，尤其在自己生气的时候。

（2）如何向贡献 I 型人传递反馈信息

假设小杨是一个贡献 I 型人，小郑应该如何运用"积极反馈法"向他传递反馈信息呢？对贡献 I 型人要用积极式。

①可预见的行为

·让 I 型人听起来友好、乐观

·确保一切信息都是保密的

·被 I 型人询问时再提供更多的细节

嘿，小杨，最近怎么样？（开始倾听和等待小杨的回答）一切都顺利吗？（开始倾听和等待小杨的回答）我希望咱们能花些时间谈个事情，并且最好一切都秘密进行。现在可以吗？（开始倾听和等待小杨的回答）

有三家客户（记住这里要说出客户的名字）给我打电话，他们都感觉最近和你会面沟通产品问题时（指出确切的时间）显得有些仓促。你同意吗？（开始倾听和等待小杨的回答）。关于你们的会面或者客户的评价，你还有什么问题？（开始倾听和等待小杨的回答，如果需要，继续回答小杨提出的问题）

②行为可能造成的影响

- 加强I型人对积极关系的重视程度
- 微笑，保持积极的态度
- 强调I型人行为对别人的影响
- 询问I型人自己的感受

小杨，客户想知道你是否听取了他们关于产品的意见？我知道客户的意见对公司、对你来讲有多么重要！如果因为这个原因，客户决定与别人合作，该是一件多么可惜的事情。我感觉这些客户还是希望继续使用你研发的产品，并且希望你能解决他们在产品使用中遇到的问题。你觉得客户的感受会是什么？（开始倾听和等待小杨的回答）我们尊重你的工作，作为公司也希望你继续与这些客户保持沟通，而不愿意让其他产品经理接手。

我当时不在现场，没有什么第一手资料，因此不知道情况为何会变得这么棘手。我真希望没有告诉你这一切，你怎么想呢？对于这种情况你有什么感受呢？（开始倾听和等待小杨的回答）

③可供选择的行为

- 明确表示自己支持I型人
- 表明自己对他人的尊重

小杨，需要我怎么做来帮助你？（开始倾听和等待小杨的回答）大体上，我们在和客户会面时应该积极对待他们对产品的意见，并且要定时地提出问题，然后认真听取对方的反馈。

现在，你可能很想立刻打电话给客户，询问客户他们的意思究竟是什么。我觉得他们可能会欣赏这种直接、清晰的交流方式。如果这样做的话一定要非常谨慎，注意不要一开始就解释自己为什么做这个，或者为什么不做那个，等等。尽管你很想告诉客户，但这样做很容易让客户觉得你根本没有听取他们的意见。你想怎么做呢？（开始倾听和等待小杨的回答）

6.2.2 影响技能：直接犀利，直击要害

（1）实干Ⅰ型人如何提供反馈

①反馈场景

实干Ⅰ型人根本不愿意给予反馈意见。他们认为如果反馈意见中总是包含负面的评价信息，很可能引起对方的不愉快，影响目标和工作的完成。而Ⅰ型人基本上不知道如何处理别人的悲伤、愤怒或者恐惧的情绪。如果别人将这些不愉快的感受直接对准自己，Ⅰ型人会越发地反感反馈。Ⅰ型人的精力都集中在工作上，他们会避免引起对方的悲伤情绪，因此在传达反馈意见时往往直入主题，根本不愿意讨论对方的感受。

如果小郑是一个实干Ⅰ型人，他可能会对小杨说："三家客户打来电话，和你的会面他们感觉很不高兴，你需要尽快给他们回电话。你会这样做吧？"

Ⅰ型人传递反馈意见的方式非常直接，在接收者看来可能会觉得生硬、冷酷、无情，其实在这些表象下，Ⅰ型人是充满感情的。只是他们过度关注目标和任务，没有时间，也没有意识释放这些情感。Ⅰ型人通常采用讲求效率的工作方式，这有助于他们在商业领域取得成功，但也会妨碍他们有效和策略性地传递负面反馈信息的能力。如果Ⅰ型人能够站在别人的立场考虑问题，从工作中跳出来，多关注人，他们善于沟通、以人为本的潜能就会被激活，反馈风格也会变得缓和，而自己的意见同样可以被对方理解。这是一种双赢的反馈方式。

有些时候，和谨慎者（C型）一样，在传递负面的反馈意见时，Ⅰ型人经常犯的错误在于准备过多，比如，列举过多的例子来支持自己的观点。Ⅰ型人的

身体语言不会像谨慎者那样表现得过于挑剔，但可能会流露出自己的坚持、固执或者不耐烦。I型人在谈话时会不停地举例子直到对方同意自己的观点，而对方可能被I型人这种口若悬河、连珠炮的方式搞得毫无招架之力，觉得自己一无是处。因此，I型人切记，少量的精心选择的例子完全可以使自己的观点更令人信服。如果I型人在传达反馈意见时没有得到对方的肯定反应，他们的言行就会表现出谈话到此为止的意思，这往往会使对方觉得自己不被尊重。

②反馈建议

I型人要记住：别人也许不像你们那样干劲十足，也许并不认为工作是生活的全部，但这并不意味着别人不积极、不努力，不愿意完善自我、追求成功。

· 要集中注意力，但也要考虑别人的感受。

· 有条理、诚实、实干是成功的保障，但要温柔一些。

· 关注反馈结果，不要把精力花费在列举大量的例子上，因为那样会偏离轨道。

· 要三思而后行，耐心一些。

（2）如何向实干I型人传递反馈信息

假设小杨是一个实干I型人，小郑应该如何运用"积极反馈法"向他传递反馈信息呢？对实干I型人要用务实式。

①可预见的行为

> · 确保I型人的时间和地点都是方便的
> · 反馈可以用来帮助I型人更加成功，顺利实现目标
> · 告诉I型人究竟是哪些人并且都具体说了些什么；如果可能，挑选一些I型人比较尊敬的人举例
> · 举例时要尽早获得I型人的赞同

小杨，我希望咱们能花些时间谈个事情。你觉得什么时间比较合适，能让我们坐在一起不受打扰地谈谈呢？（开始倾听和等待小杨的回答）三家大客户给公司打了电话，也许公司不太同意他们的意见，但是如果能进一步了解客户

的需求，改善产品质量，可能以后你们之间的沟通会更加顺利。

他们是某某和某某（说出客户的名字）。他们都反映最近和你会面沟通产品问题时（指出确切的时间）显得有些仓促和不太积极。你同意吗？（开始倾听和等待小杨的回答）他们之所以有这种感觉，可能是因为你最近太忙了，甚至连喘口气的时间都没有。关于客户的反映你有什么想法呢？（开始倾听和等待小杨的回答）

②行为可能造成的影响

- 增强I型人对达成目标的渴望
- 向I型人强调计划和效果之间的区别
- 合理利用和引导I型人爱竞争的天性

我敢肯定这不是你的目标。先把你对产品完美的想法放在一边，客户想知道你是否听取了他们的意见。公司不希望这些客户因为这个原因更愿意与别人合作，尤其是公司的竞争对手。我们尊重你的工作，作为公司也希望你继续与这些客户保持联系，而不愿意看到其他产品经理接手。

我当时不在现场，没有什么第一手资料，因此不知道情况为何会变得这么棘手。你对这一切怎么想呢？（开始倾听和等待小杨的回答）

③可供选择的行为

- 与I型人谈话时保持乐观
- 向I型人表示出自信，表明自己解决问题的坚定态度
- 提出具体的、实用的、有利于目标实现的建议
- 向I型人表示自己相信他可以有效地解决问题

让我们一起来解决问题吧！我有一些可能有用的点子，相信你也有。你的想法是什么？（开始倾听和等待小杨的回答，如果可能就采纳他的点子）大体

上，我们在和客户会面时应该认真听取意见，可能还要定时地提出问题，然后在随后几个月的会面里每次花 15 分钟来充分听取客户的反映。

现在，你可能很想立刻打电话，询问客户他们的意思究竟是什么。如果你这样做的话一定要非常谨慎，注意不要一开始就解释自己为什么做这个，或者为什么没有做那个，等等。尽管你很想告诉客户，但这样做很容易让客户觉得你根本没有听取他们的意见。你下一步想怎么做呢？（开始倾听和等待小杨的回答）

6.3 友好细致地反馈

6.3.1 创设技能：创建友好和谐的反馈氛围

（1）关照 S 型人如何提供反馈

①反馈场景

小贺是一家 ERP 软件集团解决方案中心的项目经理，这段时间，小贺负责的两个已经交付的项目屡次出现问题，收到了两家客户的投诉。客户反映："贺经理在与我们见面时总是草草结束，太过匆忙，而且没有认真听取我们对项目的反馈意见和建议。"公司项目管理中心指派项目管理专员小翟与小贺沟通，指出小贺工作中的失误，并帮助他改进。小翟是一个关照 S 型人。在和小贺的交流中，小翟的反馈方式和表达过于和谐，拖延缓慢，不够清晰，使这次谈话在失败中结束。

关照 S 型人总是一再拖延向别人传递反馈信息，如果情况非要如此，他们就感觉受到了强迫。S 型人通常会努力在双方之间创建一个友好、和谐的氛围，为此小翟根本不会向小贺提任何一句客户对他的负面评价。在见面之前，小翟已经打算告诉小贺客户都说了些什么，但是不知为什么，随着谈话的进行，小翟一直没有找到合适的机会传递这些负面信息。另外，小翟也有可能忘了要向小贺提起那些客户评价。

如果在传递了负面信息之后，S型人最通常的反应就是罗列很多观点。小翟可能会对小贺说："那两个客户是这样说了，但是我想其他客户肯定不会有同样的感觉。公司知道你非常忙，而且在那种情况下其他员工的表现也不过如此。"所有这些观点可能都是正确有用的，但却可能让小贺偏离真正的议题："看来这只是个别客户的苛刻行为，其他客户对我的表现还是满意的。"

当S型人认为必须要说些什么，尤其是对谈话的内容深表同意又觉得不安的时候，他们往往喜欢长篇大论，这些都是思考太长时间后的副产品。S型人还会在反馈时添加一些他们认为有关联的内容，比如，"你最近上班不太准时，另外你的财务报告也该准备了，你好像有点不开心"。这次谈话的主题是"小贺与客户谈论工作细节时表现得过于仓促"，但在S型人看来，这些内容和谈话主题存在一定的联系，而小贺却搞不清楚究竟哪件事情才是最重要的，或者究竟应该继续哪个话题。

②反馈建议

关照S型人要记住：和谐友好的气氛固然重要，但是反馈的接收者可能更想直接地解决问题。

·保持自己和谐、友善的一面，但是传递的信息要尽量清晰。

·可以从多个方面考虑问题，但要注意把精力集中在中心问题上。

·给予反馈时一次只针对一个问题，其他相关的问题可以留到下次讨论。

（2）如何向关照S型人传递反馈信息

假设小贺是一个关照S型人，小翟应该如何运用"积极反馈法"向他传递反馈信息呢？对关照S型人要用友好式。

①可预见的行为

·显示友好，创建一种和谐的反馈环境
·不要进行评判
·引导S型人进行思考

小贺，最近怎么样？你的工作方案进行得如何？（开始倾听和等待小贺的回答）手头上同时管理这么多项目，你肯定很疲惫吧？（开始倾听和等待小贺的回答）有一件事情，我希望咱们能谈一下。现在可以吗？（开始倾听和等待小贺的回答）

有两家客户（记住这里要说出客户的名字）给我打电话，他们觉得最近和你的会面（指出确切的时间）显得有些仓促。对此你有什么想法？（开始倾听和等待小贺的回答）

②行为可能造成的影响

- 尝试从多个视角观察形势
- 从更大的背景出发看待问题

客户想知道你是否听取了他们的观点。我相信你肯定听了，只是客户没有这么认为。如果因为这个原因，客户决定与别人合作，这是一件多么可惜的事情。我们尊重你的工作，作为公司也希望你继续与这些客户保持联系，而不愿意看到其他人接手。这对任何人来说都很困难，尤其是你和他们都合作了2年了。

我当时不在现场，没有什么第一手资料，因此不知道情况为何会变得这么棘手。你怎么想呢？（开始倾听和等待小贺的回答）

③可供选择的行为

- 向S型人提供自己的建议，但是不能要求他们一定优先采用
- 让S型人感觉到很愿意实施他们自己决定采取的措施

解决这个问题有很多方法，你有什么想法吗？（开始倾听和等待小贺的回答）大体上，我们在和客户会面时应当定时地提出问题，然后认真听取对方的反馈。

现在，你可能很想立刻打电话给客户，如果你觉得合适的话，可以询问客户究竟他们的意思是什么。但是这样做的时候一定要非常谨慎，注意不要一开始就解释自己为什么做这个，或者为什么不做那个，等等。尽管你很想告诉客户，但这样做很容易让客户觉得你根本没有听取他们的意见。我相信这绝不是你想要的结果。关于怎么做，你有什么想法吗？（开始倾听和等待小贺的回答）

6.3.2　思考技能：精心思考，提前准备

（1）探索 S 型人如何提供反馈

①反馈场景

如果小翟是一个探索 S 型人，也许他已经计划好了如何向小贺传达反馈意见，但是他们质疑的天性使自己随着见面的临近而充满焦虑。小翟开始担心是否一切会顺利进行，因为不知选择何种方式而痛苦不安，或者开始担忧自己的信息传递能力。

探索 S 型人带着明显的焦虑情绪和对方会面，这种情绪甚至会传染给信息接收者。小翟的这种不安会传染给小贺，小贺因为感受到对方的不安也会越发紧张。

S 型人为了缓和自己的焦虑，往往会精心思考，提前准备，副产品就是一些过分详细的例子。然而面对这种情形，对方要么感到困惑，不太同意这些例子的细节，要么无法明白反馈意见的本质所在。

另外，由于 S 型人喜欢把困难考虑在前面，因此小翟会向小贺强调不去改善客户关系可能带来的恶果。

小翟可能会说："如果关系不能修复，这些客户再也不会使用我们的产品和服务，还可能向竞争对手发表一些负面的评论。"小贺可能因此感到紧张，也可能会讲出一堆理由进行反驳，来证明那些负面的结果都不可能发生。

S型人也会采取完全相反的反馈方式。当意识到自己可能过于关注负面结果时，S型人会矫枉过正，甚至删除一些对自己有益的负面信息。这样一来，对方可能无法理解整个事情，更谈不上采取什么行动。

S型人在给予反馈时，见解往往非常深刻。然而，有些逼真的想象也会欺骗我们，那些见解可能是S型人的焦虑、需要、恐惧、欲望等心理在外部的表现。S型人有时很难对别人的评价和自己内心的感受作出区别。

假设小翟对小贺说："你和客户会面的时间那么短，这是因为你根本不关心他们。"或者说："我觉得你根本不喜欢自己的工作，这也是客户抱怨的原因所在。"上述评价有可能是正确的，也有可能只是小翟在不知不觉中把自己的感受表达了出来，或者小翟也不喜欢这个客户，或者她正在考虑是否换个工作。

在传达反馈意见的时候，最安全的方式就是只针对真实状况就事论事，避免加入自己的个人解释，等解决完关键问题，再和对方继续或解释相关信息。

②反馈建议

探索S型人要记住：在传达了反馈意见后，对方自然会采取措施以取得积极的效果，不要认为只有自己才能解决相关问题。

·事先的计划是必要的，但在讨论之前自己应该保持平静。

·细节很重要，但也要关注大局。

·事先预测结果是有帮助的，但要注意适度，不能只设想到消极的可能性，积极的可能性也是存在的。

·相信自己的见解，但是不要认为自己所有的想法都是正确的，最好把它们只当作一种假设，要从对方那里去寻找和发现真正的答案。

（2）如何向探索S型人传递反馈信息

假设小贺是一个探索S型人，小翟应该如何运用"积极反馈法"向他传递反馈信息呢？对探索S型人要用探讨式。

①可预见的行为

> - 明确，直接，具体
> - 在解决问题方面充满信心
> - 事先提供一些试探性建议，让 S 型人能够预见一些积极的结果

小贺，最近两家客户向公司反映了一些意见，我想和你谈一谈。首先，我觉得没有什么可紧张的，事情是可以顺利解决的。你觉得现在合适吗？（开始倾听和等待小贺的回答）

两家客户（记住这里要说出客户的名字）给公司打来了电话，他们觉得最近和你会面（指出确切的时间）显得过于仓促。你同意吗？（开始倾听和等待小贺的回答）他们可能只是希望会面的时间再长一些，谈话的节奏再慢一些。你对这些会面的感觉是怎么样的呢？（开始倾听和等待小贺的回答）

②行为可能造成的影响

> - 与 S 型人谈话时注入一些感情
> - 不要让 S 型人有"大难临头"的感觉

客户想知道你是否听取了他们的观点。如果因为这个原因，客户决定与别人合作，该是一件多么让人失望的事情（立刻给予安慰），但是请放心，在目前这个阶段这种情况绝对不会发生。我们尊重你的工作，作为公司也希望你继续与这些客户保持联系，而不愿意看到其他人接手。

我当时不在现场，没有什么第一手资料，因此不知道情况为何会变得这么棘手，我肯定你已经有所察觉了。你怎么想呢？（开始倾听和等待小贺的回答）

③可供选择的行为

> - 让 S 型人直接感觉到你的支持
> - 让 S 型人感觉自己的担心是正常的
> - 提供多个建议，让 S 型人有选择的余地
> - 让 S 型人认识到，我们可能需要就这个事情与他们多次探讨

在处理反馈意见这件事情上我会尽全力帮助你的。首先是如何处理问题，你现在有什么想法？（开始倾听和等待小贺的回答）我这里还有一些其他想法。大体上，我们在和客户会面应该定时地提出问题，然后认真听取对方的反馈。

现在，你可能很想立刻打电话，询问客户他们的意思究竟是什么。如果你愿意的话，在给他们打电话之前，我想和你一起再检查一下对话的内容。如果你这样做的话一定要非常谨慎，注意不要一开始就解释自己为什么做这个，或者为什么没有做那个，等等。尽管你这种很想告诉他们的想法非常正确，但这样做很容易让客户觉得你根本没有听取他们的意见。你想怎么做呢？我怎么做可以帮到你呢？对这件事情如果你还有其他想法，我们可以随时再次讨论。（开始倾听和等待小贺的回答）

6.4 准确清晰地反馈

6.4.1 改编技能：崇尚繁琐详细和完美的反馈

（1）完美 C 型人如何提供反馈

①反馈场景

小蔡是一家会计师事务所 IPO 事业部的合伙人兼部门经理，这段时间，小蔡负责的几个 IPO 项目进展得很不顺利，甚至收到了几家客户的投诉。客户抱怨："蔡经理在与我们见面时总是草草结束，太过匆忙，显得很不耐烦，根本

没有认真听取我们的反馈意见和建议。"事务所客户管理委员会指派客户关系总监小谭与小蔡沟通，指出小蔡工作中的失误，并帮助她改进。小谭是一个完美 C 型人。在和小蔡的交流中，小谭的反馈方式和表达过于细致，最终这次谈话在失败中结束。

C 型人作为传递反馈信息的一方，他们所犯的错误不是谈话中提供的信息太少，而是过于烦琐和详细，列举了太多的证据作为谈话的支撑。

小谭一开始就列举众多来自不同客户的意见，就像一个清单，满满的都是确认相关事实的证据。小蔡听到的可能是"这个客户说……""那个客户说……""还有一个客户说……"，或者"所有的反馈意见显示出一个特点，那就是……"。这是因为 C 型人总是会精心准备，然后一股脑地传递太多信息，这往往使对方不堪负荷。

C 型人倾向于指示或者建议别人该做些什么以及不该做些什么。他们的谈话特点是把具体的解决方案和一些特定的词，比如"应该""应当"联结在一起，使对方觉得这不过是另一种方式的批评。

小谭会告诉小蔡："你真的应该告诉客户这些信息，然后你应当……"此时的小蔡已经被客户的负面评价团团包围，这种建议在她听来只不过是更多的指责罢了。

C 型人喜欢真诚的交流方式，希望自己传达的信息准确无误，这对传递有效反馈信息非常有帮助。然而，如果 C 型人讨厌对方或者对要讨论的事情存有负面情绪，那么不管他们怎样努力掩饰，他们这种谴责的、不以为然的态度仍然会表现出来。在上述案例中，小蔡看到的可能就是紧锁眉头、来回摇头以及面部表情严厉的小谭。即使 C 型人用词精准，但也是语气强烈，因此不管他们如何注意自己的口头用词，对方反应更多的只会是一些非语言因素。

②反馈建议

C型人要记住：尽管你会竭尽全力使自己的行为表现得完美，但并不是每个反馈意见的接收者都希望在你的帮助下也变得完美。

· 发挥自己凡事力求详细精确的一面，但需要避免过于关注细节或者对一些小事过于吹毛求疵。

· 保持帮助别人改善工作方式和工作态度的能力，但要尽力避免使用一些明确的或者暗示性的评判词句。

· 保持诚实、坦率的性格，但在传递反馈意见之前，首先要化解自己心中残存的愤怒和不满，这样自己的情绪才不会通过身体语言显露出来。

（2）如何向完美C型人传递反馈信息

假设小蔡是一个完美C型人，小谭应该如何运用"积极反馈法"向他传递反馈信息呢？对完美C型人要用真诚式。

①可预见的行为

- 以诚挚的赞扬开始谈话
- 依照事实，举例来说明细节
- 获得C型人的赞同

小蔡，你工作非常努力，我们真心感激你的尽职尽责，我希望咱们能花些时间谈个事情。现在可以吗？（开始倾听和等待小蔡的回答）

有两家客户（记住这里要说出客户的名字）给我打电话，他们都感觉最近和你会面（指出确切的时间）显得过于仓促。你同意吗？（开始倾听和等待小蔡的回答）。他们具体是这样说的（客观地讲述自己听到的细节内容），你记忆中也是这样吗？（开始倾听和等待小蔡的回答）

②行为可能造成的影响

- 避免向C型人使用暗示或不达意的词语

> •向 C 型人谈论自己的内心感受

客户想知道你是否听取了他们的观点。如果因为这个原因，客户决定与别人合作，该是一件多么不幸的事情。我们尊重你的工作，作为公司也希望你继续与这些客户合作，而不愿意让其他人接手。

我当时不在现场，没有什么第一手资料，因此不知道情况为何会变得这么棘手。对于我说的话你有什么感受吗？（开始倾听和等待小蔡的回答）

③可供选择的行为

> •让 C 型人觉得是他在控制事情的结果

对于这件事情你会用什么办法呢？（开始倾听和等待小蔡的回答，然后把她提供的解决方案与自己的建议结合在一起）一般情况，我们在和客户会面时应该定时地提出问题，然后认真听取对方的反馈。

现在，你可能很想立刻打电话给客户，询问客户他们的意思究竟是什么。如果这样做的话你一定要非常谨慎，注意不要一开始就解释自己为什么做这个，或者为什么不做那个等。尽管你很想告诉客户，但这样做很容易让客户觉得你根本没有听取他们的意见。你想怎么做呢？（开始倾听和等待小蔡的回答）

6.4.2 简化技能：简洁明确，用事实说话

（1）观察 C 型人如何提供反馈

①反馈场景

如果小谭是一个观察 C 型人，准备以客观的、基于事实的态度给小蔡提出反馈意见，他打算在谈话的时候直接切入主题。小谭想：半个小时足够说清楚我的观点了，再举一个具体例子，给她思考的时间，最后我和小蔡可以再约一

个时间讨论一下彼此的意见。

小谭考虑好这些后，决定这样对小蔡说："小蔡，我的意思不是说你的工作做得不好或者你不具备做这项工作的能力，我只是认为你应该花更多的精力在客户关系上，哪怕因此减少做准备工作的时间。如果你需要，我可以提供帮助。有几个客户抱怨说：'蔡经理在与我们见面时总是草草结束，太过匆忙，显得很不耐烦，根本没有认真听取我们的反馈意见和建议。'不如你想一下这个问题，我们这个星期再找个时间仔细地讨论一下，好吗？"结果，小谭和小蔡之间的谈话完全失败了。

小谭的反馈精确、简练、合乎逻辑、理性，但没有给出任何明确的信息，相反地，只是说出自己的一些印象和观点，当时并没有给小蔡留出足够的时间进行辩解，这会让小蔡感到厌烦。而且，小谭列举的那个具体的例子，小蔡并不赞同，也没有得到她正面的反应。

另外，C型人还可能采用完全相反的反馈方式。因为喜欢用事实说话，他们也会在传递反馈意见之前过度准备，收集很多资料，提供足够多的信息。小谭可能会花时间和小蔡讨论客户关系的方方面面，然而这会偏离主题，小蔡可能只听取了不过十分之一的内容。

小谭的一番话暗示了小蔡做了一些错事，比如"抱怨说你的见面总是草草结束""你应该花更多的精力在客户关系上"。但在小蔡看来，"抱怨"隐含着"错误"的意识，"应该"则暗示着自己做了一些错事。

小谭认为自己一开始就表明："我的意思不是说……也不是说你没能力……"，这也是一种表扬，只不过这种拐弯抹角的赞扬是把积极的内容以否认的方式表达出来。小蔡同样也怀疑小谭表达"我只是认为你应该……"时的诚意，在小蔡看来，这就像是一个否认说明。很多引导词的使用，比如"只是""但是"，其中隐藏的含义就是否定前面所说的内容。

C型人往往专注于事实，而且倾向于把事实和情绪分离开，所以小谭才建议稍后再找个时间进行讨论。这是因为C型人在回应对方意见之前需要时间调整一下自己的感觉。C型人的身体语言也显示了他们只愿意针对事实，不希望讨论感情的内心想法。C型人的一些身体语言，比如微笑、深呼吸、直接的眼神接触，都代表着他们乐意与他人进行感情交流。然而，C型人看起来却面容紧张、呼吸急促，在别人渴望情感交流时把眼睛从对方身上移开，潜在的暗示就是："告诉我你的想法，但是不要告诉我你当时的感受。"

然而小蔡却很愤怒，她认为把谈话分两次进行只是小谭单方面的决定，自己不但没有办法表达当时的感受，反而有被操控的感觉。

②反馈建议

C型人要记住：人们也许并不喜欢明确的、合乎逻辑的反馈方式，而更倾向于完整的想法和感受的相互交流。

·保持自己的精确性，但是不要过于简练，否则对方可能无法理解你所说的内容。

·继续认真思考自己的反馈方式，但是不要给接收者提供过多的信息。

·明确自己任务的同时也要与他人进行情感交流。

（2）如何向观察C型人传递反馈信息

假设小蔡是一个观察C型人，小谭应该如何运用"积极反馈法"向她传递反馈信息呢？对观察C型人要用精确式。

①可预见的行为

> ·清楚地约定会面时间
> ·观点明确，忠于事实
> ·给C型人时间考虑你所说的内容

小蔡，我们现在讨论一些关于客户的反馈意见的问题，你有时间吗？这次会面持续45分钟，你没问题吧？（开始倾听和等待小蔡的回答）

在过去两周里，有两家客户（记住这里要说出客户的名字）给我打电话，他们都感觉最近和你会面（指出确切的时间）显得过于仓促。你同意吗？（开始倾听和等待小蔡的回答）他们说没有从你那儿得到所需要的信息，觉得会面的时间太短了。关于这个问题你是怎么想的？（开始倾听和等待小

蔡的回答）

②行为可能造成的影响

- 向C型人详细说明将要讨论的问题
- 思路清晰
- 讨论想法，只让C型人一个人提及感受

让我们谈一下你的行为所造成的潜在影响。客户想知道你是否听取了他们的观点。如果因为这个原因，客户决定与别人合作，该是一件多么可惜的事情。我们尊重你的工作，作为公司也希望你继续与这些客户合作，我们不愿意让其他人接手。

我当时不在现场，没有什么第一手资料，因此不知道情况为何会变得这么棘手。然而客户就是这么想的。你怎么想呢？（开始倾听和等待小蔡的回答）

③可供选择的行为

- 如果C型人觉得有必要，就给他一些时间独自思考一下自己的想法和感受
- 解释一下隐含在建议方案背后的动机，以获取C型人的理解

你愿意现在讨论解决办法，还是更希望本周稍后我们再找个时间呢？（开始倾听和等待小蔡的回答，如果她愿意稍后讨论，就跟她约个时间。如果她愿意现在解决，就继续谈话）你觉得采取什么方法可以奏效？（开始倾听和等待小蔡的回答，确认她的意见对于推动整个计划是否切实可行。如果不是，向她解释原因，然后继续谈话）这里有一些别的意见。大体上，我们在和客户会面时应该定时地提出问题，然后认真听取对方的反馈。

现在，你可能很想立刻打电话给客户，询问客户他们的意思究竟是什么。这样做的话，客户可以了解到你同样也关心这个事情，会觉得自己的反馈意见

111

对你还是有帮助的。但是这样做的时候一定要非常谨慎,注意不要一开始就解释自己为什么做这个,或者为什么不做那个等。尽管你很想告诉客户,但这样做很容易让客户觉得你根本没有听取他们的意见。这不是我们想要的结果。你想怎么做呢?(开始倾听和等待小蔡的回答)

第7章 因人而异的情绪管理模式-DISC四型人的8种情绪管理技能

在企业中，冲突是给人带来巨大压力的因素之一。人与人之间之所以会产生冲突，原因多种多样，非常复杂，资源、战略、决策、目标、绩效、薪酬、文化、权力、领导方式、沟通方式、工作习惯、相互接纳、个性等，这些都可以引发冲突。如果不能有效解决冲突，不但会伤害个体，还会影响个体所在组织的良性发展。尤其在以生产和利润为主导的企业，冲突给个人和企业带来的影响更加巨大。

尽管绝大多数人都不喜欢冲突，但是冲突却是一种客观的存在，仍然是我们生活的一部分，当然也是企业生活的一部分。我们可以逃避冲突，也可以正面迎击冲突，但最好的选择是在事前预防冲突，或者在冲突发生时采取措施降低冲突的蔓延，以及采取办法积极有效地解决冲突。DISC"冲突管理"的内容就是针对每种性格类型介绍上述三个方面的知识和技巧。

（一）应对冲突的方式

当发生冲突时，我们通常会有三种选择：悲观的、中立的和乐观的。

悲观的选择。将冲突看作一场斗争，最终一定要分出胜负。在我们的心中，冲突虽然是狂暴的、不可预料的、强烈的，但终有结束的时候。

中立的选择。将人际关系看成一座不相连的桥梁，暗示着冲突起因于相互之间关系的突然断裂或严重破坏，但通过努力，可能得到一定程度的修复。当然也有人会同时选择悲观和乐观的信念，这意味着我们将冲突看作是情绪的混合体验，包含困难的同时也有积极的可能性。

乐观的选择。将人际关系看成两个握手的人，说明只要双方敞开心扉讨论各自的差异，就能有效解决冲突。选择乐观信念的人，还会将人际关系比喻为明亮的太阳，这代表我们已经从冲突的压力中看到了一些希望。

在现实中，尤其是在各种组织中，绝大多数人都会选择最悲观的信念，将冲突看成一场拳击比赛或暴风雨。原因有两个：第一，冲突往往会诱发强烈的情绪，比如愤怒、恐惧、悲伤等，在绝大多数人眼中，这些情绪都是悲观的，需要尽力避免；第二，很少有人知道如何有效地处理各自之间的差异，从各自的性格差异方面看待和解决冲突。因此关于冲突的现实体验往往都是负面的。

（二）愤怒触发器

人们共处时，某些情况总是会激怒我们，比如撒谎、欺骗、轻视、挖苦和竞争等，这时，人们在这些场景下的反应会呈现出巨大的差异，原因就是各自的性格特征大相径庭。每种性格类型都有自己特定的"愤怒触发器"，即某种工作场景必然会使某一性格类型感到愤怒，但对另一种类型却毫无作用。

通过对DISC"冲突管理"的学习，笔者为读者描述并解释了每种类型所特有的冲突场景，这可以帮助陷入"冲突困惑"的员工回答一个最常被问到的问题：面对同事生气的时候，很多人都会疑惑"感觉这个事情没什么呀，为什么对方这么愤怒？"

企业就是一个微缩的"人类社会"，员工在一起工作，难免会发生一些小分歧，一名员工的行为可能会违背另一名员工的预想，由于事前员工们并不会一起讨论什么才是自己预想的行为，所以冲突引发者根本没有意识到自己的行为是令人愤怒的。当这些令人不快的行为发生时，被冒犯的一方感觉同事触动了自己的"愤怒触发器"，或者说自己被"触怒"了。"触怒"这个词原本是指胃部缠绕似的疼痛，或者头部的撞击、身体的剧痛；这里的"触怒"是指伴随着愤怒、受伤、不安、沮丧或者恐惧的感受，内心发出的"你不应该这样对我"的声音。

当员工在工作中被触怒时，绝大多数员工都不会直接向同事抱怨什么。他们希望同事的行为只不过是一次无意识的冒犯；或者认为直接说出自己的不开心只能使情况变得更糟；或者担心直言不讳可能会酿成冲突，也可能会伤害同事，或者两者都可能发生。这时，心中的不快开始不断积累和恶化，最终一定会演变为一场冲突，或者一次伤害双方、影响工作的危机。

当冲突爆发时，双方的情绪会更加激昂，负面的感觉接二连三地不断涌现：敏感、怀疑、委屈、不安、嫉妒、暴怒等，对积怨讨个说法、一定要划分出对错的危险情绪更是呈几何级地上升。这种情况下往往会出现如下结果：或者双方发生争吵，或者一方躲避另一方，或者两种情况同时发生。一般情况下，一个人被触怒三次后才会爆发；但是有时仅仅两次甚至一次后，愤怒就表现出来了，我们会在稍后详细介绍。

其实，冲突的积累和爆发为双方提供了一个绝佳的自我发展的机会；事实上，从开始被激怒到最终爆发的过程，不但可以反映我们所处的环境以及冲突双方的工作特点，而且会更多地暴露出我们的个性。

（三）如何控制自己的愤怒

在工作中，我们可以利用冲突的积累和爆发这个过程来开启自我发展的大门，控制自己的情绪，具体包括四个方法。

第一个方法是预先告知：在双方的工作或合作关系确立后，双方应该先停一停，找个时间深入沟通一次，具体谈一下彼此之间形成的关系，以及各自的工作风格，同时双方也可以强调一下哪些行为可能会触怒彼此。

第二个方法是即时反馈：在合作关系开始后，如果意识到自己被对方触怒时千万不要逃避，应该立刻告诉对方自己当前的感受。要注意，在向对方反馈时不要带太多的个人情绪；不能让怒火无限制地积累。然后才向对方摊牌。在本书"反馈方式"部分，"积极反馈法"可以帮助员工传递相关的反馈意见：包括哪种行为触怒了自己，这种行为造成的影响以及自己认为合适的行为等。另外在"反馈方式"部分，给予反馈时如何控制自己的性格类型，以及如何向不同性格类型的人传递反馈信息，在反馈触怒信息时也很有用处。

第三个方法是及时释放：对触怒者来说，当意识到自己的行为已经显露出愤怒情绪时，可以进行一些身体上的锻炼，比如健身、游泳、跑步和旅游等，以释放不良情绪。因为，当我们感到愤怒时，往往会变得紧张、肌肉紧绷，还可能出现胃部、肝部的不适反应，这些都是情绪的变化造成的生理反射。进行一些身体上的活动，可以打破这些不良的生理循环，从一个新的、更有建设性的视角重新看待那些触怒自己的行为。

第四个方法是自我反省：当我们在工作中被触怒的时候，可以试着问自己下面的问题："我对所处环境或者对方行为的反应是否说明了自己在性格方面存在一些问题""自己需要在哪些方面做出改善""如何处理自己的情绪才能塑造最佳的自我？"

毫无疑问，自我反省是理解和处理自己愤怒情绪的有效方法，只要我们保持一种宽和的心态，扪心自问："对这个事情，我刚刚的反应是否太过强烈、消极？我的工作方式是否出了问题？面对这次不快的体验，我如何才能表现出客观的态度？"这些反省包括我们内心对事情的解读，我们在工作中特有的情绪响应，以及我们当时的举止行为。

通过案例，笔者会在DISC"冲突管理"部分介绍四种类型的人在工作中如何显著地改善自己应对冲突的能力，以避免人与人之间冲突的进一步恶化；同时，还会介绍如何根据对方的性格特征调整自己应对冲突的心态；最后介绍一些解决冲突的方法。

7.1 直面冲突，主动消解纠纷

7.1.1 促进技能：时不我待，快速解决冲突

小昭和小张是一家咨询公司的合伙人，同属公司能源行业咨询部，小昭恰恰是一个倾向权威、支配、掌控的D型人。小张和小昭虽然是同事，然而她们之间的不和已经持续很长时间了。尽管两人从未一起讨论过彼此之间的矛盾和冲突，但都根据自己的看法对其他同事讲述这件事情的不同版本。她们之间的积怨是如何形成的呢？这还要从五年前说起。

5年前，小昭已经是这家咨询公司的合伙人了，小张也来应聘合伙人的职位。在进行了初次面试后，公司对小张的印象很好，希望进一步沟通，公司管理委员会将这个任务交给了小昭。有一天，小张的秘书告诉她，小昭认识公司的一位合伙人Q，为了了解小张的业绩，便给Q合伙人偷偷打了电话。

在咨询领域，泄露一位员工，尤其是掌握客户资源的合伙人正在应聘新工作的消息属于违反职业操守的行为。因为这样做，原公司由于害怕打算离职的员工把公司的客户带走，往往不会再分给他们新的客户。而且一旦应聘不成，继续留在原公司，很有可能受到排挤。

复试的当天，小张所在公司的每个人都知道了这个消息，这简直让小张怒不可遏。小张立刻让应聘公司把自己的名字从候选人名单中去掉，并清楚地说明了事情的原委。

在这个案例中，我们要重点讲述和分析小昭对这件事情的反应，看看对抗性D型人的冲突模式。事实上，小昭对整个事件的发生也非常生气。5年过去了，因为一次重大的并购活动，小昭和小张同时成了新咨询集团的高级合伙人。

（1）容易触怒权威D型人的场景

- 不讲道义
- 不直接处理问题
- 对方不为自己的行为负责，毫无做人的底线
- 没有防备地被人伤害
- 对D型人缺乏事实的评价

在其他同事看来，很容易得出小昭生气的结论：小昭之所以生气，是因为那个秘密电话成了尽人皆知的消息。然而，根据小昭的版本，她根本就没有打过这个电话。如果把小昭的版本也考虑进去，似乎小昭的愤怒来自遭人误解，因为一些莫须有的违反职业操守的行为被人谴责，严重影响了小昭在公司甚至咨询行业的信任度。事实上，让小昭在意的不仅是这个错误的指控，还有一些其他因素也让她感到不快。

事后，小昭的几个同事告诉她，这个子虚乌有的电话是从公司一些爱搬弄是非的人那里传出来的。当初小张打电话给公司要求取消复试，但是公司却从来没有和小昭谈起过这件事。自从小张进入公司，也从未在小昭面前表达自己的愤怒或者谴责她的行为。所有这一切信息都是另外一个高级合伙人H告诉小昭的。在她们的交谈中，H合伙人批评了小昭的所有行为。这些不同版本的信息让小昭怒火中烧，她恼怒公司竟然没有一个管理人员有勇气直接面对她核实相关的情况，反而任凭流言蜚语在公司传播，只听信一面之词。

小昭也厌恶那些不敢为自己的言行承担责任的人。她知道肯定有人向小张的原公司泄露了秘密，但绝不是自己。小昭不停地思索，那个泄露秘密的人是不是从其他渠道得到了相关信息，却嫁祸到自己头上？他针对的是我还是小张？是不是小张自己不小心告诉了别人正在应聘的消息，却把这一切赖到我头上？在小昭看来，那个真正的泄密者正躲在暗处，高兴地看着自己背黑锅的样子呢！

小昭还觉得自己在没有任何防备的情况下被伤害了。公司绝大多数合伙人都在几天前就知晓了整个事情，却没有人告诉自己一声。小昭被这种无聊的"办公室政治"深深地伤害了，这些同事可能知道事情真相，他们要么选择对公司保持忠诚，要么担心受到公司的责难，却没有一个人考虑与自己共事的友谊。

D型人虽然很坚强，但也厌恶突然的惊吓，他们喜欢一切情况都控制在自己手中，极度依赖那些自己一直都很信任的朋友。但是现在，小昭深刻体会到了自己的脆弱和孤立无援。

另外，D型人非常关注自己的形象和在行业中的地位，但是现在，小昭一想到事实永远得不到澄清，自己一直要背负这个骂名，简直就要发狂。因为这个事件的主角分属两家不同的公司，彻底解决问题的可能性简直微乎其微。小昭一想到自己所受的误解可能永远也得不到昭雪，她的愤怒和痛苦感就会越来越强烈。

（2）权威D型人被触怒后的反应

- 触发的怒火驱使他必须采取行动
- 快速地分拣和整理相关信息与感受
- 如果可能，尽量避免脆弱或者失控的情绪
- 可能会全面退避
- 从自己信任和尊重的人那里获取支持与建议
- 不理会那些自己蔑视和不被尊重的人

D型人被激怒后，往往会本能地快速地做出反应。他们身体里的负面感受绝不仅是胃部的阵痛或不适，而是发自内心的愤懑，好像澎湃的怒火从腹部升腾，不断燃烧和加强，最终一定会通过语言、行为或者语言加行为的举动爆发出来。

在刚刚了解到同事对自己的误解时，小昭非常惊愕，随后的指责简直让她目瞪口呆，不知所措。在分拣和整理出事件的发展经过后，小昭的怒火开始上升。

小昭原本想去公司老板的办公室，和他谈谈这些错误的指责给自己带来的感受。然而在即将踏入老板办公室的那一刻，另外一位高级合伙人H却走进了小昭的办公室。他不是来调查事情真相的，而是来批评、谴责小昭的行为的。面对这一切，小昭似乎明白了，为什么在事件发生的第一时间，老板和同事都没有告知自己，原因再清楚不过了，因为在他们心中已经认定自己犯了严重错误。小昭感觉自己置身于一个令人窒息的盒子里，举目望去没有任何补救的路径。

在一个充满压力和窒息的环境里，绝大多数人都喜欢掌握主动权，能控制事态的发展，保护自己免遭负面环境的伤害。而对D型人来说，控制整个形势是他们性格特征的基本要求。小昭心烦意乱，她认为自己失去了主动权，不能控制事态的发展，自己成了被人愚弄、嘲笑和指责的对象，瞬间变得脆弱无助。

D型人通常会避免在别人面前表现自己的软弱，尤其在面对压力时。这时，他们往往会选择退避。减少和同事的交流；投入到工作中；或者关上办公室的门，找个理由离开办公室等。小昭的行为表现便是如此。

小昭和公司里极少数自己信任的同事讲了自己的愤怒、怀疑、不安和焦虑。通过这些对话，小昭说出了整个事件发生的经过，表达了自己所受的伤害和痛苦，并希望得到同事的帮助和建议。通常情况下，D型人对自己很有信心，只会听取自己的意见，但在不确定相关情况或想不出可行方案时，他们也会从自己信任和尊重的人那里去找答案。朋友们都尽力为小昭提供帮助和给予意见，然而他们也十分困惑，不知道哪些方法对小昭来说是切实可行的。

小昭当然不再信任或尊重自己的老板、那个指责自己的高级合伙人H、小张以及公司里其他竞争对手。事实上，小昭在和其他人讨论这件事情时，已经下定了决心："自己再也不理会这些人了。"

（3）如何缓解与权威D型人的冲突

- 直爽
- 诚实
- 倾听D型人强烈的内心感受
- 不要表现出软弱或者不确定
- 不要使用那些让D型人误认为是批评和指责的词语
- 与D型人一起挖掘事情真相
- 为D型人提供在公开场合表达感受的机会
- 让D型人看到还原事情真相的希望

D型人在非常愤怒的情况下，即使已经竭尽全力压抑自己的情绪，怒火仍然可能在不经意间，毫无征兆地爆发出来。

小昭的对手，包括自己的老板、指责自己的高级合伙人H、小张以及公司中其他竞争对手，在这个事件发生后都没有试图与小昭进行正面交流。然而，即使他们与小昭沟通，也得不到小昭任何积极、肯定的回应。

由于小昭不愿主动和他们面对面交流，因此他们只能不经预约直接走进小昭的办公室。这时，小昭可能做出如下几种反应：冷淡的沉默，要求对方立刻离开自己的办公室，或者坦诚地爆发出心中的怒火。如果公司那些既不是朋友也不是对手的同事在这个时候接近小昭，很难预料她会作何反应。小昭可能会表现得非常冷淡和退避，但在极度烦躁和沮丧的情况下，她也有可能把这些同事当作表达不满的传声筒，通过他们发泄和传递自己的感受。然而，整个公司除了小昭那几个亲密朋友外，估计谁也不会主动接近小昭。事实上，那些同事都在躲避小昭，深怕引起一些负面评价，被上层领导误认为他们在搞同盟。

小昭的老板以及高级合伙人H都错失了一次可以避免冲突升级的好机会，作为公司的高级管理人员，他们本该在事情发生后的第一时间和小昭开诚布公地交流，告诉她自己听到的情况，然后以豁达和客观的态度听取小昭的解释。

我们在试图与D型人进行对话的时候，应该遵循四个基本原则：直率，诚实，认真聆听D型人的感受，不要表现出软弱或者不确定性。D型人通常非常诚实、直率，他们希望别人也和自己一样。

掌握了这些原则，老板和其他同事在听取了小昭所讲的事情版本后，可以直截了当地发表评论、提出问题，比如，"你现在肯定非常生气！我能理解你的感受。现在咱们可以坐下来讨论这件事吗？"

如果小昭想要继续讨论这个问题，对方一定要抓住机会，认真对待这次谈话，以百分之百的精力与小昭展开交流，同时在回应时也要做到开诚布公，诚挚和热情。D型人在被压力环绕的时候，会比平常更敏感于谈话者的坦白和诚实。这个时候，他们身上像装了一台感应器，可以本能地、准确无误地感应到对方的回应是否真的坦白和诚实。

如果小昭在谈话中询问："你觉得我会做这样的事吗？"为了使沟通继续，对方必须完全忠实于自己的内心回答这个问题，哪怕自己的答案是"是的"或者"我不知道"。尽管这两种答案都可能惹恼小昭，但最起码她会尊重对方的坦白和诚实。

一旦D型人开始自由表达心中的感受和不满，最好不要打断他们，应该让D型人完全发泄心中的不满和愤怒。这样做不但能让D型人感觉舒服一点，逐渐关闭防御机制，还能让他们变得有包容心，能够听取对方的解释，考虑别人的观点，使谈话继续下去，从而让D型人决定下一步行动计划。

指责小昭的合伙人H在和她交流时，没有表现出豁达的心胸，先入为主，一开始便戴着有色眼镜看待这件事情；而小昭的老板甚至根本没有和她讨论这件事，尽管小昭不知道为什么。他们两人之所以会这样做，是因为畏惧小昭平时表现出来的强有力的性格，主观地认为小昭的第一反应一定是大发雷霆。如果小昭真的在谈话中威胁对方，这种交流就会变成一场不愉快的冲突。

我们要记住，在试图接近D型人时，千万不要表现出软弱和不确定性。如果对方很容易被吓到、缺乏勇气或者表现脆弱，D型人往往会用嘲弄的态度对待他们。

尽管很多人都认为D型人非常享受冲突过程带来的感觉，但事实上，他们只不过是喜欢发掘事情的真相。虽然双方之间真正的对决会让D型人激动不已，发泄出压抑的怒火也会让D型人轻松不少。然而一旦完全表达了自己的愤怒，还原了事情的真相，D型人内心也会产生一种负疚感和深深的歉意。

当冲突直接指向D型人时，尤其是在他们被错误地谴责、缺乏控制权或者感觉脆弱的时候，情况又会完全不同。这时，D型人发现自己很难表达出自己的看法和感受。

小昭当时就是这样，她需要公司和同事的支持和理解，尤其需要自己的老板和公司高级管理人员摆正姿态。如果他们能够听取小昭的申辩，完全可以提议召开一次沟通会议，邀请事件的各方参加，与小昭一起梳理、分析和还原事情的真相。当然，如果这时小张已经成为公司的合伙人，也应该参加，这样可以将误解和不满消灭在萌芽状态，彻底化解这次冲突危机。

即使这次事件的各方当事人不可能同时参加这个会议，小昭也会觉得舒服很多，起码还有人留有勇气和正义感，愿意揭开事情的真相。这样，小昭也找到了一条挣脱绝望和逃离窒息的路径。因为，事情已经被摆到桌面上解决了，冲突的各方有面对面解释的机会，事情的真相有被还原的可能，或许有人会站出来承认自己所做的一切。小昭看到了希望，因为这是D型人最期待的事情。

（4）权威 D 型人如何控制自己的愤怒

①预先告知

在双方的工作或合作关系确立后，强调一下哪些行为可能会触怒自己。一旦 D 型人了解了讨论这个话题所能带来的好处，他们就会愿意以一种自然、真诚的态度和对方交流。D 型人可能会说："让我们谈一下在合作过程中有哪些行为会让我们感到困扰？"或者说："在合作中，总有一些事情让我们感到困扰，我先谈谈这方面的情况。"

D 型人在介绍哪些行为可能会触怒自己时，应该注意下面的问题：很多 D 型人厌恶的行为都包含道德方面的原因，不公平、不坦白、不诚实或者不愿意承担责任等。在合作关系刚刚确立的时候分享这些事情，D 型人最好举一些具体的例子，而不是泛泛地谈一下道德观或者价值观的问题。因为对方或许认可你的价值观，但是每个人对同一个价值观可能会有完全不同的理解。因此，D 型人在和对方讨论一些可能困扰自己的行为时，一定要花时间具体说明，让彼此之间的交流达到一定的深度。

②即时反馈

D 型人一定要提醒自己在愤怒刚刚发生时就要即时反馈，及时解决，不要以为事情很小，就放任不管。事实上，所有的愤怒都不是小事情，分享彼此的感受不仅可以让双方学会如何进行有效的沟通，同时还能增加未来双方抗击冲突的能力，防止冲突的升级和扩大。随着沟通和反馈技巧的纯熟，对话过程会更加清晰、有效，双方也都愿意为最终积极的合作付出努力。

另外，D 型人一定不要持续积累不满。通常情况下，D 型人在表达自己积累的愤怒时都会给对方带来巨大的压力，如果这些愤怒再与 D 型人身上具有的威严、强硬和控制欲相结合，那么带给对方的压力就会翻倍。

③及时释放

体育运动可以有效减轻 D 型人心中压抑的不断增强的愤怒感。爬山、慢跑等有氧运动不仅可以帮助 D 型人保持旺盛的精力，同时也给他们过多的能量提供了一条宣泄的途径。另外，D 型人在生气时，往往会变得无精打采，而体育

123

运动可以让他们充电，让 D 型人重新动起来。

④自我反省

很多 D 型人都希望加深对自身的理解，因此长时间的认真思索和思维"复盘"可以给他们带来很多有用的信息。"我对所处环境或者同事行为的反应，是否说明自身存在的一些问题？自己在哪些方面需要改善？如何处理自己的情绪才能塑造最佳的自我？"对这些问题的思考和反省能让 D 型人注意到自己最令人忧虑的特征：深层的、通常是刻意隐藏的、易受攻击的、脆弱的个性。

另外，D 型人还需要考虑一个重要问题：为什么别人总是畏惧自己？很多 D 型人困惑自己根本没有表现出威胁的态度，最起码没有有意表现过，为什么对方还像是受到了恐吓？面对这种情况，D 型人首先应该和一些自己尊敬的人谈一下，询问他们："我曾经以什么方式让你觉得受到恐吓了吗？"答案往往会让 D 型人大吃一惊，但却很有启发。然后，扪心自问，复盘自己的行为："我曾经有意试图威胁过某人吗？在工作中，我是否为了坚持自己的观点而粗暴地驳斥过同事的意见？在同事还没有说完的情况下就不耐烦地打断他们，让自己的意见占据上风？"为了正确地了解自己，在回答上面所有问题时，D 型人必须保持绝对客观和诚实。

7.1.2　想象技能：通过想象美好的事情缓解痛苦

李女士是一家医疗器械公司大客户管理二部的客户经理，一个温和、活泼、健谈的 D 型人。她耐着性子开完了一个持续了一整天的部门会议，基本上没有发言。在会议中，李经理努力想使自己表现得很感兴趣、很投入，但刚刚过了 15 分钟，她就不耐烦了，心想："这里坐着十位客户经理，十二位客户主管，却没有任何事情发生。他们在开发新客户方面没有任何进展，总是在不断重复相同的对话，却没有通过任何决议。"有几次，李经理发表了自己的看法，但其他人的反应不但不积极，他们反而对她的看法不屑一顾。

随着会议的进行，同事们逐渐注意到了李经理相比平时显得比较沉默，但他们以为这是工作疲惫或生病的缘故。在下午会议休息之余，几位同事过来随意地与李经理攀谈："你还好吗？你今天讲话很少，是生病了吗？"

李经理对每位同事的回答都是一样的："我还好，谢谢。"她期盼着周末的到来，准备带家人一起去登山，释放一下愤怒的情绪。

（1）容易触怒温和 D 型人的场景

> - 沉闷乏味，没有挑战，太过平常的工作或任务
> - 别人的轻视、忽略和不严肃的对待
> - 失去焦点位置
> - 不公平的批评
> - 自己的努力没有取得效果

李经理是一个温和的 D 型人，无论是在工作中，或是参加团队活动，她平时都表现得热情、大方、健谈，总是成为同事注目的焦点。她喜欢具有激情和挑战性的工作，越是困难的任务越能激发她的工作动力。现在整个部门在客户开发方面毫无进展，基本上都在按部就班地维护老客户，李经理当然感觉不好。事实上，最近她非常焦虑、烦躁和不安，已经准备向公司提出申请，想调到客户 3 部工作，如果公司否定了她的申请，她决心离开公司。在整个会议中，李经理都觉得很无聊和沮丧，在她看来，这些好似没有尽头的重复话题，不知谈过多少遍了，实在没有必要再老调重弹。

会后，李经理和关系比较近的 M 同事交流了自己的感受。M 是一位谨慎者（C 型），一个喜欢流程性工作的人，善于团队合作，她对目前的工作状态比较满意。M 对李经理解释说："会议的目的是确保每位客户经理都能了解所有相关信息，这样大家才能达成共识。"李经理立刻反驳了 M 的观点："部门的好几位同事，包括我自己，都已经很清楚相关的信息了，我们为什么还要浪费宝贵的时间呢？"

在面对过于寻常、重复的任务时，D 型人往往会变得沮丧，非常不耐烦。事实上，李经理已经很满意自己能够坚持听完整个会议而没有找理由提前离开的状态了。

在会议上，李经理希望部门能有所改变，还是忍不住提出了自己的看法，但几乎没有人积极响应，这让她感到非常愤怒。从头至尾没有人评价："建议不错，我觉得可以这样做"，就连一句"你的想法启发了我，值得研究"这样的评价都没有。实际上，讨论看起来很快又回到了原来的轨道上，缓慢、单调、扯皮、推诿，重复地述说着如何在一起工作。

另外，整个会议室里的沉闷气氛也让李经理感到窒息和不舒服。一般情况下，她都能给自己参加的团队带来活力和能力，成为"团队明星"，然而现在好像自己所有的努力都没有带来任何效果。没有人肯定自己的想法，这让李经理非常愤怒，感到心烦意乱。

事实上，如果别人对 D 型人毫不理会或者不太重视，他们开始往往觉得很受伤害，然后变得愤怒起来。这些积累的不快和沮丧，加上不得不强迫自己留在这个极度压抑和烦闷的会场，让李经理的愤怒最终爆发。

最后，当别人询问自己为什么表现得这么沉默时，李经理心想："这还用问吗？"在她看来，同事并不是关心自己的健康，而是对自己行为的一种婉转的批评。他们的潜台词好像在说："你为什么不能做些贡献？"在那一刻，李经理感到自己要暴跳如雷。

（2）温和 D 型人被触怒后的反应

- 通过想象一些美好的事情来逃避痛苦
- 为自己的行为自圆其说
- 批评或谴责对方
- 可能采取玩世不恭的态度，淡化现实对自己的影响

D 型人在愤怒时，往往反应迅速。尽管李经理在整个会议过程中独自一人坐在那儿生闷气，但是她的沉默也暗示着有些事情不太对劲。在沉默时，愤怒的 D 型人内心世界是极不平静的，如同巨浪翻滚，涛声不断；这时他们往往思

绪飞驰，整个大脑就像一架放映机，一个想法接着一个想法，对事情的发生做出一个又一个假设，设想出一个又一个反击的办法。

一般情况下，D型人都会尽量与痛苦保持距离，尤其是温和D型人，他们觉得自己每天都应该快乐，不要让沮丧侵袭自己的大脑。在D型人察觉到自己开始焦虑、不安和忧虑时，他们往往会开始想象一些积极、有趣的事情：下一次旅行去哪里，或者应该给谁打个电话来做成下一笔生意。

然而，D型人真正感到痛苦和惊恐的时候，往往不会再逃避到让人愉悦、感到刺激的想象中去，而是倾向于思索一些防御和反击的策略。D型人敏锐的头脑一旦开始思考就会高速运转：分析形势，对发生的事情和参与的人得出自己的结论，然后决定下一步的行动以及具体实施计划。

尽管李经理最初努力将注意力集中在自己的想法和计划上，但她很快就感到厌倦了。她开始猜测别的同事怎么能忍受这个单调乏味的会谈，然后得出自己的结论：这些客户经理都没有自己经验丰富、精明能干。而事实上，部门中的几位客户经理都拥有比她丰富的工作经验。这反映了李经理内心的一种自我解释过程：自己的反应是正确的，别人的都是错误的。

D型人在焦虑的状态下往往会寻找一个自我满意但实际上错误的理由为自己的行为进行辩护。

随着会议的进行，李经理的反应越来越消极。在觉得自己被整个部门忽视的情况下，李经理心想："这是一个多么缺乏想象力、无趣的团队。如果只能谈论这些问题，他们怎么可能成为一个好的客户经理呢？他们怎么就想不出一个有创造力、有智慧的点子呢？"

当越来越烦躁时，为自己的行为自圆其说也不能缓解焦虑时，D型人开始变得吹毛求疵，转而批评他人。

一旦觉得别人不公平地指责了自己在会议中的表现，李经理就会从批评转变为谴责。她开始质疑同事的潜在动机："他们是想获得我的客户名单，抢夺我的客户资源。"在李经理看来，这些团队成员都不值得信任，因此会议结束不久，李经理开始慢慢疏远这些同事，包括与她关系很近的M。对李经理而言，与他们保持距离才能缓解自己愤怒的情绪。"眼不见心不烦，还是相信自己为好"，李经理立刻切断了与团队的紧密联系。

（3）如何缓解与温和D型人的冲突

- 首次交流的提议不要打扰D型人
- 询问一些非评判性的、自由回答的问题
- 让D型人充分表达自己的感受
- 引导D型人讲出自己的推理过程
- 和D型人分享自己对他们感受的理解
- 认可D型人的感受
- 真诚、直率，不要对D型人采取批评的态度

D型人在生气时，会很难同意和对方进行交流。这时我们可以采取一种低调的、非对抗的方法接近D型人。比如，"你觉得这次会议怎么样？"或者"你对这次会议的感觉是什么？"如果D型人回应："一切都还好"，这就等于告诉对方："对话结束了，不要再问了。"然而，有些个人的见解确实可以鼓励D型人分享更多自己的感受，比如，试着对D型人说："我觉得我们在一些问题上浪费了太多时间。"

在D型人开始分享自己对有关事情的看法时，我们可以通过一系列非评价性的、自由回答的问题来了解D型人的推理过程。比如，D型人开始解释自己的看法时，他们对很多观点都进行了合理化处理，这时我们可以继续询问："你能帮我进一步理解这个问题吗？"D型人在讲述了自己的感受后，只要对方不进行直接反驳，他们通常能够耐心地听取对方的想法。有些措辞对D型人效果非常好，比如，可以说："你的观点很有意思，但我的想法略有不同。"

如果D型人开始批评和谴责他人，这时劝阻他们放弃自己的看法和结论就

需要技巧和坚持。最好的策略是首先承认我们已经了解到 D 型人的愤怒，然后真诚地提出进行交流的要求。比如，我们可以这样建议："我能感到你非常愤怒了，但我并不完全理解其中的缘由。你我之间的关系对我来说非常重要，我迫切和真诚地希望能和你谈一谈。"

笔者前面已经介绍过，一旦 D 型人开始述说自己的感受，我们就要鼓励他们充分表达自己的看法，下面的方法就是向 D 型人表明我们能够理解他们想法，并感受到他们想法的强度和重要性。我们可以这样说："这肯定让你非常痛苦，我能理解你有多么愤怒和烦躁。"这些反馈往往可以让 D 型人感到安慰，愿意分享的信息也会更多；也可以达到缓解紧张气氛的效果，使 D 型人在稍后面对我们的意见时，包容能力也会更强。

如果不同意 D 型人的批评意见或解释，我们仍然需要这样措辞："因为你的经历是这样的，因此我完全理解你做出这个结论的原因。"采取真诚、直率、认可对方观点的方法可以很好地处理 D 型人感性的一面，这样才有可能找到统一的频率，就双方的分歧达成一致的解决方案。

（4）温和 D 型人如何控制自己的愤怒

①预先告知

在工作关系确立的最开始，D 型人首先需要做的是抽出时间与合作方深谈一次，告诉对方哪些行为可能会困扰和触怒自己。在冲突发生之前就谈论彼此对合作关系的期望听起来像是在浪费时间，但这些努力绝对是值得的，不仅提供了互相加深了解的机会，还减少了发生冲突后的沟通成本。

在介绍自己的情况时，双方要做到清晰明确，还要客观真实，尽量避免主观臆断。D 型人说话的速度通常很快，他们如果觉得有些细节已经很明显的话就会省略不讲。因此，在沟通的时候，D 型人要放慢自己的语速，因为面对新的工作关系或者合作项目，任何事情都需要重新介绍，哪怕是很明显的部分也要清楚地说明。

在第一次深度交流的过程中，D 型人还需要注意的就是要认真聆听，对不正确的内容可以要求同事进一步澄清。D 型人的思维具有高度跳跃性，有时可能无法全部认同和理解同事的意见，即使自己认为已经清楚的情况下也可能出现理解偏差。比如，如果同事提到"及时"对自己来讲非常重要，D 型人可能难以理解,这时 D 型人应该立刻询问:"你能列举一些例子来说明什么叫'及时'吗?"

②即时反馈

D 型人在预感到自己被触怒时,应该立刻将自己的情绪反馈给同事。D 型人一般会尽量避免那些让自己不舒服或痛苦的感觉、对话,因此 D 型人不愿意谈论自己愤怒的感受。这种逃避可能是无意识的,当愤怒开始出现的时候,D 型人会尽量隐藏负面情绪,他们开始想象一些积极、有趣的事情,或者根本没有感觉到自己的怒气。

这时 D 型人首先要做的,就是确定自己此时此刻的真实情绪。因为只需集中注意力,D 型人完全能了解自己是否心烦意乱,并评估出这种情绪是真实的还是表象的。

其次,D 型人需要确认自己的思维是从什么时候开始由一个主题跳跃到另一个主题的,应该扪心自问:"我的情绪已经发生变化。是什么原因引起了我的不安和愤怒?"一旦 D 型人意识到自己的确被某些事情困扰时,应该采取行动,立刻与同事沟通,即时反馈自己的感受。尽管沟通和反馈的过程可能会让 D 型人不舒服,但如果任凭这些负面情绪不断积累,最后可能无法解决。

③及时释放

在 D 型人感到自己已经开始显露出愤怒情绪时,这时不妨进行一些身体上的锻炼,取得转移注意力、释放负面情绪的效果。体育运动可以减轻 D 型人由于愤怒而造成的焦虑和积累的负能量。在被痛苦的感觉困扰时,D 型人的思维往往更加活跃,这时进行体育锻炼可以帮助他们把注意力集中到自己身上,从而放慢思考的步伐,让头脑更加清晰。身体运动之后,D 型人可以在一个拉长的时间段内重新关注自己的想法和感受,并扪心自问:"同事真的做了什么让我如此愤怒的事吗?我的反应和实际发生的事实有什么出入呢?"

④自我反省

当 D 型人的愤怒情绪开始从思维层面波及到行动时,D 型人应该控制自己的负能量,进行思维"复盘",积极反省自己的行为。这时,D 型人可以试着回答以下问题:"我对所处环境或者同事行为的反应,是否说明自身存在的一些问题？自己在哪些方面需要改善？如何处理自己的情绪才能塑造最佳的自我？"

D型人需要多次询问自己上述问题，进行思维"复盘"，原因在于D型人给出答案之后，可能会面临两种选择：在第一次回答了问题之后，因为觉得自己的答案非常有见解或者有趣，便会停止思考；或者开始还在思索自身的问题，一会儿又考虑同事应该如何去做。认为同事的行为的确存在很多错误。

有时第一次脱口而出的答案是最好的，然而多次的自我"复盘"往往能更加接近我们的内心，离真相会越来越近，得出最有见解的结论。另外，在自我发展的道路上，D型人需要专注于自身的问题，而不要偏离轨道，一味地指责别人的行为。

D型人控制愤怒最基本的问题是学会集中注意力。当发现自己无法将思维集中在某个想法、某项任务、某个人或某种感觉上时，D型人需要不断询问自己一个问题："现在自己的感受究竟是什么？是焦虑、沮丧、忧虑、痛苦还是愤怒？这些不良感受的起因是什么？我应该如何处理这些情绪？我要不要与同事进行一次开诚布公的谈话？"认真思索这些问题，可以深刻地影响和改变D型人。

D型人一定要记住，自己大部分的不良感觉并不是别人引发的，虽然表面上看是这样。但实际上，他们的负面情绪是自己不安的内心和独特的性格引起的。明白了这点，D型人就能更客观地审视自己，也能更宽和地评价别人。

7.2 自我释放，积极消除冲突

7.2.1 回应技能：压抑感受，积极回应以排解不满

小熊，一个典型的贡献I型人，生活和工作在上海，是一家大型企业管理咨询公司的合伙人。一次，小熊的客户，一家投资集团因为要在成都开设分支机构，需要找一位对当地企业运营环境相当熟悉的咨询师，小熊向他推荐了

成都分公司的合伙人小赵，这之前小熊对小赵的了解仅限于她在咨询领域的声誉。

整个咨询项目持续了6个月，小熊从小赵和客户那儿知道一切都进展得很顺利。在项目完成1个月之后，有一天小熊给小赵打了一个电话。

小熊很愤怒地说："我对你的行为感到非常生气，我们需要谈一下！"

小赵被小熊突如其来的质问搞得一头雾水，吃惊地问为什么，小熊回答道："我给你介绍了一笔收入可观的项目，但是你却从来没有感谢过我！"

小赵回忆起自己不止一次地感谢过小熊，便问道："我不是曾经告诉过你我有多么喜欢这个项目吗？我还向你征求过建议，而且也感谢过你的帮助？"

小熊的回应非常迅速："但是你从来没有感谢过我给你提供这个项目，给你带来了多么可观的回报。"

（1）容易触怒贡献I型人的场景

- 做的事情被对方视为理所当然
- 不被欣赏
- 自己的讲话没有被认真听取

小赵已经无意识地触怒了小熊，因为I型人最反感别人把他们做的事情视为理所当然。尽管小赵认为自己已经表达了感谢之情，但在小熊看来，那些间接的"谢谢"是远远不够的，因为小赵从来没有明确表示"非常感谢你把这个项目给我做"这个谢意。小赵以自己对感谢的理解向小熊表示了谢意，却没有了解I型人所需要的感谢是什么。小熊觉得自己的行为并没有得到应有的赞赏，他对小赵的感谢方式毫无感觉，因此非常生气。

I型人的给予背后常常隐藏索取，喜欢得到人们直接的承认与褒奖，那些拐弯抹角、没有任何实质意义的"间接"感谢，是得不到I型人认可的。尤其是当I型人感觉给别人带来了巨大的帮助时，他们希望"直接"褒奖和感谢的意愿会越来越强烈，一旦这种渴望得不到实现，I型人会感到失望、沮丧、悔恨和懊恼，产生一种被人愚弄、利用和索取的感觉，最终会引发I型人的愤怒。

小熊向小赵表达了自己的愤怒情绪后，小赵不但没有体悟，反而询问为什么自己多次的感谢都得不到他的认可，这种回应如同火上浇油，让小熊更加气恼："她竟然还是不理解我的感受。"小赵的回应触发了小熊第二次的愤怒，在两次被激怒后，小熊忍无可忍，终于爆发了。

I型人还有一个弱点：如果觉得对方没有认真聆听自己所讲的话，就会开始烦躁，尤其是在表达渴望、感受和需要的时候。这是因为I型人往往非常关注他人的需要，因此当他们鼓起勇气提出自己的要求时，也希望得到自己曾经给予关怀的对方，给予自己诚心实意的关注和理解。如果这种在I型人看来再合理不过的要求得不到满足时，他们可能大发雷霆。

小赵不经意间触犯了小熊三个性格盲区，导致两人的冲突不断升级。

（2）贡献I型人被触怒后的反应

- 长时间压抑自己的感受
- 决定说点什么的时候往往情绪激动
- 在表达不满前，会事先思考要讲的内容，包括自己的感受，自己为什么会有这种感受，以及对方哪些地方做得不对

当I型人变得愤怒时，他们的情绪通常都经过了长时间的积累，而不是一时的感情用事，因为直接表达不满对I型人来说并不是一件容易的事。I型人需要对方给予褒奖和感谢时，会非常含蓄，不易察觉，因为他们希望与对方保持一种和谐的关系。他们会给予对方感谢的时间，如果在I型人能够容忍的时间范围内，对方满足了他们的需要，I型人会非常高兴，心中会萌发给予对方再次的帮助的想法。如果超出了I型人可以控制的时间点，他们的负面情绪会不断积累，终有爆发的一天。

I型人一般愿意表现自己乐观、大度、成熟和讨人喜欢的一面，因为他们希望成为人们心中的圣贤。但很多时候，人们通过推测仍然可以感受到I型人的苦恼和不满，比如，I型人可能刚刚还表现得友好、包容，但突然间变得冷淡、漠不关心和少言寡语。然而，像上面所讲的这种变化，其中的含义有时也

是模糊不清的，因为I型人表现出来的冷淡可能是因为陷入了某种困扰中，也有可能仅仅是因为疲倦，或者对当时的谈话和事情毫无兴趣。

最后，如果I型人希望与对方保持长期关系或者只是想让冲突尽早结束，他们可能也会向对方直接表达不满。在表达不满前，I型人往往会事先考虑要讲的内容，然后等待或者创造一个与对方交流的机会。谈话的内容包括自己的想法、感受以及对别人行为和动机的推测，就好像对方还没有意识到问题存在的时候，I型人已经对冲突下了定论。

在小熊的内心中，他依然希望与小赵保持良好的关系，于是采取直接表达不满的方式。事先小熊已经设计好了表达不满的流程，组织好了谈话的内容。在表达了自己的愤怒后，小熊就会将这些内容传递给小赵，包括指责小赵野心勃勃、根本不领情，只为自己着想；并且指出小赵根本没有意识到自己具有这些不好的品质。

其实，I型人罗列对方种种不良的品质，他们内心并不这样认为。因为I型人在与对方交往中，除了关注能力、技能和经验外，对交往对象的品质更加重视，包括道德、情感、良知、价值观等这些内在修养。如果对方缺少I型人认可的优良品质，I型人是不会与这些人保持长期关系的。

I型人直接表达愤怒，不是为了中断关系，恰恰是为了修正和维持关系。他们之所以会指出对方种种连自己都不认可的恶劣品质，其实是为了降低对方的心理防御机制，减少对方抗击自己的力量，产生一种"内疚和负罪感"，然后慢慢引导，修正关系，最终化解冲突。

如果想与对方继续保持关系，大多数I型人都会选择自己化解冲突的路径，采取直接表达不满的方式。当看到I型人一改常态，向我们直接表达愤怒和不满时，请不要惊慌和恐惧，因为这是他们传递情绪和表达不满的一种方式，希望继续保持关系的信号。只要我们能认真、耐心地与I型人保持对话，一切冲突都能化解。因为I型人的愤怒"来得快，去得也快"，只要我们认真倾听，给予积极的反馈，也许明天他们已经将这些不满忘得一干二净了。

（3）如何缓解与贡献 I 型人的冲突

- 让 I 型人尽情地诉说
- 向 I 型人询问一些澄清的问题
- 和他们分享自己的观点
- 积极回应，不定时地确认他们的观点
- 和 I 型人一起讨论感受和想法

上面已经提到，I 型人通常会自己选择处理冲突的时间和地点，问题在于，我们如何接近这个倾向于自己发起对话，自行解决冲突的 I 型人，来缓解矛盾，消解冲突。

这里仍然有一个突破点，就是上面说到的：我们只要勇于面对，采取谨慎、不冒昧的方式注意和关心 I 型人的内心感受，认真倾听和积极回应，很多 I 型人通常还是乐于接受的。因为他们采取自我化解的方式，就是要通过对话传递信息、抒发不满，达到解决冲突、维持关系的目的。

然而这种方式有时仍然会使一些 I 型人处于尴尬地位，同时还要看对方是否理解、愿意接受和敢于面对 I 型人发起的对话，因此这种方式具有不确定性，很难预料我们会接收到何种反馈。但这是缓解与 I 型人冲突的一种方式，如果控制得当，可以从根本上解决问题。

另一种方式，就是主动与 I 型人接触，寻找解决问题的办法。采取这种方式，刚开始可能会遭到 I 型人的抵触，然而，即使 I 型人还没有准备好接受你的提议来处理问题，他们通常也会在事后考虑一下，然后回头找你做进一步的讨论，只要给 I 型人考虑和接受的时间，就能为下一步的深度沟通打好基础。因此，我们可以这样做："我注意到你最近没有平常那样放松，是发生什么事情了吗？什么时间方便，我很乐意和你谈谈，交流一下看法。或者只做你忠实的听众也可以。"这样的对话往往可以降低 I 型人的心理防御机制，减少抵触感，给予他们思考和准备的时间，有效鼓励 I 型人在准备好的时候愿意和我们讨论自己的内心想法，展开积极对话。

I 型人准备好探讨问题，要与我们开启深度对话的时候，我们一般都能预测他们的行为。因为这时的 I 型人比较放松，没有过度的抵触情绪，他们找到了一个可以倾诉的渠道，怒气已经消了一半。他们会滔滔不绝地说很多话，这时，我们只要认真倾听，中间不要插入或赞同或反对的评论，就会拉近与 I 型人的距离，让他们不再疑虑，彻底放松。在倾诉的过程中，I 型人的愤怒又会消解一半，他们原本善良、包容和友好的特点又会浮现出来。

在 I 型人讲完自己的全部想法之后，我们可以提出一些问题帮助澄清他们所说的内容，比如："你为什么觉得这是我做的呢？"或者："你能不能告诉我为什么你会这样解读我的行为呢？"总之，I 型人在尽情地诉说之后，通常会对别人的话具有更多的包容力，不再固执和主观地作出反驳。

在 I 型人表达了自己的感受后，对于"现在我能不能讲一下我对这个事情的看法？"这个问题，他们的回应往往非常积极，绝大多数都是肯定答案："可以，请尽管说吧！"这时因为他们感到自己被认可、被尊重、被承认，认为对方真正听取和理解了自己所说的话。如果 I 型人给出的答案是否定的，这往往意味着他们还没有倾诉完自己的全部感受，这个时候，我们应该进一步询问："你还有什么想说的吗？"

当 I 型人做好了聆听我们观点的准备之后，往往会全神贯注。这个时候，他们愿意接受我们这样的措辞："从我的观点来看……""我现在的想法和感受是……"这种措辞因为没有否定 I 型人的观点和感受，只是表达了要得到他们理解的愿望，因此更容易被 I 型人接受。

对很多 I 型人来说，在双方互相尊重的前提下坦诚地说出自己的感受通常可以解决冲突。有时双方可能都需要对自己某些特定的行为做出一定的改变，但这些都可以在恢复和谐的关系后再继续进行。

要记住，I 型人是性情中人，喜欢凭直觉做事，很多时候，他们并不一定需要什么结果，他们倾心的是解决冲突的过程，一种坦诚、真实、尊重、理解和可以尽情抒发感受的过程。有时，还没等结果出现，I 型人的愤怒已经在倾诉和真诚交流的过程中被消解了。当你问他们："现在咱们看如何解决这个问题吧"，I 型人会笑着说道："不用了，问题已经解决了。"在 I 型人的意识中，过程通常比结果更有意义。

（4）贡献I型人如何控制自己的愤怒

①预先告知

在双方的工作或合作关系确立后，强调一下哪些行为可能会触怒自己。可能触怒I型人的行为都非常相似。从本质上来说，I型人喜欢被需要、被承认、被感谢、被理解、被重视。然而，由于他们总是显得只付出、只向别人提供帮助，毫无寻求回报的样子，因为他们想做圣贤，圣贤是大公无私的。很多人会产生误解，把I型人慷慨的给予看作理所当然。事实上，I型人希望他人向自己直接、清晰和明确地表达感激之情。

绝大多数I型人都不会告诉别人自己喜欢被需要和被赞赏，尤其是在工作关系刚刚确立的时候，他们希望树立自己无私的形象，希望与对方建立和睦的关系，认为在工作环境中说出自己的私人感受可能会让双方感到尴尬。然而，I型人完全可以通过讲故事、比喻或举例子的方式向别人说明自己内心的想法，比如，在鼓励对方说出自己讨厌的行为后，I型人可以这样介绍自己：我的一个很重要的原则就是每个人都能得到他人的礼貌关照和尊重，具体就是在要求别人做某事时说"请"，在别人完成工作或任务时会清楚地向对方说一声"谢谢"。我是这样对待别人的，也希望别人这样对待我。

②即时反馈

在合作关系开始后，如果意识到自己被对方触怒，应该立刻告诉对方。I型人如果担心说出自己的感受，很可能也会伤害或激怒对方，二者都不是他们想看到的结果。因此，以下观点对I型人来说非常重要：在感到愤怒时立刻与对方分享自己的感受，不仅可以帮助对方意识到自己的行为所造成的影响，还能使双方之间的关系得到进一步发展。同时，分享感受也能帮助自己在关系建立之时学会向他人表达内心的需要。

③及时释放

在I型人感到自己已经开始显露出愤怒情绪时，不妨进行一些身体上的锻炼或者出去走一走。对I型人来说，体育运动非常有帮助，因为这样他们就可以开始真正关注自己，而不会再把注意力都集中在他人的需要上。I型人开始关怀自己的时候，往往不再像以往那样需要他人的肯定和欣赏。

当情绪低落、沮丧和愤怒时，适当的体育锻炼可以为I型人提供一个"阵地",在锻炼时,他们开始关注自己的身体,而不再是内心的情感和想法;同时也可以重新思索一下自己的愤怒情绪,形成新的观点。

④自我反省

当感到被触怒时,I型人可以试着回答以下问题:"我对所处环境或者同事行为的反应,是否说明自身存在的一些问题?自己在哪些方面需要改善?如何处理自己的情绪才能塑造最佳的自我?"

这些问题可以帮助I型人把关注的焦点从他人身上转移到自己身上。因为问题的关键不是别人需要学习什么,而是I型人需要自我反省。注意力的转变会让很多I型人感到震惊、不适应,他们可能需要一遍遍地重复上面的问题。绝大多数时候,I型人的答案可能是:我渴望被人欣赏,或者我渴望被人需要,而对方在这方面却没有满足我。不管最初的答案是什么,I型人都需要更深层次的自我剖析,扪心自问:为什么被人需要如此重要?即使没人欣赏或者没人需要,我的生活又会有什么不同?

不断询问自己通常会使I型人意识到问题的起因在于:给予的目的是获得回报。I型人的这种目的往往是潜在的,有时连他们自己都没有察觉到。他们希望得到回报,比如说别人的尊重、表扬、认可,或者被人认为是不可或缺的,有时甚至希望得到别人的敬畏,这种心理被称为"操纵欲"。

"操纵欲"指的是在对方还不太清楚或者不同意的情况下,要求别人做某事或者决定他们的行为。尽管很多I型人都不喜欢"操纵欲"这个字眼,但有时他们在看似为了给予而给予的伪装之下,却是为了得到而给予。认识到这一点的确会给绝大多数I型人带来烦恼和忧虑,但更多的是启迪和引导。

7.2.2 控制技能:压抑愤怒,通过理性的对话抒发怒气

小钱是一家大型律师事务所的合伙人,典型的实干I型人,工作努力、业绩突出、成就非凡。作为奖励,律所的罗主任决定提拔小钱,任命他为金融法律业务部的负责人。

罗主任知道律所其他业务部的负责人都很尊重小钱,基于这些考察,罗主任认为这对小钱是一个完美的职位,一定能发挥他的才能。

金融法律服务是公司的新业务,部门成立不到6个月,部门的律师个个毕

业于国内顶尖法学院，他们天资聪明，能力很强，只是精力不够集中。而小钱将会成为他们的榜样，会给这个团队注入新的活力。罗主任认为这次任命，小钱肯定不胜感激，这对罗主任来说，也是一个双赢的结果。新部门成立不久，罗主任有足够的时间来培养小钱，让他以后担当更重要的职务。

然而当罗主任将自己的决定告诉小钱时，小钱的反应是既不激动也不热情。罗主任说："我决定任命你为这个部门的负责人，相信你肯定可以胜任这个工作。"小钱却完全被惊呆了，尽管他很满意罗主任对自己工作的肯定，但是这种想法迅速消失了，取而代之的是想到自己马上将要面临的挑战。小钱非常了解这个新部门的9个成员，其中2个既有能力又有动力，还有5个能力很强却缺乏主动性，剩下的2个虽然很有进取心，但却缺乏工作所需要的基本技能。

小钱设立了行动目标，竭尽全力管理整个团队。然而，只有一半的成员工作非常努力，剩下的一半好像更热衷于社交，而不是完成任务。他们知道如何工作，小钱甚至给他们演示过相应的工作方法，但他们好像不感兴趣，没有把工作当回事。最终的状态是，小钱和另外4个律师做了绝大部分工作。对此，小钱非常生气，一团怒火好像随时要爆发，更为严重的是，小钱将这种不满迁怒到罗主任身上，认为这一切都是他造成的。

（1）容易触怒实干I型人的场景

- 被安排在一个可能失败的工作或位置上
- 对方看起来不是很专业，敬业心不强
- 因为别人拙劣的表现而受到指责
- 不会因为所做的工作而获得赞扬

罗主任本意是为奖励和培养小钱，没想到却给小钱带来了很多压力。罗主任决定提升小钱做新业务部门负责人的表达方式，让小钱没有办法拒绝。罗主任是这样表达的："我决定任命你为这个部门的负责人，相信你肯定可以胜任这个工作。"这让小钱感到一旦自己拒绝这个职位，就等于说自己不愿意得到提升。如果罗主任换一种措辞："你愿意担当这个职务吗？"那么小钱还有推辞的余地："过段时间应该更合适，现在还不是一个好的时机。"对小钱来说，罗主任并不是来征求他的意见，而是一厢情愿地直接通知他已经是新部门的负责人。

新部门负责人的职位并不能吸引小钱，因为他已经很清楚地知道新部门只有一部分成员可以担当重任，而剩下的人可能把事情搞得一团糟，最后还会弄得自己颜面尽失；另外，一开始，小钱就感到自己根本没有任何办法让所有成员都认真工作，表现良好。更让小钱忧虑的是，成为新部门领导后的表现会给罗主任留下什么印象呢？小钱当然很在意这个问题，但同时也非常看重整个律所怎样看待自己的能力。总之，I型人通常会尽量避免那些不能很好地表现出自己专业水平的场合。

小钱觉得自己很可能会因为部门同事拙劣的表现受到指责和嘲笑，至少也会被要求承担领导责任。考虑到整个部门的工作能力和工作动力，再加上自己不愿面对失败的个性，小钱已经清楚地预见到自己将会承担部门中的绝大部分工作，这是他最不愿意看到的情况。

在小钱看来，罗主任提供的这个职务不仅会把自己淹没在工作中，还要整天面对状态不佳的同事，而且他的辛勤劳动也不可能获得任何回报和赞扬。在这种情况下，罗主任的一片苦心，反而让小钱感到了无穷的压力、沮丧和苦恼，他不能对罗主任诉说，也不想把自己的痛苦展现给部门同事，只得不情愿地面对现实。罗主任强加给他的压力，新部门混乱不堪的现状，两次的部门叠加在一起，终于引发了小钱的愤怒。他觉得自己陷入了一个进退两难的境地：如果同意，将要面对失败的痛苦；如果拒绝，会影响自己的职业发展。

（2）实干I型人被触怒后的反应

- 会不耐烦地询问一些简单的问题
- 不愿意向别人倾诉自己的烦恼
- 压抑情感，尽量使身体语言不泄露自己的内心感受
- 随着时间的流逝，他们的声音会变得尖锐
- 随着时间的流逝，他们的话越发简略

罗主任根本不了解小钱的烦恼。在听到罗主任决定提拔自己的通知时，小钱只是专心地听着，然后提出了一些有关部门工作计划和时间安排的问题。罗主任的确感觉到了小钱的担心，但他认为这都是因为小钱太想尽职尽责地把工作做好的缘故。

像很多I型人一样，小钱没有直接表现出自己的不开心，他们平静、自信的外表把内心的忧虑完全掩盖了。

在后来的工作中，小钱既没有向罗主任抱怨过某些成员的表现，也没有表达过因为管理这样一支团队而产生的紧张情绪。罗主任渐渐注意到小钱总是显得非常疲倦，尤其是在一个为期6个月的法律服务项目快要结束的后2个月中。罗主任开始关注新部门的表现，然后向小钱提出了自己的问题："看来部门中有些成员工作非常努力，而另外的就不太认真了。你能告诉我谁对项目的完成做出了自己的贡献，而谁又没有呢？"

小钱的回答让罗主任非常吃惊："每个人对任务的完成都做出了应有的贡献。"然后他开始列举每个成员所做出的成绩。尽管小钱对某几个成员的表现非常不满，但在这种情况下，他不可能向罗主任说出事情的真相。

小钱掩盖事情真相的原因主要有以下几点：

第一，这是I型人共同的特点。无论是贡献I型人还是实用I型人，他们都有一颗善良、包容、正直和宽容的心，不忍心看到团队成员被公司指责和批评。因为I型人想成为圣贤，而圣贤的一个标准就是"包容和容忍"。

第二，I型人渴望人际关系的和谐，当罗主任向小钱了解情况时，好几个同事都在附近，他们的谈话肯定会被听到。小钱心想如果自己向罗主任抱怨某些成员的表现，那么整个部门可能都会相互猜忌，信心受挫而感到愤怒。不仅会影响他们的积极性，还可能破坏整个团队关系的和睦。

第三，I型人非常自信，喜欢得到别的人尊敬、肯定和赞扬。小钱知道如果告诉罗主任哪些成员表现不好，他们肯定会认为是自己在向公司领导告密，这种不符合领导身份的行为肯定会导致他们的愤怒、厌恶和蔑视，后果就是整个部门更难被领导。

第四，I型人很正直，喜欢换位思考。小钱不希望别人在领导面前贬低、毁谤自己，团队成员肯定也是这么想的。

因为罗主任在公开场合询问小钱这个问题，使他再一次陷入了进退两难的境地。他的不满、苦恼和愤怒越来越强烈。

对于部门某些成员的失望肯定会随着日后工作的继续日益加强，小钱心中的挫败感和愤怒也会不断积累。假设日后罗主任再次任命小钱出任一个也存在问题的部门领导，小钱肯定会不假思索地拒绝，声音尖锐、短促，受到震惊的罗主任这才会意识到有些事情真的做错了。

（3）如何缓解与实干I型人的冲突

- 在私密的环境中向I型人友善、清楚地表达
- 确定I型人当前没有过多的工作压力
- 语气不要带有强烈的情绪色彩
- 使用理性的、能够解决问题的方法

如果I型人很明显地表现出了愤怒或忧虑，说明这些情绪已经在他们的内心积累一段时间了。在一个私密的环境中，首先确认I型人当前没有面临过多的工作压力，然后再友善、清楚地询问他们愤怒或忧虑的原因，这时的I型人往往愿意敞开心扉，诉说缘由。

记住，如果在公众场合向I型人询问上述问题，局面往往会非常尴尬，因为这破坏了I型人要在大家面前保持积极一面的愿望。如果I型人正忙于工作，面临着最后期限即将截止或者其他压力时，他们一般不愿意花时间探讨自己的情绪问题。因此我们要想接近I型人，应该选择一个合适的时间和环境与I型人交流，可以这样措辞："看起来好像有些事情困扰着你，如果我有什么地方做得不对，我非常希望你能告诉我。"

对于我们提出的问题，一些I型人可能仍然不愿意承认有些事情困扰着自己，也有一些I型人虽然承认问题的存在，但却不愿意立刻开始探讨。不管怎样，即使I型人根本不想谈论这些事情，只要给他们时间，I型人也会

在私下从更深层次思索相关问题，这种自省为日后能够进行富有成效的谈话开辟了一条道路。有时候 I 型人会自己提出讨论的意愿；我们也可以过一段时间，最好在一周后，再次询问他们的意见："上一次我问过是否有什么事情困扰着你，你说没有。但我现在仍然能够感受到你的忧虑，愿意和我谈一谈吗？"

有些 I 型人完全清楚自己正在生气的原因，有些则感到不安但却不知道为什么，也有一些过于忙碌、专注于工作、活跃的 I 型人甚至没有意识到自己的烦乱。因此，一个不要求对方立刻回应的简单提议可以让 I 型人好好思索一下自己的感受。一旦 I 型人完成了自我评估，他们很可能会自己提议做进一步的交流。如果没有，我们也可以重提话题："能否和我谈一下你头脑中的想法？"如果这样的提议说了两三次也没有得到 I 型人的肯定回应，我们就要适可而止，否则会使他们感到焦虑。

如果觉得事情有可能得到解决，绝大多数 I 型人还是愿意面对和处理冲突的。因此，只要以解决问题为目的，达成积极效果的可能性就比感情用事要高明得多。对 I 型人来说，解决问题意味着要关注三件事情：首先，从发生的结果来看冲突所带来的影响；其次，以理性的态度分析冲突的基本起因；最后，也是最重要的一点，就是采取什么方法可以解决这个问题。总之，强调问题能够解决的一面非常符合 I 型人"只要对工作和实现目的有利，一切皆可为"的处世态度。

为了更加清楚地理解哪种交流方法更适合 I 型人，笔者举两个例子来说明，这两个例子的背景都是 I 型人没有通知团队中一个成员参加某个重要的客户会议。

场景一：那个被遗漏的成员面对 I 型人时情绪非常激动。

昨天你和客户会面，却没有通知我，我感到非常生气。这些客户是我们大家的，不是你一个人的。你这样做不但会影响我和客户之间的合作，还会破坏项目的顺利进行和我们关系的进一步发展。你究竟是怎么想的？你为什么要这样做？如果我们之间有什么问题，那就公开谈一谈吧。只要彼此都完全诚实，我们才有希望处理好这件事情。

上述这种方式很可能导致I型人不会再静下心来思考自己内心深处的想法，而是开始自我保护转而指责对方。尽管很多I型人都欣赏直爽和诚实，但是这种情绪化的方式却要求I型人立刻开始对彼此的关系进行一次紧张的、非理性的探讨，这不是I型人愿意看到的。通常情况下，I型人更喜欢快速解决问题，从而使双方的工作关系变得更有成效。因此I型人会尽量回避检视自己内心深层感受的要求，这并不表明他们不愿意探讨这些难以解决的感受，而是只有他们自己觉得有需要时才愿意彼此交流。I型人讨厌来自别人的硬性要求。

对于别人的指责，I型人也非常敏感。在第一个场景中，情绪化的措辞暗示着I型人犯了错误。I型人这么做有可能是无意识的疏忽，也可能是有意的，无论哪种情形，面对别人的指责，I型人都会开启自我保护和自我防御的模式。

场景二：那个被遗漏的成员面对I型人时情绪客观冷静。

昨天你独自和客户会面，这样做的后果是，他们有可能意识不到在所完成的工作后面是一个团队在辛勤地为他们服务，也可能让他们感到团队成员之间的关系比较紧张，最终的结果是对团队和公司失去信心。如果这只是你的疏忽，情况应该很容易弥补。如果是因为我的表现引起了你的某些误解，我很愿意彼此交流，了解你的感受。不管是什么原因，我和你一样，都愿意快速有效地解决问题。你怎么想呢？

这些措辞更加客观，I型人可以完全按照自己的想法来决定说什么。面对一个开诚布公的解决问题的提议，绝大多数I型人都愿意分享自己的想法、感受和观点，同时也会提供一些解决问题的建议。

（4）实干I型人如何控制自己的愤怒

①预先告知

在双方的工作或合作关系确立后，强调一下哪些行为可能会触怒自己。同时在对话中告诉对方自己愿意为促成有效成功的工作关系做出应有的努力。一个有效的开场白可以这样措辞："因为刚刚开始一起工作，我觉得如果能够了解你喜欢的工作方式肯定会对彼此的合作有所帮助，尤其是你喜欢什么，不喜欢什么。这样，我就可以相应调整自己的行为，当然，我也愿意和你分享自己的一些喜好。"

在轮到自己分享喜欢的工作方式时，I型人可以这样介绍："我喜欢和非常有能力、有责任感的人一起工作。所谓'非常有能力'是指工作技能熟练，同时不断改善自己的表现，最终能够高质量地完成任务。我个人觉得每个人的表现都会给整个团队带来或积极或消极的影响。我不愿意自己忙得要死的时候，环顾四周，发现别人却没那么努力。"

②即时反馈

在合作关系开始后，如果意识到自己被对方触怒时，应该立刻告诉对方。忙碌的I型人根本不愿意和别人讨论自己的感受，但要记住，花费这个时间是值得的。事实上，在问题刚刚出现时就着手解决，所花费的时间和精力会大大降低。一个和善、直爽的询问，比如："你有时间谈论一下刚刚发生的那件小事情吗？"即时反馈往往会为成功的交流开辟道路。

③及时释放

I型人感觉自己已经开始显露出愤怒情绪时，不防进行一些身体上的锻炼或者出去走一走。对I型人来说，体育运动非常有帮助，因为这样他们可以暂时不用考虑工作。为了充分利用这段"休闲时光"，最好做一些能给自己自省空间的运动，比如，散步、瑜伽或者徒步旅行。I型人可能会被一些需要竞争的体育运动吸引，比如，篮球、羽毛球、拳击等，但是这些运动需要全身心投入，这样的话，I型人就没有时间考虑自己的感受了。过于紧张和对抗性强的体育运动可以消除I型人的愤怒，他们甚至觉得没有必要再处理自己的情绪，然而这并不能真正解决问题，I型人也失去了自我反省的机会。

④自我反省

I型人感到被触怒时，可以试着回答以下问题："我对所处环境或者同事行为的反应，是否说明自身存在的一些问题？自己在哪些方面需要改善？如何处理自己的情绪才能塑造最佳的自我？"

I型人应该认真考虑一下其他人的行为和自己的成功或者失败究竟有什么关系，这个问题也是他们经常对别人发表负面评价的关键。面对以下情况时，I

型人需要反思一下：认为情绪不好的人是在和自己竞争，看起来不能完全胜任工作，讨厌经常失败和不自信的人等。

I型人应该经常问自己一些问题：为什么显得成功对我来说如此重要？如果成功不再是我追求的目标，我又会有什么不同？我的想法、感受和观点会改变吗？如果我不再专注于给别人留下深刻印象，生活和工作会发生什么变化？

7.3 默默承受，缓慢化解矛盾

7.3.1 承受技能：什么也不说，含蓄轻松的缓解冲突

小冯，一名关照S型人，曾经在一所大型科研机构当过10年的行政主管，主要负责科研机构办公空间的物业管理工作，她很喜欢这份工作。小冯的工作职责包括确保所有的办公系统运转良好，比如供电、供暖、网络等。因为有部分空间对外出租，小冯还要考察承租人的情况、规划各个办公楼的后勤工作和租赁事宜，以及其他行政事务。小冯并不想为一些偶然发生的紧急情况而24小时待命，然而她在夜间或者周末却总是不得清闲，经常被警报系统错误报警，网络突然中断等小事烦扰。尽管如此，小冯还是很满意这份工作的稳定性，以及与不同人打交道的机会。

一个星期天的早上，小冯正打算与家人一起去爬山，保安却打来电话："4号科研楼前的一棵高大古树倒了，尽管没有人受伤，但这棵古树正好倒在大门前面。"4号科研楼基本上都是外租的创业公司，每年都给单位带来可观的租金收入。而且这属于后勤维护问题，如果这个危险得不到解决，租户们周一早上就没办法安全地进入办公楼。

小冯只得开车赶到单位，查看了相关情况后，她意识到必须立即采取行动。但是小冯以前从来没有处理过这种突发事件，她不知道应该找谁帮忙。打了几个电话之后，小冯了解到有些专业的移树公司可以处理这种情况。她先后联系了7家公司，却只有一家公司周末办公。考虑事情的紧迫性，小冯决定与这家公司合作，让他们尽快赶到单位与自己会合。

几个小时以后，大树被安全移走了，移树公司的工头走到小冯面前让她支付相关费用。小冯感到很意外，她本来认为账单应该是邮寄到自己单位的。当小冯问需要支付多少费用时，对方犹豫了一会儿，突然报出了一个价钱：4000元。

小冯觉得费用太高，对方回应说："因为这棵树比较高大，另外，周末工作也要加收额外费用。"小冯给他签了一张4000元的支票，然后开车回家。在回家的路上，小冯开始紧张、愤怒，她心想："我被骗了，难道那个人觉得我是一个傻瓜吗？"在接下来的5天里，小冯越想越生气，她知道周末工作的费用是比较高，但4000元也太过分了，她本来的预算是不超过3000元。小冯考虑是否要回这张支票，但觉得这样做太挑衅了；她不知道主管领导在审查月度预算时会怎么想。但最后决定还是等事情发生了再处理吧，说不定领导没有注意到呢。

两个星期过去了，小冯还在为那4000元烦闷。一天，行政经理老马审查完预算问起了这张账单，小冯承认了自己受骗的事，她解释说其他公司周末都不上班，而大树必须要尽快移走，如果租户星期一早上无法进入办公楼，单位的损失肯定远超过4000元。

当被问到为什么没和这家公司沟通欺诈的事情时，小冯的回答让老马大吃一惊，她说："我提出异议了！我问过他为什么费用这么高？"

老马回应道："小冯，那不是异议，充其量只是一个问题。你为什么不告诉那个工头价格太高，你当时不能支付，等周一再与他们的负责人沟通这件事。你本来可以给自己多留点时间，单位也可以只给他们一个合理数额的支票。"

小冯感到委屈和愤怒，她想不出该如何回答。最后说："总之，我尽了全力。"然而，小冯的内心充斥着双倍的怒火，她的愤怒不仅源自工头的欺诈，也包括老马的行为，领导没有考虑自己的努力，也没有提供相应的支持，还将自己置于难堪的境地。

几个月过去了，小冯还在因为工头、老马生气，同时她也在生自己的气。

（1）容易触怒关照 S 型人的场景

- 平静、和谐的生活被打破
- 被人指点该怎么做
- 被忽视
- 对方态度粗鲁
- 公然对抗
- 被人欺骗
- 被质疑
- 没有支持的感觉

星期天早上接到保安的电话后，一向镇静的小冯开始担忧。她放松的周末就这样因为一件意想不到的事情而化为泡影了，而自己还必须立刻开始处理。S 型人通常都特别享受休闲的时光，喜欢与家人在一起，讨厌别人破坏这一放松的生活。这是第一件让小冯不高兴的事情。

小冯还把这件事情的发生看作是对自己私人时间的不经协商的侵占。S 型人讨厌被人教导该如何行事；尽管是一项工作而不是别人侵占了自己的时间，但是小冯仍然感觉就像是别人发出了一个令她不快的指令，这让她气愤。

从移树工人开始工作到最后移走大树，小冯和工头以及工人的交流都非常有限。她本来以为工头会首先研究操作流程，然后向自己说明所需时间、如何收费等。然而，工头在见到小冯之后所说的全部内容不过是："就是这棵树？"

还没等小冯开口问一些问题，工头已经开始指挥工人干活了，还亲自上阵用链锯开始锯树。这个工作当然很危险，噪声也很大，小冯只能远远地站在一边。她想等工作完成后再和工头讨论相关事宜，但事实上，他们最后所说的就是有关费用的那几句话。这非常有限的交流让小冯觉得自己被忽视了，这是第三件让她不开心的事情。

在简单讨论费用的过程中，小冯觉得工头的态度非常粗鲁。S 型人完全有能力和所有人建立和谐的关系，但是工头却好像对任何交流都不感兴趣，这让小冯非常沮丧。另外，小冯还觉得工头在回答自己的问题时过于简略，用三言两语就把自己打发了。总之，小冯得出结论：这个工头态度非常粗鲁。这是第四件让她生气的事。

一般来说，很多人的愤怒在发生两三件不开心的事情后就会爆发，但对 S 型人来说，却可能需要发生四五件才会爆发。

小冯还感觉到工头心中潜在的敌对态度。尽管她还想继续讨论费用问题，但却不愿意和工头爆发冲突。小冯设想如果自己直接指出工头的欺诈行为，他肯定会表现得高度紧张并开始发火。S 型人通常都会尽量避免或者缓解冲突，因此小冯决定不再对工头多说什么。

小冯一想到移树费用就愤怒不已，这个收费太过高昂，超出了小冯的预算。而且小冯觉得那个工头乘人之危，知道自己在紧急情况下不得不接受他的出价。工头在说出价格之前犹豫了一下，小冯相信他肯定说了一个能收取的最高的价格。尽管所有类型的人在这种情况下都会感觉受骗，但是 S 型人尤其觉得烦躁、沮丧和愤怒，这也是小冯怒火爆发的根本原因。

让小冯越发愤怒的是，主管领导竟然质疑自己处理问题的方式，完全忽视自己的困难和努力。

八年过去了，现在小冯已经是一家房地产集团的行政总监，但小冯每每想起或者提起这件事，总会气愤地说："我根本不应该给他那笔钱！"

（2）关照 S 型人被触怒后的反应

- 什么也不说
- 紧张的面容会泄露他们愤怒的情绪
- 可能自己都没有意识到心中的愤怒
- 将怒气发泄到不相关的人身上
- 愤怒会在心中保留很长时间

当感到愤怒时，S型人通常什么也不说。别人通过他们的身体语言也看不出任何异样，但是S型人轻微的面部紧张还是会泄露他们的内心：眼睛会微微地来回转动，嘴角也有稍稍的扭曲。尽管小冯因为工头和老马的行为非常生气，但是他们谁也没有感觉到。

通常情况下，S型人不会立刻意识到自己心中的不满；稍后他们在考虑这个问题时，才会感觉到自己紧张甚至愤怒的情绪。小冯对工头欺诈行为的反应就是这样，她当时只是认为这不合理，但在离开单位后细细一想，才深知自己被骗了。S型人想得越多就越愤怒。

S型人的怒火往往是慢慢燃烧的。有时，他们可能非常清楚自己负面情绪的起因，就像小冯一样。有时，S型人虽然了解自己的不开心，但却不知道自己为何生气。比如，S型人本来是因为同事的行为而感到愤怒，但却可能会向另一个无辜的同事发火。这种脾气暴躁的行为与S型人平常亲切、随和、友善的表现简直是天壤之别，会使无辜者觉得非常困惑。如果这时同事鼓起勇气问S型人"你为什么对我发火"，S型人才会注意到原来有一些事情在困扰着自己。

DISC四种类型的人可能都会把真实的情感发泄到和自己情绪不相关的事情和人身上，S型人尤其如此。有时候别人什么都没做，或者做了一些无伤大雅的事；或者像老马一样，只是以小冯主管的角色，常规性地询问了一些问题，提出了一些建议，在老马看来，这是自己的职责所在，再正常不过了。但小冯却不这样看，她认为这是老马的故意刁难。遇到这种情况，S型人就会不由自主地将愤怒发泄到这些人身上，这都是他们否认自己真实情绪的结果。

当S型人真的意识到自己的愤怒时，他们就开始了一个循环往复的思考过程：回想整个事情的发展以及和别人的对话，仔细研究自己当时的反应，假设自己说出不同的话或者做了不同的事，结果会有什么不同，然后再次变得愤怒。这个过程会一遍一遍重复，几个星期、几个月甚至几年。

其他类型的人也会被自己愤怒的情绪长期困扰，比如，谨慎者（C型）和I型人，他们也会在脑海中不断重复那些触怒自己的事件，一旦想清楚了，这种连续的思路过程就会停止。然而S型人并非如此，他们会在脑海中不断重现事件的发展经过，重新分析原因。但是整个过程并不是连续的，而是断断续续，中间夹杂着其他需要他们注意的问题。这种旷日持久、拉长的、偶尔重新体验的过程，说明了为什么八年过去了，小冯还在为这件事生气。

（3）如何缓解与关照 S 型人的冲突

> - 亲切、简单地询问他们为什么生气
> - 询问时采取含蓄、轻松的方式
> - 全面而认真地聆听 S 型人的解释
> - 肯定 S 型人直接表达愤怒的行为
> - 在认可 S 型人感受的基础上和他们分享不同的观点

接近处于愤怒中的 S 型人最大的挑战在于：很多 S 型人都没有意识到自己内心深处的愤怒和委屈。一般来说，S 型人很少关注自己的感受，尤其是感受中夹杂着愤怒的时候。愤怒、冲突与不和谐往往会使 S 型人感到不安，因为这可能会威胁到他们最为看重的人与人之间和谐、友善的关系。

小冯和两个人之间发生了冲突：工头和老马。工头应该清楚自己的行为触怒了小冯，但他根本不在意。而老马却不了解自己的言语带给小冯的感受，如果老马知道的话肯定会表示关心。

老马作为领导可以直接询问小冯的感受，但一定要给她提供一个足够自由、不受束缚的回应空间。比如，老马可以这样询问："你为这件事感到心烦吗？"其中，老马用"心烦"一词取代了"愤怒"，因为"心烦"这个词相比而言没有那么直接，不会让小冯觉得这是一种对抗。即使小冯给出的答案是"不"，接下来的谈话也能帮助她进一步探索自己真实的愤怒感受。老马接着可以这样说："嗯，我感到你的声音比平时尖锐多了"，或者"如果这件事发生在我身上，我肯定气得不行了。"都可能会引出关于小冯感受的更多信息。

听完小冯的感受以后，老马肯定想接着讨论当时采取哪些措施更加合适，但这种探讨应该以彼此协作的方式进行。老马还应该首先征求小冯的意见："现在回头想一想，在那种压力下，还有没有别的做法既能解决问题，又不会触怒工头？"这样，在小冯回答之后，老马就可以附加一些自己的看法了。

有时 S 型人可以清楚、有力地描述出自己愤怒的起因和发生的时间。比如，在老马和小冯的对话中，小冯本来愿意讲述自己对工头的愤怒感受以及事情的发展经过，老马如果想了解小冯的真实感受，他要做的只有一件事：倾听。

在充分倾听 S 型人所说的内容之后，一些后续的小问题可以帮助双方确认还有没有别的事情忘记讲了。比如，S 型人抱怨说自己之所以生气是因为工作没有按照约定的期限完成，这时我们应该追问一句："还有没有别的事情让你心烦，相关的或者不相关的？"

一旦 S 型人完全、直接地表达了愤怒，一句肯定的评价就能带来良好的效果："非常感谢你愿意分享自己的感受，我真的很赞成你这么做。"直接表达愤怒对 S 型人来说非常困难，因此我们要赞扬他们这种敢于面对挑战，敢于正视自己的行为，鼓励 S 型人未来继续这样坦白。赞扬传递给 S 型人的信息是这样的：发生冲突并不一定会让双方的关系变得紧张或者疏远，直接交流会让彼此更加亲密。

如果我们认真倾听了 S 型人的感受并给予认可，那么他们也会更加愿意接受我们对于事情的不同看法。有时面对一个简单的要求："我能说一下自己的感受吗？" S 型人就已经做好了听取别人观点的准备。

从 S 型人的性格特征来看，他们通常都能接受人们对于同一种形势的多种观点，因为 S 型人在与人交流时，就喜欢陈述多种观点；然而当发生冲突时，只有在他们没有遭到对方否定的时候，S 型人才乐意接受别人的观点。这并不意味着我们必须同意 S 型人的观点，但是一定要对他们的看法表示尊重，创建一个和睦、平等的交流环境。比如，可以措辞："你讲的内容很有用。尽管我的本意不是这样，但我能理解你为什么会有不同的看法。"

（4）关照 S 型人如何控制自己的愤怒

①预先告知

在双方的工作或合作关系确立后，强调一下哪些行为可能会触怒自己。不用鼓励，S 型人就很乐意在工作关系确立之初，花时间与对方建立和谐的关系。他们比较喜欢使用放松的方式进行交流，比如，站在某人的办公室门前闲聊几句，午饭时谈一些和工作相关或者不相关的事情等。

但是在讨论哪些行为可能触怒自己时，就应该考虑一下措辞和针对内容了。S型人通常会向同事提出一个不受限制的邀请，比如，"为了建立富有成效的、和谐的工作关系，你是否愿意花几分钟谈一下各种对彼此行为的期望？这样能帮助我们加深了解，更有利于工作的开展"。

如果S型人要介绍令自己不满意的行为，可以这样措辞："和工作相关的所有决定和会谈，我都希望能够参加，当然我也希望所有相关的人都一起参加"，这样措辞的效果要比"我不希望被忽视"好一些。同样，S型人想表达"我不喜欢被人指点该怎么做"时，可以这样说："如果想让我做些什么事，我希望对方提出诚恳的请求，而不是生硬的要求或者隐藏的期望。事实上，我能够为工作如何完成以及何时完成做出自己的贡献。"

②即时反馈

在合作关系开始后，如果意识到自己被对方触怒，应该立刻告诉对方。这对S型人来说有些困难，原因有三点：

第一，S型人可能意识不到自己的不满。如果他们开始注意自身的情绪和反应，就能充分感到自己的紧张和愤怒。这时S型人需要认真思考引起自己愤怒的起因，千万不要贸然把怒火发泄到不相干的人或事情上。

第二，当S型人意识到自己的愤怒时，他们可能什么也不说，深怕引发冲突。事实上，S型人应该认识到，在问题发生的第一时间进行交流可以减少冲突的发生。这种坦白还可以建立彼此之间和谐、互信的合作关系。

第三，S型人本来打算说点什么，但总是拖延交流的时间。要么感觉时机总不对头，要么不知道该如何表达，要么被其他一些紧迫的工作缠住。因此S型人需要下定决心，在事情发生后立刻采取行动，和对方进行交流。虽然这样做会感到有些尴尬，但远比问题堆积后再处理简单得多。

③及时释放

S型人感到自己已经开始显露出愤怒情绪时，不防进行一些身体上的锻炼或者出去走一走。和其他三种类型的人一样，S型人也可以通过体育运动缓解心中的愤怒。但需要注意的是，不能通过身体运动来避免冲突。运动可以抚慰S型人的心灵，但也可能导致他们完全忘记那些困扰自己的事情。一旦S型人将注意力完全转移到体育运动上，他们还需要正视困扰，重新集中精力思索自身的问题，比如，利用运动后短暂的休息时间，询问自己："我是否还在注意那些让我愤怒的事情？我目前对事情的想法和感受是什么？"

④自我反省

当感到被触怒时，S型人可以试着回答以下问题："我对所处环境或者同事行为的反应，是否说明自身存在的一些问题？自己在哪些方面需要改善？如何处理自己的情绪才能塑造最佳的自我？"

这些问题对很多关照S型人来说是一个难题，因为他们平时总是在关照别人，却很少关注自己。他们几乎不注意自己的感受、想法、需要或者应该做的事情。从这点来看，S型人完全忽略了自己，而且S型人这种"自我忘记和忽略"的程度远远高于其他三种类型的人。

S型人要回答上面的问题，需要先把注意力集中在自己身上，这对他们来说是一个挑战，但也是塑造成功自我的体验。

S型人的个性特点就是要避免冲突，因此当他们真正开始处理冲突时，常常会产生被利用或者被忽视的感觉，这在很大程度上是因为S型人不擅长表达自己的真实感受、不知如何为自己辩解，也不懂坚持自己的信念。他们通常发现处理潜在冲突就是退让或妥协，勉强同意对方的观点，采取消极抵抗的方式，即使心里不同意，嘴上也会同意。这是S型人要克服的另一个短板。

总之，关照S型人要想实现自我反省，首先要做到两点：关注自己，敢于表达自己的真实感受。

7.3.2 接受技能：退避忍让，用真诚和信任化解矛盾

小耿，探索S型人，他和小吕同在一家通信设备集团工作，只不过小吕在A城总部，而小耿远在900千米以外的B城企业业务部工作。在过去的一年里，两人共同合作了一系列项目。有一次，小吕一个星期给小耿留了三个语音信息，询问他是否愿意参加一个有关他们合作项目的重要会议，这个会议将于下周在公司总部召开。然而，小耿一个星期之后才给小吕回电话。

小耿在电话中十分烦躁，气愤且充满指责地说："不要再给我施加那么多压力！我还没有决定是否参加会议。我并不想和你发生争执，但看起来你很想。"

小吕被小耿毫无征兆的指责惊得目瞪口呆,他回应说:"小耿,我只不过想确认一下你是否打算参加这次会议,这样我才能为你进行一些合适的安排。你为什么这样生气?"

(1)容易触怒探索 S 型人的场景

- 压力
- 缺乏真诚
- 缺少关心
- 滥用权力

小耿在电话中的强烈反应让小吕大吃一惊,而事实上,小吕已经在无意中多次触动小耿的愤怒触发器。首先,小耿面临的工作压力非常大,而小吕却没有意识到这点。下面几项有关这次会议的考虑尤其加重了小耿的心理负担:如何在开会之前完成手中已经堆积如山的工作;如何负担这次旅程,因为自己的预算已经超支;自己的胃病如此严重,这次会议如何成行。上述原因都让小耿担心自己是否能够如期参加这次会议,在还没有做出决定之前,小吕的电话只会给他带来更多的压力。

小吕所留的三个语音信息中,既没有提到任何和这次会议相关的工作问题,也没有询问一句小耿的健康状况,事实上,小吕对小耿的身体情况非常了解。小耿认为小吕这样做根本不在乎彼此之间的合作关系,以及通过工作建立起来的友谊。

更为严重的一点是,小耿已经开始怀疑小吕的动机。在上次的项目会议上,小吕竭尽全力表现自己,向公司管理层和客户传递自己比小耿有更多的影响力。小耿认为小吕之所以这样做是想在这个项目中掌握更大的主导权,而对于这种变化他们从来没有交流过。因此,小耿开始质疑小吕在彼此合作关系中的诚意,"小吕只不过想以他们共同的工作成果为自己的晋升增加砝码"。

通常情况下，S型人对别人是否拥有真正的权威非常敏感，同时还会质疑那些权威人物是否正当地使用了自己的权力，因此S型人深怕有些人暗自滥用权力给自己或他人带来伤害。

在这个案例中，小耿最后爆发愤怒并不是因为小吕直接表现出的那些行为，而是因为自己猜测到了小吕内心深藏的动机，尽管这些动机并不一定真实。S型人崇尚和谐、友善的工作气氛，因此小耿不断掩盖和压抑自己的不满，这些怒气不断积累，得不到及时释放，终于在电话中爆发了，直到这时小吕才意识到小耿的真实情绪。

（2）探索S型人被触怒后的反应

- 可能采取退避的态度
- 进行透彻的分析
- 反应强烈
- 内心不断地进行猜测

最初，在面对彼此的关系时，S型人会逃避一段时间，因为这时，忧虑以及猜测已经占据了他们整个身心。S型人通常会一再分析形势，以澄清事实，决定如何应对。这种透彻的分析过程，却掺杂着担忧和自我怀疑，同时为了避免冲突，S型人往往会不断拖延采取措施的时间，有时甚至会放弃进一步的行动。小耿尽可能地拖延与小吕的联系，因为他还没有想好是否应该回电话，同时还在思考是否应该去参加那个会议。然而，小耿知道自己必须在会议之前给小吕回电话，毕竟，不露面再没有半句解释实在是不妥当的做法。

在过度担忧和分析之后，S型人可能会怀疑对方怀有危险的动机。他们会得出另一个结论：认为自己没有能力，或者权力和影响力不足以控制整个形势。不管得出上述哪种结论，S型人永远不会再去接触对方。这并不是说，他们会忘记这个冲突，相反地，这件事情会长久地留在他们的脑海里。

另外，有些S型人在生气的时候会立刻诉说，尤其是当对方正好站在面前。通常情况下，S型人的反应强烈、快速，但是他们往往会把这些情绪藏在心里。然而如果触怒自己的人正好就在面前，他们也会本能地开始抱怨，思维敏捷、言辞尖锐。由于 S 型人富于直觉和洞察力，因此他们的评论往往直达问题的关键。但是有时因为 S 型人所说的内容倾向于直接反映他们内心的感受、想法或者外在行为，由此发表的评论也可能完全偏离主题，离真相越来越远。

（3）如何缓解与探索 S 型人的冲突

> - 在 S 型人退避的时候给他们空间
> - 让 S 型人充分表达自己的感受
> - 认可他们的看法
> - 做到热心、真诚
> - 重建信任

当 S 型人感到痛苦、愤怒时，最好的策略是在接近他们时不要带有任何压力。S 型人被负面情绪困扰时，往往会给自己施加很多压力，这时一个简单的交流建议在他们看来都是专横的要求。内心强大的自我压力和别人带来的轻微压力交织在一起，S 型人往往认为所有的压力都来自外界，这是 S 型人映射心理的部分表现，即把自己内心的感受归因于外界发生的行为。

如果 S 型人退避到一边开始分析和处理自己的感受和想法，我们最好给他们留出足够的时间。这时只需简单地告诉他们："我了解你的痛苦，我能感觉到有些事情发生了，你如果准备好了，请告诉我，我非常乐意和你交流一下。"但要记住，如果 S 型人情绪非常低落，他们甚至会把这种提议也看作一种压力。

在 S 型人做好交流的准备时，我们应该让他们充分阐述自己的观点、感受和推论过程。作为听众，我们应该自我克制，尤其是当 S 型人将自己的感受归因到某人或者某事上时，积极倾听他们的诉说，显得更加重要。S 型人的这种映射行为可能会表现为一种谴责，因为他们已经花费了很多时间纠缠于这些痛苦和感受，他们相信自己的见解完全正确地反映了现实。这时，如果我们反驳说："这都是你臆想的"，或者"事实并不是这样"，情况会变得更糟。正确的回应是："你这种理解事情的视角对我很有帮助"，或者"如果我也那样看待这件事，我的反应肯定和你相同"，这种方法认可了S型人看待问题的角度，但没有公开赞同他们的结论，却拉近了与S型人之间的距离，为进一步交流打开了方便之门。

在与S型人分享自己的看法时，我们应该表现出真诚和热心。一般来说，当彼此之间存在紧张的冲突时，信任就会减退，这对S型人来说尤其如此，他们往往把信任或者不信任的问题看作对话的基础。在交谈时，S型人不仅会注意对方所讲的内容，还会判断是否应该恢复彼此之间的信任，因此，热心、诚实、直率的行为表现对双方的交流大有益处。诚实固然重要，但在与S型人的交流中，我们仍然需要注意不要指责他们，或者让S型人觉得交流会给他们带来新的伤害。

（4）探索S型人如何控制自己的愤怒

①预先告知

在双方的工作或合作关系确立后，强调一下哪些行为可能会触怒自己。和新的工作伙伴坐下来，谈一些轻松的事情，这对S型人来说是一个很好的、实用的建议。在交谈的最后，S型人可以建议谈一下双方各自的期待，比如，"让我们谈一谈自己对双方工作关系的期待，从而让合作有一个良好的开始"。谈论的内容可以包括工作目标、角色分配、责任义务等。

在讨论了上述话题后，S型人可以引入有关哪些行为会触怒自己的内容："如果人们愿意分享一下在工作中有哪些行为会困扰自己，肯定可以避免很多误解。也许我们可以根据以往的经历谈一下自己这方面的情况，这样我们的合作也会更加顺利。"

在分享相关信息时，S型人可以告诉对方："我最大的问题在于不知如何应对外界压力，比如，不停地打电话确认进度。同时，由于内心已经给自己施加了很多压力，所以外界的压力往往会给我带来双倍的紧迫感。"

②即时反馈

在合作关系开始后，如果意识到自己被对方触怒，应该立刻告诉对方。一旦双方同意在愤怒产生的第一时间进行交流，就没有必要再考虑究竟由谁发起对话。应该记住的是"越低强度的冲突越容易补救"。通过分享自己的感受，再加上富有成效的对话，S型人一定可以和对方建立起友善、忠诚、协调的互动关系。

③及时释放

S型人感到自己已经开始显露出愤怒情绪时，不妨进行一些身体上的锻炼或者出去走一走。散步以及其他一些体育运动可以抚慰S型人的焦虑，使他们高涨的情绪平静下来。在被触怒时，尤其是怒火爆发的时候，体育锻炼可以帮助S型人把注意力转移到自己身体上，而不再过分关注思维和情绪。身体运动，尤其是户外活动可以带给人们放松和自由的感觉。S型人在放松的状态下，通常可以找到新的视角来思考问题，同时能够面对和处理潜在的困难。

④自我反省

当感到被触怒时，S型人可以试着回答以下问题："我对所处环境或者同事行为的反应，是否说明自身存在的一些问题？自己在哪些方面需要改善？如何处理自己的情绪才能塑造最佳的自我？"

像谨慎者（C型）一样，绝大多数S型人渴望从生活的多个角度了解自我。然而对S型人来说，在思考上述问题时，应该避免过度分析自我，只需简单地观察内心的活动和反应即可。S型人不仅要特别注意自己的反应所包含的内容，而且需要观察自己反应的进展过程。比如，一个愤怒的S型人往往会关注那些包含忠诚、可信赖、可靠、权威或者其他要素的事件。通过观察自己的反应过程，S型人可能会意识到，每次自己的情绪开始运转，注意到的都是那些会给自己带来相同感受的事情，因此自己的愤怒才会不断积累以至最终爆发。

S型人还可以更进一步考虑为什么自己总是预想到最坏的结果并开始进行准备工作。所有重复的行为都只有一个目的，尽管这个目的在最开始还不是非常明确。S型人可以询问自己以下问题："预想最坏的结局在我的生活中发挥着什么样的作用？我总是把负面事情的发生归因到别人身上，潜在的动机是什么呢？为什么忠诚对我来说如此重要？保持忠诚可以避免哪些感受和哪些事情的发生？尽管我专注于相信他人，如果我开始更多地关注自己，信任自己，会有什么不同？"探索S型人要记住：揭开矛盾比掩盖冲突更能加深彼此的信任；反省自己比要求别人改变要简单得多。因为愤怒越久，裂痕就越大，我们也会为此付出更大的代价。

7.4　含蓄表达，迂回处理分歧

7.4.1　暗示技能：控制情绪，迂回解决冲突

小曹，完美 C 型人，担任一家大型家用电器集团小家电 BG 的市场策划主管，刚刚和自己的同事小韩成功地完成了一次商业预演。她们坐下来开始对刚结束的会议进行总结评估，除了出色与成功的一面外，还讨论了需要改进的地方以及后续需要做的工作。终于在所有的事情完成后，她们把身体靠在椅背上，享受着难得的放松。小韩依然沉浸在成功的喜悦中，她开始讲述自己觉得最完美的演示部分："这部分真是一个挑战，我特别欣赏那时的表现"，等等。

小曹反而沉默了，她的身体语言迅速发生了变化，下颚紧咬、身体更贴近椅背、胳膊紧紧地环绕着身体，所有这一切都显露出她在生气。

是什么让小曹这么焦躁不安？小韩觉得很困惑，她尝试着让小曹说出心烦的事情。几分钟后，小曹突然气急败坏地冲小韩大喊："你在吹牛！刚刚演示的最后一部分你没有按照我们的计划进行，还有就是，谁给你的权力让你在会议中表现得像个领导者？"小韩被小曹这突如其来的质问惊得目瞪口呆，不知所措。

（1）容易触怒完美 C 型人的场景

- 被批评时
- 对方不能坚持到底
- 别人单方面改变计划
- 感觉被欺骗

尽管 C 型人经常评判和批评他人，但同时对来自别人的指责也非常敏感。小曹把小韩的评论看作是一种自鸣得意的表现，对于小韩一句也没有提到她的贡献感到特别恼怒。在小曹看来，小韩没有给予她积极的评价，这等同于批评。小曹感到被忽略了，心中开始产生愤怒，一阵无名火起。

演示过程中发生的一些事情已经让小曹感到不满了。小韩在会议中擅自改变了议事日程，讨论了一些不属于计划范围的内容。尽管小韩这样做只是为了回应客户的问题，但在崇尚流程和规则的小曹看来，简直是不懂规矩的表现："为了迎合客户，居然把我们费尽心血制订的计划抛在一边，不能坚持到底地执行，这太让人气愤了。"小韩擅自改变计划的行为让小曹非常愤怒。

导致小曹不断积累的愤怒最终爆发的原因，也是她最不愿意提及的问题，就是她觉得小韩在演示和之后的讨论中显得过于武断，太过自信。双方本来约定在演示的时候平等地承担各自的工作责任，而小韩却破坏了这一切：独自回答了绝大部分提问，过分地显示出自己的自信，像个领导一样对自己指手画脚。小曹内心觉得小韩似乎成了这次预演的主导者，而自己就像她的一名助理，这深深地触怒了小曹。

看到小曹如此心神不安，小韩被吓得目瞪口呆，因为她一直觉得每一方都有发表观点、回答问题以及改变计划的自由，只要这对预演有利。

（2）完美 C 型人被触怒后的反应

- 发表简短的言论
- 针对别的事情进行谴责
- 一些非语言表达暗示了 C 型人在生气
- 什么也不说

C 型人在被触怒后，会充满愤慨，认为一切都让人讨厌和烦心。在这种情况下，C 型人可能会有三种表现：要么和对方说点什么，要么通过身体语言表达自己的不快，要么把愤怒深深地埋在心里。

如果C型人在感到心烦意乱时决定和对方说点什么，他们往往采取下面两种方式来表达自己的不满：

第一种，C型人可能会非常快速、简短地评论对方所做的事情，结果往往另一方感到不知所措，像是突然被人打了一巴掌一样。

第二种，C型人可能采取旁敲侧击的方式，对他们认为对方做错了的其他事情进行指责；对于这种指责，另一方更会感到莫名其妙，大吃一惊。

另外，C型人也会通过尖锐的嗓音、紧张的身体语言等非语言因素来表达自己的痛苦情绪。在这种情况下，对方能够感受到C型人的不满，但却不明白他们生气的原因。上述案例中，在商业预演后的随意谈话中，小韩已经感受到小曹在生自己的气，这都是通过小曹的非语言行为流露出来的。小韩尝试着让小曹说出原因，当听到小曹的回应后，小韩才明白小曹为什么对自己存在敌意。

（3）如何缓解与完美C型人的冲突

> - 采取解决问题的积极态度
> - 给C型人时间好好梳理自己的情绪
> - 对谈话进行一定的准备和规划
> - 首先让C型人说出自己的想法
> - 不要使用评判式的语言

尽管绝大多数C型人愿意直接解决冲突，但更多的时候他们倾向于避免冲突的发生。这是因为C型人通常会努力进行自我控制和自我管理，而直接处理让人愤怒的事情和冲突，很可能导致一方或者双方丧失控制自己情绪的能力。另外，相对于愤怒而言，C型人通常更容易感到怨恨，因为他们认为"暴怒"和"痛恨"都是一些不良情绪，应该加以克制。因此在直接表现自己的愤怒之前，C型人需要清晰地确认自己的这种情绪是"应该的"和"正当的"。

以下两种方法都可以有效地解决和C型人之间的冲突。

第一种方法，如果冲突的强度较低或者属于中等水平，比如冲突持续的时间比较短，C型人看起来也不是非常激动，那么我们最好尽快采取解决问题的方法。首先，我们要获得C型人的合作，在他们认可有问题存在的前提下对谈话进行一些小小的规划。一个真诚的建议："我想究竟有什么事情让你这么困扰，有时间你愿意和我谈一下吗？"就可以带给C型人心理上的宽慰，让他们了解谈话的主要目的在于求同存异、寻找事实，而不是直接面对面的对质。另外，我们可以将对话的时间稍稍推延，留出足够的时间让C型人思考自己愤怒的根源究竟是什么。真正的谈话开始后，C型人通常喜欢对谈话进行一些小小的但并不过分的规划，比如给对方15分钟讲述一下自己的感受，因为没有经过任何规划的正式谈话都会让C型人觉得杂乱无章、太过冒险。这时，我们应该积极响应，配合他们的行动。

第二种方法，在问题刚刚出现时就立刻坐下来解决它。这种方法适用于冲突比较激烈的情况，因为问题已经非常明显，冲突有进一步扩大的风险，必须立刻进行处理。第一步，坦率地告诉C型人："你看起来非常心烦，一定有什么事困扰着你吧？能和我说说吗？我希望能帮助你。"让他们不受打扰地先讲出自己的感受，对于解决问题至关重要。如果C型人愿意直接表达自己的愤怒，这说明他们在分享感受的时候希望获得一些帮助，从而让自己感觉舒服一些。这个时候我们要趁热打铁，抓住时机对C型人说一些鼓励的话："我不知道这样的行为会影响到你，你能说出来太好了。"这样他们可能愿意分享更多的内心感受。把自己的想法和情绪全部说出来以后，C型人会变得非常坦率、放松，他们能够全身心地投入对话中，更能积极地接受和回应对方所说的内容，增加了解决冲突的可能性。

我们在和C型人谈话时，尽量不要使用评判式的语言，因为别人的评价或者指责往往会激活C型人内心的挑剔本性。一般情况下，C型人往往会对自己提出很高的要求，他们对自己的严苛程度远远超过对待他人。在讨论和解决冲突的过程中，如果C型人开始变得自我防卫，他们不仅会逃避别人的批评，也会逃离自我指责。这些对冲突的顺利化解都非常不利。

（4）完美C型人如何控制自己的愤怒

①预先告知

在双方的工作或合作关系确立后，强调一下哪些行为可能会触怒自己。除了上面列出的可能触怒C型人的行为，C型人还可以根据自己的情况增加相应的内容，对每种行为都要详细地注解，以帮助别人理解这些行为的含义。比如，"另外一方的不能坚持到底"可能有多种含义：不能遵守远期的承诺，不能立刻完成任务，或者是 24 小时内没有回应等。

②即时反馈

在合作关系开始后，如果意识到自己被对方触怒，应该立刻告诉对方。C型人可能在还没有意识到自己真实的感受时，就通过行为暴露了一切，比如一段急促的语言。C型人可以根据"完美C型人被触怒后的反应"一节中的内容来判定自己是否陷入了困扰的情绪，然后思考具体是什么扰乱了自己的心情。另外，C型人挑剔的反应往往会通过一些非语言行为表现出来，因此C型人在和他人讨论自己的愤怒时，一定要注意身体语言尽量保持中立，至少不要过于强烈，这样对方才更专注于自己所说的内容，而不会被C型人无意识中表现出的非语言行为吸引，造成更大的误解。

③及时释放

C型人感到自己已经开始显露出愤怒情绪时，不妨进行一些身体上的锻炼或者出去走一走。对C型人来说，这一点尤其重要，因为这样他们又能重新思考一下自己的外在和内在感受，更容易发现自己愤怒的深层原因，而且有些原因和自己的情绪甚至没有任何直接联系。

④自我反省

当感到被触怒时，C型人可以试着回答以下问题："我对所处环境或者同事行为的反应，是否说明自身存在的一些问题？自己在哪些方面需要改善？如何处理自己的情绪才能塑造最佳的自我？"

对自己行为的过度探究往往会导致很多C型人开始转向自我挑剔，如果这种行为得不到遏制，就会从自我挑剔扩大到挑剔他人，因此C型人最好进行一些更为开放的思考。C型人可以通过多个视角，猜测其他人会怎么看待这个困扰我们的环境。比如，可以询问自己下面这个问题："有三个我很了解和尊重的朋友，他们的性格各不相同。面对这个让我烦恼的情形，他们各自会做何反应？我能学习到哪些东西？"

C型人喜欢压抑自己的愤怒情绪，但是他们的这种感觉并不是永远都不会发泄，经过一段时间的积累，一件小事就可能触动他们那敏感的神经，那些潜伏在心头的怒气就会像火山一样突然爆发。因此C型人应该时刻关注自己这个特点，同时思索一下究竟什么才是导致自己愤怒的真正原因。

C型人的愤怒可能会和一些更深层次的因素联系在一起，比如总认为自己"做得不够完美"，或者别人不像自己这么努力却能侥幸成功等。其他导致C型人愤怒的因素还可能源自他们控制周围环境的愿望，或者喜欢"比较和将人分类"的习惯，比如谁的回答正确，谁的行为最恰当，以及谁最勤奋，谁是最完美的人等。在和他人比较的过程中处于下风往往是导致C型人愤怒的、真正的、内在的原因，认识到这一点，C型人才会进行深刻的自我反省。

7.4.2　内释技能：把愤怒藏在心里，逐步释放不满

薛女士是一家大型互联网上市集团的副总裁兼首席财务官，观察C型人，公司最近雇用了一家知名的会计师事务所来处理两年来非常混乱的财务记录。保存精准的财务记录和财务报告对上市公司来说非常重要，但同时也是一项令人畏惧的任务。作为公司的首席财务官，薛总需要明确这家会计师事务所的任务、角色和责任等问题。

3个星期过去了，薛总花费了大量时间，逐步和这家会计师事务所的高级合伙人小魏建立了积极的工作关系。尽管这家事务所最初的工作成果不能让人满意，但是薛总充满信心，相信自己和小魏之间和谐的关系可以帮助她们顺利解决这些和工作相关的困难，而这些困难都是初次合作不可避免的。

一次，在公司高级管理人员会议上，大家一起讨论这家新的会计师事务所存在的问题，薛总积极肯定了小魏和她的事务所这段时间的工作，同时还提出了一些解决财务问题的方案。在会议中场休息的时间里，一位高管与薛总闲聊："薛总，您真的50岁了吗？"

薛总感到非常震惊，她反问对方："你是从哪里听来的？"

"小魏有一次告诉我的"，那位高管回答说。

薛总非常生气："她干了些什么？那应该是我们两人之间的秘密谈话。"

了解到小魏泄露了这个秘密后，薛总中断了对她以及这家事务所的支持。不到一个月，公司便终止了和这家事务所的合作关系，随后雇用了另一家会计师事务所。

（1）容易触怒观察 C 型人的场景

- 破坏彼此之间的信任
- 突如其来的信息使 C 型人感到惊讶
- 不诚实
- 不受控制的局势
- 工作任务过重

在了解到小魏向同事泄露了自己年龄的那一瞬间，薛总感到震惊，她对小魏的信任完全消失。大多数人对自己的个人隐私都非常看重，无论是男性还是女性，尤其是在激烈的职场环境中，一个小小的隐私可能引发自己的职场危机，但他们的反应不会像 C 型人这样强烈。

像绝大多数 C 型人一样，薛总小心地维护着自己的隐私。一些个人信息，比如年龄、婚姻状况、身体情况，对 C 型人来说都是私密的。

在一次和小魏的交谈中，由于她问到了自己的年龄，薛总为了进一步增强她们之间的和谐关系便告诉了她。得知小魏把自己的秘密告诉了别人，还是自己公司的同事时，薛总感到非常愤慨。作为一名职场女性，薛总非常注意自己的形象，由于善于保养，薛总看起来很年轻，她不愿意让人知道自己的实际年龄，是怕别人对自己态度有所改变，这是她感到愤怒的部分原因。

问题还不只这些，关键是泄露 C 型人的隐私之后，他们从此不会再信任你。

这件事过后，无论任何时候谈论起小魏的事务所，薛总都会想起她泄露自己年龄的事情。实际上，小魏的事务所在工作上的表现令薛总并不满意，但薛总对这些都能容忍，可以通过建立工作流程和规范来改变。但是薛总却不能漠视对信任关系的破坏，她坚持认为侵犯隐私才是最严重的冒犯。对薛总来说，自己的怒火已经濒临爆发的边缘。

令薛总生气的不仅是自己的隐私被人泄露，小魏不慎重的言行也让她非常震惊。

如果小魏事先让薛总得知自己在不经意间把她的年龄告诉了别人，薛总即使不开心，但最终会原谅小魏。然而，薛总却在一个半公开的场合从同事口中得知小魏犯下的错误，而对方还是一个自己永远都不可能与其分享年龄秘密的人。"她是事务所的高级管理人员，却这样没有专业精神，她都这样，那么其他会计师不知会做出什么事呢？"薛总毫无防范，越想越生气，她的愤怒几乎要爆发了。

薛总现在可以给小魏画像了：不专业，毫无职业操守，没有责任心，信口开河，不诚实，不能信任。尽管薛总从来没有明确告诉小魏不要泄露自己和她分享的一些个人信息，但是薛总认为她们之间存在一个无须言明的、彼此都应该遵守的"信约"：对彼此私人谈话的一些内容要保守秘密。绝大多数C型人都只和自己信任的少数人分享一些私人信息。因此，在得知小魏的所作所为后，薛总心想："如果你不能尊重我的隐私，我还能信任你吗？"

上述描述足以让薛总感到愤怒了，然而使情况更糟的是所有这些事情都发生在公司这个环境中。C型人非常厌恶处在一个自己不能控制的环境中，这样会让他们觉得没有安全感。如果工作压力过大时C型人也会非常紧张。

因为公司目前的财务状况非常混乱，身为财务负责人的薛总倍感压力，才会雇用小魏的事务所对这种状况进行修复。薛总对小魏充满了期望，希望她能帮助公司渡过这个难关。薛总本来认为通过建立相互尊重的工作关系，以小魏的积极态度和能力，加上这家事务所的专业水准，公司的财务体系一定会得到改善。然而，薛总现在不再信任小魏，失去了他人的帮助，公司财务这个难题又落在了自己头上，一想到这个巨大的压力，薛总就感到惶恐和不安。在压力下，C型人又会迁怒到他人，愤怒会愈演愈烈，最终爆发了。

（2）观察 C 型人被触怒后的反应

> - 讲话很少
> - 退避，但不表现出来
> - 把情绪都藏在心里
> - 怒气积压太久或者爆发时会表现出自己的愤怒

当 C 型人被触怒时，他们经常什么也不说，但是愤怒的情绪会一直留在记忆中。C 型人也可能巧妙地退缩，从那个冒犯自己的人身边逃走。然而，人们一般并不会感觉到他们的退缩，因为即使在一个非冲突的环境中，C 型人也习惯于退缩到自己的内心世界中冥想，很少参与别人的事情。

如果别人的冒犯过于严重，或者 C 型人心中的愤怒已经积累到一定程度，他们要么全面退缩，要么直接表现出自己的情绪。这种情况下的退缩是指他们什么也不说，什么也不做，离对方越远越好，避免一切接触。比如，不参加会议；不回电话，不回电子邮件；或者比约定的时间晚到很长时间，却不做任何解释。

在退缩的情况下，C 型人表现出的冷漠掩盖了他们内心活跃的、紧张的、复杂的心理过程。C 型人会花几个小时的时间去猜测别人不恰当行为背后的异常原因，然后想象出多种不同的回应方式，其中一些方式还具有攻击性。C 型人的行为表现和 S 型人看起来非常类似：喜欢预先准备，尽量避免处理一些会引起焦虑的情形。然而 C 型人的过度分析和准备通常发生在负面结果发生之后，而不是之前。这时 C 型人高速运转的心理活动就像一个小型法庭：他们集法官、检察官、受害人众多角色于一身。尽管每个人都倾向于相信自己的想法是正确的，排斥别人的不同意见，但 C 型人尤其如此，特别是在非常愤怒、痛苦的时候。

C 型人还有一种不常见的表现：在面对触怒自己的人时会勃然大怒。在这种情况下，他们不再退缩，而是直接表达自己的感受和想法，C 型人在愤怒的时候能够清晰明白地进行交流，所说的内容非常有力，很有说服效果。这时他们会表现出 D 型人的某些特征。

（3）如何缓解与观察 C 型人的冲突

> - 事前告诉 C 型人想和他们进行交流的愿望
> - 让 C 型人自己选择交流的时间和地点
> - 为第一次交谈设定清晰的、双方认可的期限
> - 首先让 C 型人讲述自己的感受和想法
> - 给 C 型人留出充裕的物理空间
> - 面对问题保持理性的态度
> - 注意情感表达不要过于强烈，以防 C 型人产生压迫感

C 型人倾向于把愤怒藏在心中。有时我们很难判断出 C 型人是否在心烦意乱，因此在第一时间感受到他们的退避或者冷漠时就应该设法接近他们。这样 C 型人就没有时间进行分析、假设和猜想，并得出负面结论，而是能够更多地听取别人所说的内容。

我们应该尽量寻找一个私密空间，邀请 C 型人进行交流："有没有可能我们花半个小时讨论一些问题？"需要注意的是，我们应该让 C 型人自己选择交流的时间和地点。另外，C 型人并不喜欢立刻讨论相关问题，我们可以通过电子邮件、语音信息或其他工具和 C 型人约定会面的时间，这样既不会过于突然，又可以避免因为面对面提出要求让 C 型人感受到压力。这些非直接的邀请方式使 C 型人无须隐藏自己最初的反应，但是如果第一次提议没有得到他们的回应，我们可以在几天内陆续发出一次或者两次邀请，以得到 C 型人的关注。

30 分钟的会面对很多人来说可能过于短暂，但是却能让 C 型人觉得安心，因为他们并不愿意长时间地进行紧张的情绪交流。如果第一次讨论进展不错，C 型人通常会主动延长会面时间或者重新约定下次见面的时间。

在第一次会面时，我们应该鼓励 C 型人讲出问题的起因，分享内心的感受和想法。我们可以采取含蓄但清晰的交流方式。采用直接的方法，比如，"你看起来很愤怒，我想知道为什么"可能有效，但也可能造成相反的效果，使 C 型人变得更加疏远。含蓄的方法会更好一些，比如"我希望你愿意和我谈一下你

心中可能存在的想法",如果C型人回应说自己没有什么想法,我们可以列举出一些他们的行为表现来支持我们的观点,比如"我发现你不再像以前那样经常征求我的意见",可能会让C型人更加坦率一些。

交流一旦开始,我们要注意倾听,同时对C型人花费时间所讲情况的事实予以认可,虽然我们并不一定认可他们的观点,但却肯定了他们敢于诉说的精神。这种方法以一种默认的方式使C型人愿意敞开心扉,把内心深处的一些情绪排解出来。

前面介绍过,C型人也可能会直接表达自己内心的真实感受。这种情况下,我们一定要表现出欣赏他们这种做法的态度。C型人这种做法要么是在冒险,目前这个时刻完全按照自己的感受行事;要么就是因为过于愤怒,无法像平时那样退避到心灵深处,尽量控制自己的情绪。当C型人陈述完自己的想法时,我们也可以提出简单的要求,比如"请再多说一些,这样我才能完全理解",往往可以鼓励C型人分享更多的想法。

C型人不管是采取退避的方式,还是愿意进行坦率的交流,他们都强烈地希望对方能给自己留出足够的空间,尤其是在面对冲突问题的时候。比如对其他类型的人而言,交流的双方最好保持30~45厘米的空间距离。但对C型人来说,这种距离最好延伸到45~60厘米;当C型人面临巨大压力时,则需要延伸到60~90厘米。同样地,C型人不喜欢过多的身体接触,在感到烦闷的时候更厌恶对方的这些举动。

C型人在充分表达了自己的感受之后,通常能够听取对方的观点。这时我们应该采取理性的方式陈述事实,同时讲述自己的感受,效果一般不错,需要注意的是不要让交流变得过于激烈。在交谈的最后,应该得出一个双方认可的解决方案,这种解决方案应该是实用的、具体的,经过双方协商通过的。另外,解决方案的提出也能向C型人保证他们不会再经历类似痛苦的事情。

(4)观察C型人如何控制自己的愤怒

①预先告知

在双方的工作或合作关系确立后,强调一下哪些行为可能会触怒自己。在工作关系确立的早期采用这种方式的自我释放对很多C型人来说是一种压力,但这种方式的确有很多优点。

C型人完全可以这样措辞："我们可以交流一下如何让彼此的合作更加有成效。有一些事情对我来说非常重要，比如工作经过认真的安排，一切都在控制中，另外，我不喜欢意外事件的发生。所谓意外事件，是指那些不必要的、最后才提出的要求，以及在我已经有了别的安排后，却要求我增加工作时间。在合作的过程中，我希望彼此之间都能及时告知对方那些能使公司或者项目运转更加顺利的信息。"

②即时反馈

在合作关系开始后，如果意识到自己被对方触怒，应该立刻告诉对方。这种方法可以最大限度地降低给彼此之间造成的意外惊吓。在关于工作方式的最初交流中，C型人应该记住：在合作过程中发生不愉快时要第一时间进行交流，比如"让我们在不开心的事发生的第一时间就讲出自己的感受，这样我们的合作就能一直富有成效"，通常都能得到对方肯定的回应。

有了这样一个约定，哪怕发生的是一件很小的事情，双方也可以立刻交流彼此的感受。另外，不要把这一行为当作是对别人的侵扰，因为你们彼此之间已经有了约定。但对C型人来说很重要的一点是：首先确认某些事困扰了自己的情绪，在保证自己想法正确的情况下，才言之有物地和对方开始交流。

③及时释放

C型人感到自己已经开始显露出愤怒情绪时，不妨进行一些身体上的锻炼或者出去走一走。为了缓解自己的情绪，远离冲突的另一方，C型人可能采取不同的方法。比如，有些C型人不再从胸腔处进行深呼吸，而是从脖颈处急促地呼吸；或者把全部的注意力集中在自己的感受上，思绪翻飞；也可能开始对发生的让人痛苦的事情进行分类，把它们归入不同的精神范畴。

不管C型人采取何种方式，都不可避免地导致身体和心灵的暂时分离，这时进行一些体育运动能在精神和身体之间重新建立联系，因为我们的情绪通常与身体的某些感受保持一致。

④自我反省

当感到被触怒时，C型人可以试着回答以下问题："我对所处环境或者同事行为的反应，是否说明自身存在的一些问题？自己在哪些方面需要改善？如何处理自己的情绪才能塑造最佳的自我？"

绝大多数C型人都渴望获取知识和理解，因而，这种自我发泄的方法对他们非常适合。回答上述问题的关键是要保持感性和客观的态度：所谓感性，是指探究自己内心的感受，将感受和自己的想法置于同样重要的地位；而客观是指C型人不仅要从自己的角度，还必须从别人的角度来观察自己。C型人可以问自己一个问题："我知道作为C型人的我会有这种反应，那么其他性格类型的人会有什么不同看法呢？我能从别人的观点中学到什么呢？"通常情况下，这种自我发现的方式可以帮助C型人了解到自己逃避情感生活、逃避他人、逃避内心体验的一面。这对C型人进行更为深刻的自我反省会有巨大的帮助。

第三篇
团队协作素质和能力

CHAPTER 3

第8章　团队进阶活动

在这个世界上，几乎每个人都属于某一个组织，在一定程度上和别人协同工作。事实上，很多人还同时属于多个工作小组或团队，比如，一个人既是某个公司的职员，又是某个社会组织的成员，可能还是另一个项目小组的成员。在团队中和其他成员一起工作总是比独自工作复杂很多，这是因为协同工作包含人际互动、交流和协调，各种元素的结合会产生完全不同的作用：我们觉得在团队中的工作可能富有挑战，可能令人沮丧，也可能让我们获益匪浅。一个拙劣的团队可以让人失望，甚至是愤怒，而一个优秀的团队却能让人无比满足。当一个团队运行得不太顺利或者无法发挥潜在能力时，就需要一些外在的帮助，就像下面这个案例里描述的一样。

8.1　什么是团队

8.1.1　团队的定义

宋佳是一家企业的HRD，一次，她向咨询顾问李勇倾诉道："我本来应该靠自己的能力，让整个团队成员融洽相处，但是现在的形势已经不是我所能控制的了。公司要求人力资源部为下年度制订目标和行动计划，但是部门成员根本不愿意一起工作。团队成员之间的不和谐让我伤透了脑筋，他们老是在我面前互相抱怨，我虽然和每个人都交流过，但收效甚微，团队的面貌几乎没有任何改变，你能帮助我吗？"

为了理解如何在一个团队中工作，我们首先需要搞清楚团队和小组之间的差别。小组就是一些具有共同点的个体的组合；而团队则是某种特定类型的小组，某些成团拥有共同的目标，而这个目标必须通过彼此相互依存的努力才能达成。更为重要的是，团队还要具有高度的集体责任感，这是支撑优秀团队的价值信念。

这样看来，和小组相比，团队具有更高的效能，也能给成员带来更大的满足感。团队的共同目标使所有成员都团结在一起，团队的和谐、高效运转使成员感到充满了能量，团队的胜利也能给大家带来一种集体荣誉感和愉悦感，这种满足是小组或者个体的成功无法实现的。

宋佳所领导的人力资源部，具有团队的属性，因为它是通过公司的授权设立的功能性组织。但是却不具有团队的内涵，这些内涵就是笔者上面所表述的内容。在很多组织中，这种"酷似团队"的小组不胜枚举，这也是很多"团队"协作混乱、运行不畅、效率低下的根本原因。如何将小组转变为真正的团队，DISC 给我们提供了一条有效的路径。

DISC 在创建和发展高效能团队方面能给我们什么帮助呢？

首先，如果所有的团队成员都很清楚自己的个性类型，他们就可以通过掌握相关知识来改进个人能力，同时根据其他成员的不同个性相应调整自己的交往行为。

其次，DISC 还可以增强团队成员的理解力和同理心，通过 DISC，他们无须根据个人的参考标准来解读或误读他人的行为，而是从一个更为客观和精准的视角进行观察和分析。

最后，团队成员和团队管理者也可以通过 DISC 来建立共同目标、集体责任感和价值观，以及彼此之间的相互依赖，并且在实现目标的过程中扩展、改善每个角色的个人能力和行为。

本章所提供的案例介绍了一个现实中的小组是如何通过两天的集体学习转变成团队的。这里展示的不仅是事件本身，还包括每个成员在学习之前、中间和之后的想法、感受和行为变化。对于冲突和其他行为，笔者将根据每个参与者的特定个性类型进行分析，分析所使用的方法不仅包括"DISC"知识，还有组织行为理论。

8.1.2 团队的运转

在分析每个团队成员的集体行动之前,我们需要弄清楚团队是如何运转的。由于团队发展的复杂和动态性,人们很难从单一的视角或者拣选某个时刻来理解团队的运行,因此,我们必须通过多重视角或者框架来看待团队,还要从团队整个发展周期来考虑它的动态运转。本章案例将从下面四个关于团队的视角进行分析:

(1)卓越的团队目标

每种个性类型对于什么是卓越的团队目标有自己不同的期望,我们的期望和真正的团队目标契合度越高,我们对团队的满意度就越高。

(2)卓越的团队相互依存状态

不同个性类型的成员对自己和他人行为表现的相互依存程度有不同的偏好。有些人喜欢较低程度的相互依赖,就像高尔夫球队一样;有些人则中意中等程度的,像棒球队一样;也有些人偏爱较高程度的彼此依存,像篮球队和足球队一样(见图8-1)。

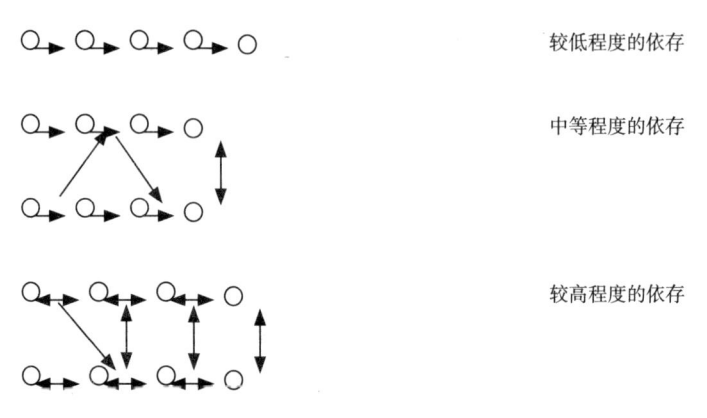

图8-1 团队成员相互依存程度

(3)成员在团队中担当的角色

团队中每个成员的行为都可以被归入两个不同的角色分类中:任务角色;关系角色。任务角色是指那些直接针对工作本身的行为;关系角色则包括那些针对感受、关系、团队运行等产生的行为,比如做出决定、解决冲突。

（4）团队发展的四个阶段

形成阶段：团队在形成阶段主要确定三个范围的问题：团队目标、任务、团队组成人员以及团队的领导人员。

磨合阶段：团队形成以后开始进入磨合期。在这个阶段，强度不一定，冲突将不断发生。由于对团队的发展方向以及规划工作的方式看法不同，团队成员和领导之间，不同的成员之间关系也开始变得紧张。紧张的关系下面隐藏着权力、影响、控制、薪酬等问题。当然还有其他一些因素，比如价值观、看法和观念、关注度、安全感等。

规范阶段：团队在解决了冲突之后，会进入规范期。在这个阶段，团队形成了一些大家一致同意的工作约定或者规范，通常包括就上一阶段冲突达成的解决方案。

履行阶段：在最后一个阶段，团队的工作能力增强，展现出集体的共同协作和高涨士气，开始走向成熟。

一般来说，形成阶段和磨合阶段的团队就是"酷似团队"的小组；只有顺利度过规范阶段，才能转变为真正的团队；如果度过了履行阶段，就能转变成卓越的团队，这四个阶段是不断发展的，只有解决了一个阶段的问题才能成功进入下一个阶段（见图8-2）。有时由于尚未解决的问题重新出现或者新的挑战发生，团队还可能退回到以往的阶段；有些团队甚至永远没有机会摆脱前两个阶段进入第三个阶段。

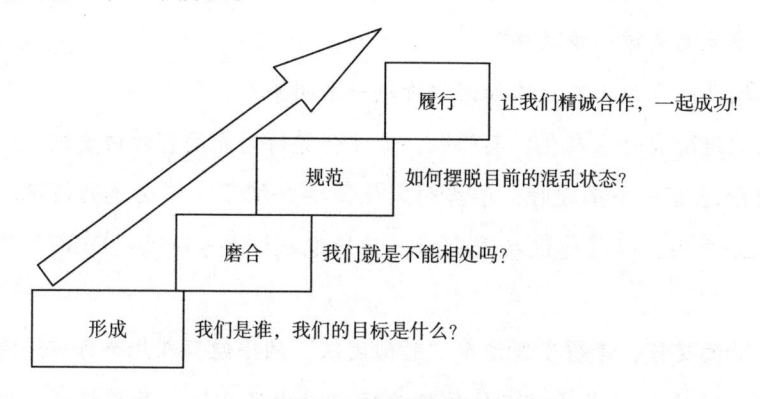

图8-2　团队发展的四个阶段

8.2 团队进阶活动

宋佳所在的人力资源部属于集团层面的部门，由9名员工构成，3年前成立，目前指导着8个分支机构，32名人力资源员工的工作，为大约4000名雇员服务。现在团队运转遇到了极大的困难，宋佳只得聘请咨询师李勇介入，帮助团队摆脱困境。在李勇的协助下，人力资源部利用周五和周六两天时间准备了一场"团队进阶"活动，一是为了重整团队，二是为下一年度制订目标和计划。这个为期两天的活动是应部门负责人宋佳的要求举行的，并且聘用咨询师李勇参与，这样她才能完全参与到整个活动中。宋佳和李勇商定最好大家能在一个远离办公地点的地方待一夜，既能更加放松，也不至于被工作要求扰乱思路。于是，部门助理罗莉娜在一个距离办公地点大约一小时车程的地方预订了一间漂亮的小型会议室。

作为活动的组成部分，在团队进阶的3个星期以前，咨询师李勇秘密地和每个成员都进行了长达两个小时的谈话。通过这些交流，李勇了解了每个参与者，清楚了部门的需求，同时确认了在进阶时需要处理的敏感问题。对每个部门人员，李勇都问了下面的问题：

人力资源部门中哪些方面做得不错？

有哪些方面需要进一步改善？

从一个团队的角度出发，你如何评价每一个同事？

你对这次进阶有什么期望，怎样做，你才会觉得时光没有白白度过？

距离进阶还有一个星期时，李勇向宋佳简要介绍了一下交流的情况。另外，由于几个原因，李勇建议在进阶的一开始先教给大家一些"DISC"的基本知识。

通过前面的交谈，李勇发现这个"酷似团队"的小组存在几个目前还没有解决的问题，还有几名成员对宋佳的领导风格提出了质疑。李勇推断，理解"DISC"知识肯定可以帮助这些成员讨论和解决其中的一些问题，宋佳表示赞同，她也觉得这些成员在分享新信息的同时，还能提高作为人力资源服务者的基本技能。于是，宋佳给每个成员发了一封电子邮件，建议大家在整个进阶过程中学习并应用"DISC"知识，她的提议得到了所有人积极的回应，为进阶活动开了一个好头（见表8-1）。

表8-1 团队进阶活动的参与者

个性类型	姓名/年龄	职务	和进阶有关的重要问题
权威D型人	吴晓静，30	人力专员	拼命想离开这个部门，不尊重领导宋佳
权威D型人	侯永利，25	实习生	沮丧，困惑，因为感觉其他人忽略、不尊重自己，尤其是于仲元
温和D型人	杨进贤，36	高级专员	希望从这次进阶中毫发无损地脱身，获得提成
贡献I型人	丁小芬，29	人力专员	希望得到帮助，但是不知道问题出在哪里
实干I型人	宋佳，42	人力总监	能干，但充满焦虑，知道自己是大家不满和愤怒的对象
关照S型人	黄凯，34	高级专员	完全退避，想要避免彼此的冲突
关照S型人	李勇，41	咨询师	有技能，但感觉焦虑，觉得小组很多问题都是有关人际关系的，很难处理
探索S型人	于仲元，34	资深专员	情绪上感觉痛苦并具有攻击性，想说很多话，但是担心伤害团队、他人以及自己
完美C型人	罗莉娜，38	部门助理	不耐烦，觉得自己在进阶中没有被安排一个真正的角色
观察C型人	沙丽，37	资深专员	想要逃离，躲开自己的竞争对手于仲元的情感攻击

8.2.1 进阶前

进阶前一个星期，每位成员的感受和行为表现各不相同，他们都有自己特别的关注点。就自己关心的问题，有些人和咨询师李勇进行了交流，有些人则和同事进行了讨论。

吴晓静，权威D型人，本来有条件升任高级人力资源专员，但却被宋佳否决了，宋佳甚至没有对她的经验和能力给予认可。吴晓静一想到这些就异常愤怒："我应该是人力总监的，最起码我果敢坚决。宋佳是感受到我的威胁了吗？"然而，对于这次进阶活动吴晓静最关心的还是侯永利这个实习生的问题，他们二人关系一直比较亲近。吴晓静想："侯永利比这个部门中的很多人都有能力。当然，他还存在一些问题，但我们应该对他进行指导帮助。经过历练，他会散发出光芒的。宋佳作为领导，本来也应该细心指导和关心侯永利的成长，但她却总是指示于仲元打击他。"

侯永利，另一个权威D型人，研究生即将毕业，他已经在这个部门实习快一年了，公司支付他实习的薪水。但是每个人都知道他将在两个星期后离开。寻找新工作的过程以及要离开公司的心情让侯永利感受到很大的压力。他根本不愿意参加这次活动，但吴晓静和咨询师李勇都拼命鼓励他参加。侯永利很担忧："为什么于仲元总是对我充满敌意？宋佳为什么不能在部门中给我提个合适的位置？这几个月如果没有晓静姐的帮助，我都不知道如何熬过来。有时晓静姐会给我很棒的建议，和她交流并被理解感觉真好。我难道做了一些让其他人厌烦的事情吗？我所做的不过就是进行研究，提出建议以及询问一些疑难问题，而且绝大多数时间，他们根本忽略我的存在。"

杨进贤，温和D型人，部门中最有经验的高级人力资源专员，他正在思索是否要为这次进阶活动做些事情？他知道自己比其他成员更有经验和见解力，而且与团队中每个成员都保持着良好的关系。由于他的角色是人力资源接口人，每个月大部分时间都要与各个分支机构HRBP进行交流，指导、监督和支持他们的工作，因此很少见到部门同事。他心想："我为什么要被部门现在的混乱状况牵扯进去？另外，我也不希望伤害我们彼此之间的关系，尤其是宋佳，我和她一直相处得不错。如果这次活动中有什么负面情况发生，我被牵扯进去怎么办？以后的晋升我还需要宋佳的支持，我认为最好表现得很感兴趣，但要尽量保持低调。"

丁小芬，贡献I型人，人力资源专员，她向于仲元汇报工作。丁小芬最近刚刚结束自己6个月的休假，因此错过了那些促使宋佳举行这次进阶的事情的发生。在和咨询师李勇的会谈中，丁小芬几乎什么也没说。她希望大家都能热心于共同的目标，认真合作。但在和于仲元、罗莉娜、吴晓静的一些闲聊中，她感到整个团队内部还有很多没有解决的问题，这让她非常沮丧。丁小芬想：

"我们的共同目标是什么？我怎样做才能让其他人消除从宋佳那里得到的挫折感？怎样做他们才能互相信任呢？"

宋佳，实干I型人，整个部门的负责人，在考虑部门问题的起因和可能的解决方法时感到非常困惑。外表看来，宋佳显得热情，精力充沛。但在内心深处，一想到不知道大家在进阶活动中会对自己的领导风格发表什么看法，就感到焦虑和不安。进阶前的一个星期，宋佳翻阅了李勇和所有员工的交流笔记后，向李勇表达了自己的担心和不耐烦："对于这些问题，我们能有什么办法？我怎么才能处理员工之间的冲突？你觉得这次进阶的日常安排真的能起作用吗？把我们的精力花在这些事情上真是浪费了所有人的时间。"

黄凯，关照S型人，高级人力资源专员，他根本不期待这次活动的到来，尽管他很少和同事提及这次活动，但内心深处真实的感受是不想参加："一个毫无成功希望的团队。活动中的人身攻击肯定非常强烈，让人无法承受。我还有很多工作要做，怎么能抽出两天时间参加这种毫无意义的活动呢？"

李勇，关照S型人，咨询师，这次活动的策划者、支持者和参与者。在和所有的员工交流后，他更加关心如何能使这次进阶活动顺利进行。每个团队成员都告诉了他一些敏感的问题，在李勇看来，其中三个重要的冲突都直接或者间接地和宋佳有关。在交流过程中，李勇了解到绝大多数员工都不愿意参加这次进阶活动，但他们也希望李勇在交流以及后续的活动中保持客观，能够不带偏见地倾听每个人的心声。李勇希望自己能够满足所有期望，当然他也有自己的担忧："大家在一起能否相互合作？我的善意和员工对我的信任，是否能让他们说出那些难以解决的事情？如果活动不是很有成效，我该怎么办？我肯定再没有机会和这家公司合作了。"

于仲元，探索S型人，资深人力资源专员，他对这次进阶活动的心情特别复杂。一方面，他不愿意参加这次活动；另一方面，他觉得终于可以把问题放在桌面上谈一下了。他与沙丽的不和开始于8个月以前，他心想："沙丽在部门中的地位并不是很重要，她总是以牺牲集体的人力资源项目为代价来开展自己的工作。并且她不参加部门会议，还因为下属的成果受到表扬。她根本不能算是一个团队成员，我应该说出自己的感受吗？我会被迫分享自己的想法吗？如果别人都表现得不诚实该怎么办？为什么宋佳一直都支持和袒护沙丽？如果我必须说出自己的看法，我该怎样去说？这次的咨询师真的有能力解决所有这些问题吗？"

罗莉娜，完美C型人，总监助理兼部门行政助理，为部门绝大多数成员提供行政支持。在进阶活动之前，她在部门很多人面前就有关办公室内的事情和这次活动发表了自己的评论；并且根据对象的不同，评论的事情也有所不同，主要看对方是否同意自己的观点。她对黄凯说："真不知道这两天我们能做些什么。"她对沙丽说："你相信吗？于仲元仍然因为侯永利感到心烦。"她对丁小芬说："为什么吴晓静就不能和宋佳解决一下他们之间的问题，然后和睦地工作呢？"

沙丽，观察C型人，资深人力资源专员，她对即将到来的进阶活动感到惧怕和不安。她希望在活动中能够控制自己的言辞，以及说话的时间和方式。如果能够选择，她宁愿什么也不说，尽管她明知这是不可能的。但一想到下面的事情，她仍然感到生气："为什么于仲元对我如此敌视？总是恶语中伤？我在工作时和别人一样努力，甚至更努力，我服务的员工人数不都是第一位吗？这次进阶活动，于仲元会攻击我吗？如果他会这样，我该怎么回应？"

8.2.2 进阶活动的日程安排

这次活动的日程安排，在活动开始一周前，已经分发给了每个部门成员。

星期五9点~12点

任务1：学习"DISC"知识

午餐

星期五13点~17点

任务2：回顾和讨论各自和咨询师李勇的会谈内容

任务3：把所有的问题按优先次序排列

任务4：讨论和解决优先的问题

晚餐和交流时间

星期六9点~17点

任务5：继续讨论和解决问题

8.2.3 进阶中：活动的第一个过程

这个过程主要完成任务 1—3。

进阶活动约定在周五早上 9 点开始，从 8 点半到 9 点，大家陆续走进了会议室，有些人继续吃着早餐，有些人开始闲聊。宋佳、于仲元、丁小芬是最早到的；吴晓静和沙丽最晚，踩着点走进了会议室。

会议室的布局就像一个舒适的起居室，靠近窗户的一排桌子上放着各式点心、水果和饮料，两个沙发和几个扶手椅摆成了一个圆圈。这个圆形的座椅摆设，暗示着邀请的意味，让小组成员都非常吃惊，因为他们已经习惯了比较正式的桌椅布置，因为巨大的会议桌就像一堵防御墙或安全屏障，将成员之间的心理联系割裂开来。现在这种布局传递着一个明显的信息：参与者必须面对面地讨论问题，没有了以前比较正式的布置所带来的心理安全屏障。现在整个小组开始弥漫着一种微妙的紧张感觉。

咨询师李勇完全意识到了这种布局带来的效果。然而从他以往的经验来看，小组成员直接面对面，可以促使他们彼此之间的对话更加坦诚和私人，虽然开始可能有些不适的感觉，但随着谈话地进行，这种积极的效果远远超过了可能增加的不舒服。

任务 1：学习"DISC"知识。

按照进阶计划，活动的第一个早上（9 点~12 点），李勇开始向团队成员讲授"DISC"知识，并帮助大家确认自己的行为模式和性格类型。参与者对"DISC"的反应非常积极，并且很容易就发现和认识了自己的类型。整个小组成员开始放松起来，因为不用立刻处理那些大家都知道的难题，也不用立刻面对面讨论敏感的话题。另外，小组成员知道他们需要利用这个新掌握的工具来帮助自己讨论和解决问题，即使明知道李勇会帮助大家，他们仍然不太清楚如何才能完成任务。午餐和休息的时候，大家明显比早上活动刚开始时放松不少。

任务 2：回顾和讨论各自和咨询师李勇的会谈内容。

下午（13 点~13 点 45 分）大家又坐到会议室，开始任务 2 的进程。李勇拿出了两张大图表，上面简要总结了和每个成员会谈所形成的资料。

关于整个小组的会谈资料

在是否要成为一个真正的团队方面，小组成员的意见很不一致。主要存在下面的问题：

◆ 假定大家都有各自的工作职责和服务对象，那么共同的目标应该是什么？

◆ 更大限度地相互依存意味着要为别人做更多的工作，因此相比于这个增加的负担，我们能否得到更多的益处呢？

◆ 如果我们从一个小组发展成为一个团队，能为公司增添什么价值呢？

◆ 两个小组成员（于仲元和沙丽）之间的冲突已经对其他人造成了负面影响。

◆ 于仲元和沙丽在小组会议中公开或隐蔽地显示过自己的敌意。

◆ 于仲元和沙丽的这些冲突已经成为小组成员议论的话题，他们会定期秘密地讨论两人的矛盾。

◆ 侯永利，这个实习生，即将离开，但是一些小组成员觉得大家没有好好地对待和帮助他。

关于领导能力的会谈资料

有些人感觉宋佳具有卓越的领导才能，但是对她的质疑也很多。

◆ 领导才能方面

具有战略性地思考问题的倾向；

在公司里受人尊重；

平易近人；

聪明，精力充沛；

有才干。

◆ 质疑

把精力过度分散到不同方面；

难以接近；

偏向小组中的某些成员；

没有好好地对待侯永利。

李勇大声朗读了自己的总结资料，然后询问大家的意见，小组成员都肯定表中所列内容正确反映了他们所反馈的问题。在得到大家的回应后，李勇知道他们都已经准备好对这些问题进行优先次序的排列，然后开始深入探讨。

任务3：把所有的问题按优先次序排列。

下午（13点45分～14点30分），小组开始了任务3的进程。经过45分钟的讨论，小组绝大多数成员通过了"问题的排列顺序"。这些选择几乎没有什么不同意见，这是因为大家都全面讨论了自己的优先选择和所包含的基本观点。这些基本原则影响了一些小组成员的选择，并最终达成了多数共识。

优先选择和包含的基本观点如下：

基本观点1：领导能力问题。这是最难解决也是最重要的问题。

基本观点2：于仲元和沙丽之间的冲突。这两个小组成员作为部门中的资深人力专员，起着举足轻重的作用，部门绝大多数成员的工作和日常活动，都要与他们或直接或间接地发生关联。如果这个冲突继续，为了避免被双方伤害，同时也为了逃避他们，小组成员就会反对成为一个团队，因为松散的小组可以避免与他们发生强联系。并且，他们都不会承认这个冲突是自己反对成为团队的原因。

基本观点3：侯永利的问题。尽管这个实习生将要离开，小组仍然需要关注自己做错的地方，因为这些错误得不到认识和改进，就会不断发生"侯永利事件"，这不利于人才梯队的建设。同时，如何对待小组中最没有权力的成员，往往能反映出他们如何对待彼此的极端情形。因此，绝大多数成员认可将这个问题升级到对某一类人的关注，而不仅是具体的人或事。

基本观点4：小组应该发展成为一个团队吗？在解决了领导能力和人际交往的问题后，大家才可以接着讨论共同目标以及潜在的相互依存的问题。

基本观点5：目标规划。在弄清楚了小组和团队的问题后，目标则很容易确定。

基本观点6：行动计划。只有目标清晰了，才能进一步设计行动计划，所以这个话题应该列在日程计划的最后。

在李勇的协助下，大家排列好了讨论议题的优先顺序。小组在剩下的时间里开始讨论和解决基本观点1和2，星期六大家会用一整天的时间完成剩下的四个问题。

星期五早上，在学习"DISC"知识的过程中，大家都比较放松和投入。然而情况并不总是如此，尽管一起学习的积极体验给小组成员带来了一些希望，但下午的活动开始后，他们又重回忧虑和不安，开始担心下一步会发生什么。

8.2.4 进阶中：活动的第二个过程

这个过程主要完成任务4，"讨论和解决优先的问题"。下面我们开始回放所有成员以及咨询师从星期五下午到星期六一整天的感受和行为表现。

基本观点1：处理宋佳领导能力的问题

宋佳，实干Ⅰ型人，在整个进阶活动中富有建设性地处理着各种事情。在活动前，咨询师李勇私下和宋佳见了面，把目前大家正在讨论的问题事先和她做了沟通，因此宋佳觉得自己的准备非常充分。星期五下午的任务开始之前，宋佳对大家说："我知道有一些严重和敏感的问题需要讨论，我的目标就是竭尽全力解决这些问题，能够为部门带来改变，同时继续为公司增加人力资源工作的价值。"在进阶活动过程中，宋佳决定把自己关于领导风格的内心真实感受告诉部门成员："我希望这个小组中的每个成员都获得成功，如果有人感觉不开心，我也会觉得非常糟糕。我知道自己没有抽出时间倾听每个成员的心声，现在我想努力改变这个现状。因此请大家坦诚地告诉我，你们对我领导能力的评价。"

丁小芬，贡献Ⅰ型人，她在整个进阶活动中问了很多问题，其中一些都是为了填补自己6个月的假期造成的信息缺失，比如："这是什么时候发生的？下一步又发生了什么？"她另外的一些问题都是有关他人的感受以及想法的："那件事发生时你的想法是什么？当你烦乱的时候为什么不愿意告诉别人自己的感受？我们需要约定下次当类似的事情发生时，应该分享自己的反应。"在进阶活动的最后，她自愿决定在今后的工作中，和其他成员一起处理很多不同的任务。

罗莉娜，完美C型人，在绝大部分时间里表现得犹豫不决、高度警惕。轮到她发言时，这位部门助理总是提出很多问题，但听起来更像声明。比如："我们在做什么？"或者："我们为什么要讨论这个？"在讨论宋佳的领导能力时，她显得尤其不耐烦而且激动，她的评价包括："我觉得宋佳对我们每个人都很支持。难道现在我们不应该转入团队目标以及行动计划的议题上吗？"在最后终于讨论到目标和计划的问题时，罗莉娜变得非常热情、活跃，她提出了大家要经常见面和交流的建议，包括一起聚餐、组织团队活动等，并且自告奋勇承担了很多任务。

基本观点1的回应：使用"DISC"分析I型人的领导能力

通过DISC的学习和有关领导能力的讨论，大家很清楚地了解到宋佳的领导风格很大程度上取决于她的"性格类型"。I型领导者往往具有战略性思考问题的倾向，他们喜欢交际，擅长沟通、劝说和鼓励，专注于目标，同时也能实际、高效地实现这些目标。由于I型领导者有能力达成积极结果，因此他们在公司中往往能赢得尊重。

绝大多数部门成员都认为宋佳平易近人，像很多I型领导者一样，宋佳乐观，喜欢与人接触。为了弄清楚怎样才能获得他人的认可、尊重和赞赏，I型领导者非常擅长观察别人，用他们那敏锐的眼光，洞察对方的一举一动。作为部门领导，宋佳清楚地知道每个成员都希望从自己这里得到积极的回应，因此她总是热情、友好地向所有人致意。

宋佳的缺点也源于自己的性格类型。由于I型领导者总是关注他人，操劳过度，把时间表排得满满的，会在不知不觉中将精力分散到不同方面，因此有时同事们也会觉得他们难以接近。宋佳通常不能保证每周与部门成员的会面时间，有时还会在最后一刻取消安排。如果觉得和要谈话的人之间的关系有些紧张，宋佳就更不愿意出现在对方面前。I型领导者通常希望和别人保持积极、乐观的关系；如果对某人存在负面感受，I型领导者就会与他们保持距离，尽量避免直接对话。

现在宋佳和整个小组都意识到了她难以接近并不是刻意而为，而是源于她的性格类型和行为模式。I型领导者通常会塑造一个成功的形象，不愿意和别人分享自己的感受或者泄露那些会给自己造成负面影响的信息。整个小组都知道宋佳的面貌或形象，但他们并没有真正了解这位部门领导。在进阶活动中，宋佳和大家分享了自己内心真正的感受，包括担心不能胜任部门领导的恐惧。

由于宋佳表现出的坦率和真诚，关于领导能力的问题得以讨论和基本解决，并继续开始进行下面的议题。

在处理完领导能力的问题后，宋佳把注意力从回应别人对自己领导能力的询问转移到帮助指导整个小组解决剩下的问题。她向大家提出了一些可以自由回答的问题，比如："觉得我们有进展吗？这次进阶活动我们完成目标了吗？我们是否开始下面的议题，或者这个问题还需要接着讨论吗？"

基本观点2：处理于仲元和沙丽之间的冲突

李勇，关照S型人，咨询师，觉得这次活动肯定会获得成功。星期五早上，由于大家对"DISC"知识表现出浓厚的兴趣，所以每个小组成员都过得非常轻松。但李勇知道难题还在后面。在剩下的时间里，李勇必须全心关注每个成员的感受和反应，小组的动态发展，同时将日常计划不断向前推进，控制节奏，不能在某个人或某个问题上花费过少或过多的时间。李勇通过提出一些问题来确认日程安排是否仍然可行，是否依然符合小组的需要。比如："这个问题我们是否需要多花些时间？这个话题结束了吗？咱们是否需要在议事日程上再添加一个任务？"等。同时，随着活动的进行，李勇仔细观察着每个成员的反应，包括身体语言，然后相应地提出一些问题："你有什么要说的吗？你对这个问题有何种感受？你还有别的什么想法吗？"

于仲元，探索S型人，事先他并没有决定是否直接指出沙丽的问题。但当要讨论他们之间的冲突时，房间里顿时安静下来。最后，他往椅子前面挪了挪，开始了一连串激烈的言论："沙丽总是把她的事情放在整个团队事情的前面，并且她从来没有自告奋勇地承担部门的一些事情，更别说为团队的工作做过什么实质性的贡献了。"这时，李勇打断了于仲元的发言，直接指出了他的言谈举止需要在三个方面做出改变：直接和沙丽对话，使用"你"而不是"她"；说话的语速要慢下来，不要过于咄咄逼人；既然是直接面对，可以提供一些具体的例子。于仲元点头同意，继续自己的讲话："沙丽，我觉得你只是关注自己，根本不关心这个团队。你总是把自己的事情和需要置于团队利益之上，一旦到了该为整个团队做点什么的时候，你就会坐回到椅子上开始休息。我承认，你的确完成了交给你的一些任务，但也并不总是按时按质地完成。"

沙丽，观察C型人，她在有关领导能力的讨论中很少说话，只在最后发表了支持的看法："我能理解为什么宋佳的时间总是不够用。"但是，当一想到下面要解决自己和于仲元之间的冲突，沙丽就会感到紧张和恐惧。她觉得于仲元一定会首先发起进攻，而自己几乎没有什么可以说的。因为观察C型人在遇到冲突时，大都会选择退避，将愤怒压制在心里，不会与对方发生正面抗争。事实上，沙丽对于仲元唯一不满的地方，就是因为他对自己总是持质疑和否定的态度。当小组开始进行关于他们之间矛盾的讨论时，于仲元便发表了上述谈话。尽管沙丽一开始有些慌乱，但当李勇指出了于仲元谈话方式存在的问题，而于仲元欣然接受时，她很快便镇定下来，积极地回应道："我当然是一个团队成员，就和其他人一样。我每次都参加部门会议，除了有一次因为紧急事件才缺席；另外，我也按时按质完成了所有交给我的任务，难道这不是为团队的利益着想吗？当我们大家都面临着巨大的时间压力时，难道不应该把自己负责的工作放在最优先的位置上吗？"

于仲元和沙丽发言完毕，李勇让他们回顾DISC知识，将对方的行为模式再反思一下。观察C型人，他们对自己的要求很苛刻，往往特别关注自己工作的质量，很多时候会无意识地忽视其他人的感受，在别人眼中就成了没有"团队合作精神"的人；而探索S型人有质疑一切的天性。其实，于仲元对部门每个成员都抱着一种质疑的态度，只是不那么明显。但是沙丽在与于仲元的冲突中，无意识地放大了探索S型人这个行为特点，将这种质疑变成了一把伤害自己的匕首。

DISC 帮助双方了解到：按照各自的行为模式，他们都在认真地履行团队成员的责任，只是对团队的理解和履行的方式各不相同，不能将自己的观念强加于对方，因为"人各有异"，每个人都有属于自己的团队协作能力。认识了这些，双方的冲突开始平息下来。

基本观点 2 的回应：使用"DISC"分析 S 型人和 C 型人的冲突

于仲元和沙丽的对话还在进行，只是变得更加坦诚了，双方开始找到对话的"共振频率"。小组的其他成员，通过刚刚学到的"DISC"知识，开始明白于仲元和沙丽各自对冲突的看法。

沙丽作为 C 型人，认为团队应该精心选择自己的目标，然后分配给所有成员具体的、可以自主控制的任务，再制定清晰、细致的操作流程和工作规范，保证任务按时按质地完成。清晰的中心点、最小限度的互相依存，这就是 C 型人心目中的理想团队，也是他们偏爱的工作方式。最小限度的互相依存、觉得完美的团队应该给每个人蓬勃发展的机会，而在沙丽看来，自己就是一个模范的团队成员。

于仲元作为 S 型人，对卓越团队的定义完全不同。S 型人通常认为大家在一起工作能给个体带来更多的安全感，因此他们喜欢集体的团队协作。独自工作在绝大多数 S 型人看来不是完美团队的工作方式。于仲元认为，在一个卓越的团队中，成员的需要应该服从集体的利益。每个人都应该自发地要求分配一些特定的团队任务，并且应该认真投入、通力合作，及时地完成后续工作。然而沙丽从来没有做过这些，这让于仲元非常生气，因此他觉得沙丽自私自利，从来没有把团队的利益放在首位。

现在于仲元和沙丽，以及其他成员都找到了双方冲突的根源：S 型人偏好中等到较强依存关系的团队，而 C 型人却喜欢低依存关系的团队。这样，就为冲突的彻底解决找到了一把钥匙。

在处理完于仲元和沙丽之间的冲突问题后，大家感到更轻松了，原来看似复杂的问题，只要找到了问题的症结和解决的路径，其实很简单。现在宋佳和李勇开始转移大家的注意力，让所有成员暂时从这个问题中脱离出来，集中精力面对第三个问题。

基本观点3：处理侯永利的问题

杨进贤，温和D型人，在三次最激烈的讨论中都很少说话：宋佳的领导能力，于仲元和沙丽之间的冲突，侯永利的问题。然而他的言谈举止看起来好像一直非常关注大家的对话，也会时不时地讲一些笑话，眼神闪烁，看起来很活跃，也很轻松。比如："如果员工现在看到我们这样，肯定愿意我们为他们继续提供服务！"大家听后都轻松地笑了起来。在对话转入设定目标和行动计划的时候，他开始真正投入，他分享了很多根据以往经验得来的策略、方法和主意："我们应该转变思路，将员工从管理对象变成客户，同时应该针对员工和具体项目，规划、组织和运营人力资源工作。大家可以继续完成自己独立的任务，但同时需要具备很高的主动性。这并不困难，就看大家如何做了。"

吴晓静，权威D型人，她在活动中坐得离宋佳远远的，眼睛一直盯着电脑，处理着手头上的工作。但却思绪翻飞，她想："如果对话没有什么意思，我就可以干一些自己的事情。"当然像她这样特立独行的行为，小组成员肯定不喜欢，但她根本不在乎。在关于领导能力的讨论中，吴晓静冷眼旁观，几乎什么也没有说，她心想："我们为什么要讨论这些？这个项目是不是宋佳有意安排好的？大家说的话，包括宋佳充满歉意的反应，都是真的吗？"但是当讨论到侯永利的话题时，她最早发言："我们真的应该花些时间仔细审视一下我们的所作所为。侯永利是部门中的一员，虽然现在只是一名实习生。但看看他为公司做了什么，再看看我们都对他做了些什么，难道不应该反思吗？于仲元作为他的直接领导，但态度明显粗鲁、不尊重、忽视、冷漠；宋佳也没有设法为侯永利重新安排一个更合适的职位；其他成员眼看着他沮丧和迷茫，却无动于衷。有谁曾经关心过他吗？哪怕是一句安慰和鼓励的话。"

侯永利，权威D型人，在感到脆弱的同时也非常愤怒，他渴望权力和控制，但现实中，却是部门中最没有权力的一员。他对公司的发展前景充满信心，想继续留在公司，知道如果撕破脸皮对自己没有好处。同时，他也想说些什么，但又不确定究竟该说多少。听了吴晓静的开场白之后，整个小组成员的头都转向了他，他回应说："我还要在这个公司继续工作，只不过想换一个部门。这个团队对我来说非常重要，因为它是我职业发展中的第一站，我自己也很愿意留在人力资源部。但是于仲元不但不支持我，反而对我充满了敌意，我有一种被整个小组抛弃和忽略的感觉。我不知道这是为什么，于仲元，你能告诉我原因吗？我到底做错了什么，使你感到不满。"

于仲元的回应让其他人吃惊不小："进入这个团队以后，你以为你是谁？你向我汇报工作，却觉得自己比我懂得多，整天对我指手画脚。真正的管理不是从书本上学到的理论，而是要实实在在处理具体问题，这些都需要花时间学习和历练，别以为你有个管理学硕士学位就什么都知道，你要学的东西还多着呢！"虽然于仲元的回应有些激烈和咄咄逼人，但是李勇却看到了希望，因为于仲元已经接受了自己的建议，敢于直接和冲突一方对话了，用"你"代替了"他"，这是好的开始。

基本观点3的回应：使用"DISC"分析S型人和D型人的冲突

S型人和D型人对公司人际关系的看法非常不同。于仲元作为S型人，他认为人与人之间的信任意味着对公司的忠诚，而忠诚则表现为个人的支持、可靠性以及对定位和等级的尊重。这些对人际关系的看法，依然由D型人对团队的偏好所决定的，他们喜好较强程度的依存关系。

D型人认为人与人之间的信任虽然源于尊重，但尊重是通过自己的努力赢来的。D型人虽然承认公司中人与人级别上的差异，但一个人是否可靠和忠诚，绝不是由他在公司中的地位所决定的。他们认为，坦率、果敢、能力，遭到反对时仍然敢于坚持正确的观点，这些因素的结合才能赢得别人的信任。

S型人喜欢和谐的人际关系，而且愿意帮助和支持团队中的每个人，但他们也需要对方的肯定、尊重和赞赏。于仲元本来希望成为侯永利的良师，帮助他从学生转变成一个职业人士，并渴望得到侯永利的尊重。但是在于仲元看来，侯永利表现得不成熟、无礼、傲慢、不忠诚，也根本不认同自己"如何做一个合适的实习生的观点"，只会一味往前冲。同时，还喜欢出风头，表现自己，总想做出点什么来赢得其他同事的尊重。D型人喜欢一个具有激励作用、高效率、令人愉快的团队，但在相互合作中，要保持属于自己的领地。

　　本来于仲元与侯永利的关系就很棘手，而吴晓静的介入进一步加深了双方之间的成见。吴晓静与侯永利一样，是D型人，她把侯永利看作是刚刚进入职场的自己，并成为他的良师益友。吴晓静认为于仲元滥用自己的权力，在宋佳的支持下，捉弄、欺负侯永利，一旦D型人认为有人成为公司滥用权力的受害者，他们就会非常愿意充当保护者的角色，这无形中加深了双方之间的矛盾。

　　吴晓静、侯永利、于仲元在这次活动中都表现出了坦率和诚实，通过"DISC"的引导，侯永利、于仲元这才恍然大悟，认识到了他们之间的冲突原来是彼此个性不同造成的误解，他们决定各自承担对彼此之间的冲突应该担负的责任。其他成员通过思考，也清楚了自己为什么不能早些帮助他们解决这场冲突的个人原因。

　　在处理侯永利问题的过程中，还附带处理了一个问题。吴晓静不仅清楚了侯永利和于仲元发生冲突的原因，也认识到宋佳在两人的冲突中并没有介入。这样，吴晓静对于仲元和宋佳也有了新的认识，为他们之间误会的化解开了个好头。

　　黄凯，关照S型人，喜欢和谐和稳定的环境，对冲突，尤其是面对面的冲突非常排斥，希望一切都没有发生。其实他的心里非常焦虑与矛盾，因为他渴望一个真正和睦和富有成效的团队。他既想避免卷入整个小组的紧张状态，又不想被完全忽视。他知道如果自己什么都不说，大家肯定会忘记他的存在。在讨论领导能力和小组成员之间冲突的问题时，黄凯硬着头皮说了一些与主体无关的话。当他看到前三个问题都很顺利地解决时，一下变得轻松了很多，仿佛看到了希望。在开始讨论小组目标和行动计划的时候，黄凯为了扭转之前不积极的表现，重回团队的怀抱，变得放松和活跃起来，发言比谁都积极："我觉得这个办法行！""我们终于取得了一些进展。""大家看这样做是不是更好些？""我们现在是一个团队了！"

　　在处理了最棘手、最核心的三个问题后，通往建立真正团队的大门终于被打开了，大家不仅看到了过去存在的问题，也更清楚了引发问题的原因。大家都活跃起来，满怀希望，积极投入到剩下三个问题的讨论中。

经过讨论，大家一致同意："我们的小组应该，而且可以发展成一个有着较强依存关系的团队。"然后描绘出了团队的"共同目标"和"发展愿景"，制定了团队的"共同宣言"。

在制订团队"具体目标"和"行动计划"时，大家的讨论更热烈，尤其是杨进贤、吴晓静、丁小芬、黄凯、罗莉娜，他们的发言尤其积极。最后，形成了"具体目标"和"行动计划"的草案，作为进一步讨论的依据。

进阶活动的最后半个小时，李勇建议大家谈一谈对这次活动的感受和想法。小组从活动之前的分歧、冲突不断、各怀心思，到变成一个有着依存关系的团队，为成为一个卓越团队打下了坚实的基础，这种变化让所有成员都觉得不可思议。

很多人都认为首先解决了领导能力、人际冲突的问题是非常重要的，正是因为有了这个基础，目标设定和行动计划的阶段才变得如此顺利。另外，大家都同意"DISC"是一门非常有效的工具，因为它能从根本层面认识问题、分析问题、解决问题，在使每个人了解自己的行为方面发挥了很大作用。它剥开了问题的表象，深入了问题的实质，使很多大家看似复杂和难以解决的问题，变得清晰、明了和简单，因为一切问题都是人引发的，只有从人的层面才能彻底认识和解决这些问题。

由于在活动过程，于仲元诚实、坦率地表达了自己对沙丽和侯永利的感受和看法，吴晓静表示非常赞赏。侯永利也告诉整个团队自己感动的心情，因为大家都对他的问题给予了关注，一想到要离开这个部门，侯永利说他会想念大家的。宋佳告诉大家在活动之前自己非常害怕，但现在感觉好多了。最后，李勇对所有团队成员的表现给予了赞扬。

通过这次活动，大家认识到：只有了解了自己，才能理解别人；只有理解了他人，自己才能得到提升。

8.2.5 进阶后

有时，人们并不会告诉他人自己内心的反应。但是通过这些真实的感受，我们可以更加了解某个人。下面就是每个团队成员在活动结束时的反应和感受。

大家终于结束了对侯永利的恶劣态度,这让吴晓静(权威D型人)比较满意。她更喜欢这个团队了,但仍然不确定是否应该信任宋佳。

尽管侯永利(权威D型人)觉得很疲惫,但也得到了一些安慰。侯永利比以往更加了解发生在自己身上的事情,以及为什么自己的经历如此痛苦。但他仍然认为这个团队需要重新改造人力资源工作的方式、理念和流程。

杨进贤(温和D型人)成功实施了自己的计划,在活动中既展示了积极态度,也没有得罪任何人,最起码他认为自己没有;同时,他还为这次进阶做出了重要贡献。

丁小芬(贡献I型人)感觉非常满意,一是了解了自己由于休假而错过的信息;二是整个团队有了共同目标,大家有了一起努力的方向和动力。她真心觉得如果自己在活动中能够多发挥一些作用就好了。

整个进阶活动进行得如此顺利,宋佳(实干I型人)心中充满了感激,但一想到自己没有给侯永利提供更多的支持,觉得有些内疚。

李勇(关照S型人)觉得这次进阶活动取得了最佳效果:整个小组的三个核心问题得到了缓解,大家重新找到了方向。李勇知道这次活动的成功意味着自己可能还会和这家公司进行更多的合作,他开始考虑吴晓静和宋佳之间的冲突,这个问题进阶活动并未涉及,李勇也不知道该如何提出;只有吴晓静告诉了李勇这个情况,但却恳求他在这次活动中不要说出来。这个冲突在小组转变成团队的过程中不是主要问题,因为双方尚能克制,对其他成员没有产生实质影响。但在团队履行阶段可能带来一些障碍,因为D型人和I型人对团队的理念有巨大的差异,工作方式也不一样,双方冲突是一个隐患,必须及时解决。

黄凯(关照S型人)觉得这段时光没有白过,他期望这个团队下一步的进展。

在这次进阶活动中,李勇成功地处理了每个成员的负面情绪,于仲元(探索S型人)非常赞赏。对于小组终于能像一个团队那样开始运转,他也表现出了审慎的乐观。

罗莉娜(完美C型人)觉得非常高兴,因为天空又重新放晴,整个团队可以开始顺利工作了。她觉得这次进阶活动的时间有点长，但很快意识到并不是每个人的步调都和自己是一样的。

在了解了于仲元总是针对自己的原因后，沙丽（观察C型人）很轻松，她相信于仲元以后不会再对自己进行攻击了，说不定有朝一日他们还可以一起合作呢！

这次活动完成了团队发展的前三个阶段：形成、磨合和规范，使一个"酷似团队"的小组转变成了真正的团队，为履行阶段和成为卓越团队打下了基础。

当然，虽然短短的两天时间不可能彻底解决这些问题，但缓解了矛盾，遏制了冲突的进一步恶化，为后续工作赢得了时间；虽然成为卓越团队的路还很长，中间会有反复和新的问题，但大家毕竟开始尝试面对面讨论问题，同时也加深了对自己和别人的了解，拓展了观察问题、看待他人的视角，找到了解决问题的路径，为实现后面的目标提供了有效方法。尤其是找到了一种让团队获得发展和改善的工具：DISC，这是此次活动的意外收获。

第9章　团队发展和修复的流程

通过上文中的案例，我们对团队有了进一步认识，清楚了个体的类型对自己团队协作能力的影响，也了解了"团队发展和修复的过程"，这些都能帮助我们成功地把一个"酷似团队"的小组发展成一个真正的团队。

由于对"卓越团队"和个体的"行为模式"缺乏深刻的认识，很多公司中存在大量这些"酷似小组"的团队。这些小组成员可能没有任何相同之处，比如一个财务部门，或者一个研发中心，唯一相同的地方就是大家在为同一家公司工作。公司的高层和人力资源部感到困惑，为什么他们采取了多种方式，比如制定工作流程、规范和制度，制定严苛和细致的绩效激励方案，但总是达不到预期的目的。这些都是对完美团队和员工个性类型缺乏足够认识造成的结果。

如果自己所在的工作群体依然停留在小组阶段，如果小组成员没有共同的目标，也没有形成彼此之间的相互依存关系，那么这些因素就会阻碍小组转变成一个团队。如果公司，尤其是公司的核心部门，依然停留在小组的运作状态，那么必然会影响公司的长远发展和高效运转，甚至会阻碍公司的成长，使公司业务不断萎缩，直至停止运营。

即使有些小组永远也无法转变成真正的团队，但是谈一谈如何一起工作以及各自对领导的期望，仍然会有很多益处。另外，定期举行小组会议，通报一下公司最近的发展情况，也有助于减少个体的孤立感，降低小组对公司运营的负面影响。

通过团队发展和修复的流程，我们可以显著地提高和改善任何团队的效能。通过上文中的案例，我们在处理了阻碍团队转变的领导能力问题、核心人际冲突问题后，就可以正式进入"修复和规范"阶段。

笔者这里要提一句，阻碍团队转变的基础问题，各个小组会有很大差异，但基本上都会涉及领导能力和人际冲突问题，我们可以采用"团队进阶活动"

中的方法，通过访谈、"DISC"工具提炼适用于自己团队的基本问题。

修复和规范阶段包含3个步骤，只有顺利地完成这些任务，才能履行和打造卓越团队的进程。

【步骤1】进一步确认自己所在的工作群体是小组还是团队：

  确定团队的共同目标；

  详细记述团队成团间的相互依存关系。

【步骤2】鼓励团队成员体验不同的团队角色：

  成员在团队中担任的角色：通常的任务角色和关系角色；

  鼓励成员担任相反的角色。

【步骤3】让团队成员了解团队发展的四个阶段：

  了解团队发展的四个阶段；

  不同性格类型在四个阶段中的不同行为表现。

9.1 确认团队的属性

【步骤1】进一步确认自己所在的工作群体是小组还是团队

第一个步骤，首先要了解一下小组是否可能符合团队的两个基本标准：大家是否具有共同的目标？部门成员之间是否存在某种程度的相互依赖？

如果目前一个标准也不具备，或者只具备前一个标准，请直接跳到【步骤2】。【步骤2】中的活动可以帮助小组成员，而不是团队成员，加强和扩展自己在小组中的角色。

如果所在的小组符合这两个标准，那么小组就有了转变团队的可能性。小组可以继续【步骤1】的活动。这两项活动可以帮助大家设定共同目标；同时，能详细阐述各成员之间如何相互协作以实现目标。

（1）确定团队的共同目标

确定团队共同目标的最直接方法就是思考"我们目前以及/或者潜在的共

同目标是什么？"团队成员可能会有不同的看法，部分原因是他们属于不同个性的人。掌握"DISC"工具后，我们可以了解到这些观点不是突发奇想，而是受到了不同性格类型偏好的影响。有了这种认识，团队成员往往会变得比较灵活，更容易达成共识。

在确定团队目标方面，DISC 工具还有另一种发挥作用的方式。通常看来，创建的目标要想符合所有性格类型的需求几乎是不可能的，但是 DISC 工具可以考虑到每种性格类型的需求，因此可以迎合所有人的标准。我们可以尝试发现团队的共同基础，即那些对所有性格类型的人都有吸引力的目标。表 9-1 列出了适用于各种性格类型的卓越团队目标，这是每种性格类型之间共有的，或明显或含蓄的一些类似的观点。

表9-1　适用于每种性格类型的卓越团队目标

性格类型	卓越团队目标
D 型人	反映大局、能推动公司发展，并具有激励作用、使人兴奋、有远见、以作用为导向的目标
I 型人	共同的并且有意义的、能够充分发挥个人的才能，同时与个人以及公司的成功联系在一起，明确且重要的目标
S 型人	具体的、有意义的、对团队和个人来讲都是重要的、大家协商一致同意的目标
C 型人	清楚的、精确的、现实的、具体的、目的明确的、有用的、便于管理的目标

不管团队成员的性格类型有什么不同，创建卓越的团队目标都必须遵循以下四个最基本原则：

原则 1：所有类型的人都希望拥有团队目标，因为它可以把所有成员的工作集中在一起，并把大家和更大的团队成绩联系在一起。

原则 2：如果团队目标是和一个重要的公司目的联系在一起，那么所有性格类型的成员都能从中获取能量。

原则 3：清楚的、可行的目标能让每种类型的成员都表现良好。

原则 4：一旦努力取得成效，所有类型的成员都能感受到动力和满足。

根据上述四个基本原则设定目标,可以帮助团队走向成功之路。如果遵循了上述基本四个原则,团队目标和每种类型成员心目中的理想目标之间的差异就会降到最小,同时还能提升每个成员对所在团队的满意程度。

(2)详细记述团队成团间的相互依存关系

一旦确定了共同目标,接下来就是确定团队成员间的相互依存关系。这项工作听起来有些复杂,但是可以采取"团队依存活动"来完成。

首先,将所有团队成员聚集在一起,然后大家一起讨论彼此之间在工作上的相互依存关系。并且询问每个成员一个问题:为了完成共同目标,你具体在哪些方面需要依赖别人的工作成果?

其次,我们需要根据讨论的内容绘制一张"团队相互依存表",继续这个活动直到所有成员之间的相互依存关系被清晰地罗列出来(见图9-1)。

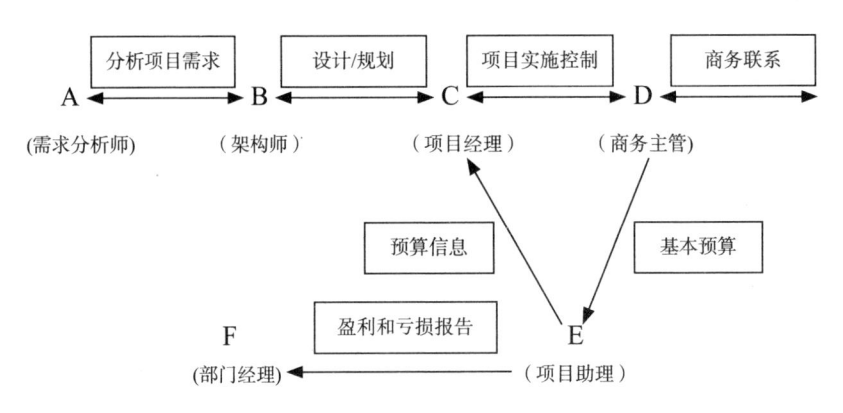

图9-1 某公司某业务事业部之间的相互依存关系

最后,在活动结束后,大家可以进一步讨论下面的问题,从而更加了解团队对相互依存程度和方式的需要。

问题1:你如何描述目前团队中的相互依存程度?

问题2:哪种依存关系效率比较低,需要修正或排除?

问题3:目前还欠缺哪些可以帮助我们更有效率完成任务的相互依存关系?

问题4:根据目前这种相互依存的程度,我们需要如何进行协作?

关于团队成员间的相互依存关系和程度，每种性格类型都有自己不同的偏好（见表9-2）。

表9-2　每种性格类型的依存关系和程度

性格类型	依存关系和程度
D 型人	和高效率的、令人愉快的团队成员合作的同时，有属于自己的领地；在一个民主的、具有激励作用的、高生产率的环境中不断变换自己的角色。他们偏好较低到中等程度的依存关系
I 型人	在温存、相互支持的环境中，和专注的、有才干的团队成员保持清晰的、有利于完成任务的中等到较高程度的依存关系
S 型人	在一个稳定、和谐的环境中为了明确的目标，和具有相同志趣的、有才干的、忠诚的团队成员保持中等到较高程度的依存关系
C 型人	和有能力的、负责任的、高效率的团队成员之间保持明确的相互依存关系，在自己的空间内拥有较高的自主权。偏好较低程度的依存关系，如果条件允许，他们也不排斥中等程度的依存关系

C 型人希望在相互依存的时候保留最大的个人自由，而绝大多数 S 型人往往更喜欢较高程度的依存关系，这种巨大的差异看起来好像无法弥补，但是在现实生活中，只要充分理解了不同性格类型的依存偏好，几乎每个人都能接受那些最适合团队发展的任何程度的依存关系。

很多时候，人们都会忽略自己对所在团队的各种个人偏好，但最重要的还是理解那种最适合团队的依存程度和方式背后的基本原因，下面的步骤可以帮助我们实现个人和团队的最佳组合。

9.2 团队成员角色体验

【步骤2】鼓励团队成员体验不同的团队角色

DISC 不同性格类型在团队中承担着不同的分工，而每种性格类型都有自己始终如一想要坚持的角色。下面的"角色体验活动"可以帮助团队成员尝试新的行为，这样做不仅能改变个体的表现，还能有效地引起团队中人际关系的变化。一个角色的改变将会影响团队中其他人的行为，几个角色同时改变，由此产生的团队变化会更加奇妙和丰富。

在团队会议中，让每一个成员都尝试一个新的任务角色和关系角色，并且完全对立于他们通常或目前的角色。

这个活动充满挑战，富有教育意义，同时又有很多乐趣。挑战在于每个人都要实施一些不符合自己性格的行为，这样做本身也很有教育意义。在尝试新的角色以前，我们往往意识不到自己一贯所扮演的角色。尝试刚开始的时候，很多人可能会觉得尴尬，但是通过练习，他们会不断扩展自己行为表现的范围，整个团队也会因此受益，每个人都会从中得到一些启示和乐趣。

尝试一些不熟悉的行为极富挑战性，同时刺激我们去努力克服困难的行为，有助于我们的职业成长。

表9-3总结了每种性格类型最通常的任务角色和关系角色，并且为每种性格类型提供了可以尝试的新角色。这种新的选择和每种性格类型最习惯的团队角色恰恰相反，如果团队成员进行这种新的体验，那么个体行为和团队动态发展都会发生戏剧性的变化。

表9-3 每种性格类型团队角色体验

个性类型	任务角色		关系角色	
	通常的	相反的	通常的	相反的
D型人	1. 设定更大的目标 2. 详细阐述自己的观点	1. 管理资源 2. 规划任务，无须提供自己的想法	勇于挑战，缓解紧张的形势	运用幽默和快乐的方式，协调团队中人与人之间的关系
I型人	1. 索取信息 2. 定义目标以及按照一定的方针完成任务	1. 提供自己的观点 2. 对议事日程的管理	喜欢走极端：或者鼓励参与，或者推动团队不断向前发展	要鼓励参与，同时推动团队不断向前发展
S型人	提供自己的信息	对别人的信息进行评估	喜欢走极端：或者协调团队中人与人之间的关系，或者在争辩时持相反的意见	要勇于挑战，同时关注人与人之间的关系

续表

个性类型	任务角色		关系角色	
	通常的	相反的	通常的	相反的
C 型人	1. 规划任务，提供意见 2. 管理资源	1. 索取信息 2. 设定更大的目标	关注自己的观点，提出有关规范的建议或工作协议	表达自己和他人的内心感受，关注人际关系，从而促使冲突得到积极的解决

（1）相反的任务角色

D 型人：对资源进行管理以确保团队的正常运转，不要不顾现实，只设定那些需要更多资源的巨大目标。同时应该认真地规划工作，而不是大讲特讲自己的各种观点和看法，注意在规划工作的时候不要陷入提供观点的怪圈。

I 型人：不断练习如何提出自己的意见，而不是像通常那样从别人那里索取信息。同时尝试按照议事日程安排活动以满足整个团队的需要，不要过早确认目标，然后让每个人都只专注于自己需要完成的任务。

S 型人：即使可能造成冲突，也要尝试着对别人的信息进行评估，而不要一味地提出自己的意见。

C 型人：与提出自己的观点相比，要学习如何从他处获取信息与技巧。同时要帮助团队设定更大的目标，包括想象中的前景以及实现的策略，而不是只关心如何利用有限的资源来完成手头的工作。

（2）相反的关系角色

D 型人：提出多种客观的观点，尝试着通过幽默或者灌输快乐的方法缓解紧张的形势，协调团队中成员之间的关系，而不是像通常那样故意持相反的意见，过于吹毛求疵，总是挑战别人及其观点。

I 型人：应该在鼓励参与的同时，推动团队不断向前发展，专注于未来的发展方向，而不是走极端，要么只是鼓励参与，停留在目前所在的位置；要么一味推动团队向前发展。这种具有挑战性的角色尝试，既可以帮助 I 型人认识大家共同参与的重要性，而不是仅仅关注结果，也能使 I 型人跳出过度的人际交流，将目光聚焦在目标和结果上。

S型人：S型人与I型人一样喜欢走极端。或者总是忙于协调团队中人与人之间的关系，促使冲突得到积极解决，这时应该尝试适当挑战别人从而扩展自己的行为范围；或者总是质疑别人，持相反的意见，这时应该发挥自己的优势，尝试为团队添加一些快乐和幽默的气氛，以缓解紧张的形势。

C型人：尝试表达一下自己和他人的内心感受，关注人与人之间的关系，以此促使冲突得到积极的解决，而不是像通常那样忙于提出一些睿智的观点，只专注自己提出的一些工作协议和规则。这种角色尝试可以帮助C型人花费时间和耐心来关注别人的忧虑，明白人际关系的重要性。

9.3 了解团队生命周期

【步骤3】让团队成员了解团队发展的四个阶段

有些团队在不知不觉中就走过了发展的四个阶段。绝大多数团队成员在形成、磨合和规范阶段都感受到了某种程度的焦虑和沮丧，因此很多团队都想跳过前面三个阶段而直接进入履行阶段。

我们几乎不可能在缺少前三个阶段的情况下创建一个高效能团队。比如，一个还没有完全演变为团队的小组在处理冲突问题时就会遇到很多困难，因为各成员之间还没有建立足够的信任关系；而冲突的解决有赖于一种共同的价值观，或者说信仰，即彼此之间的信任和善意终将带来积极的效果。另外，在这种情况下，成员们对所在小组也只是具有最初步的承诺和投入。然而，一个真正的团队可以毫不费力地解决冲突，或者将冲突看成一种积极成长。团队成员对发展方向的清晰认识，以及对团队的全身心投入使他们敢于面对冲突，愿意花时间和精力解决分歧。因为他们知道，这种积极的态度，不仅会给团队带来收益，也会给自己带来益处。

每个成员在了解了团队发展的四个阶段，以及学习了各阶段的具体内容，知道了四个阶段与相关性格类型的关系之后，他们在整个团队发展的过程中就会变得富有耐心和信心，也更加有效地发挥作用。团队发展的四阶段模式不仅实用，而且简单易学。

下面笔者依次介绍三个团队活动，前两个活动只提供了在四个阶段中团队如何发展的基本原理，最后一个活动则把"DISC"工具贯穿进去，可以帮助团队成员在四个阶段扩展自己的行为范围，也是我们进一步分析DISC四种类型"团队协作能力"的有效工具。

（1）团队解释活动

首先解释一下团队发展的四阶段模式，然后讨论如何将这些概念应用到团队中。下面需要讨论一些重要问题：

问题1：我们的团队目前处在哪个阶段？为什么你会这样认为？

问题2：如果团队已经经过了形成阶段，那么在以前的阶段里，我们遇到了什么样的困境和难题？我们又是如何解决的？

问题3：前面的阶段里我们是否还有一些问题没有解决？如果有，这些遗留问题是否会影响团队继续前进？如果有所影响，那么该如何有效解决这些遗留问题？

问题4：我们应该如何处理目前这个阶段存在的问题？

如果团队刚刚启动，使用这个模式可以帮助我们在问题产生之前就有所预防，最终消除这些障碍。

以下议题对那些处于形成阶段的新团队非常实用：

议题1：如果你曾经是某些高效能团队的一员，那么思考一下他们在每个阶段是如何运作的？这些运作对后来的成功发挥了哪些作用？

议题2：如果你曾经是某些没有取得任何成果的团队中的一员，那么思考一下他们在每个阶段是如何运作的？而这些团队行为又如何陷入了后来的困境？

议题3：我们作为一个即将创建或刚刚创建的新团队，能从以往积累的经验中学到什么？

议题4：关于团队在四个阶段里如何运作的问题，目前我们要达成什么协议？

（2）团队评价活动

每个团队成员首先评价一下自己在各阶段的行为表现，然后决定改变自己的一些已经阻碍或将要阻碍团队发展的行为。在团队发展的各个阶段，积极地迎接挑战非常重要。另外，每个阶段都有每个阶段最重要的问题。一旦所有成员都理解了上述两个因素，他们就会为每个阶段里团队的发展做好准备。

我们要认真思考以下问题，虽然无须讨论我们就能给予回答，但是如果所有成员聚在一起评价各自给出的答案，影响会更加强烈。

问题1：我在每个阶段的行为对团队的发展有哪些积极或消极的影响？
问题2：我如何一直实施那些对团队发展有帮助的行为？
问题3：我如何避免实施那些阻碍团队发展的行为？
问题4：我如何扩展自己的行为范围促进团队的成长和发展？

（3）团队协作模式评价活动

每个团队成员可以将上述四个问题的答案和表9-4"每种性格类型在团队发展四阶段的行为表现"中的内容做一下比较。经过个体分析后，大家讨论如何将性格类型的相关信息和四阶段模式结合起来，每个成员都考虑如何在今后改变自己的行为，并向整个团队介绍自己的决定。

评价并且改善团队成员在形成和磨合阶段的行为最为有用，因为团队绝大多数的问题都发生在这两个阶段。如果团队在稍后的规范和履行阶段遇到了困难，那么这些困难往往可以追溯到团队成员在前两个阶段的行为表现，以及一些没有解决的问题上面。

回顾一下不同类型在团队形成阶段的行为表现，我们会发现一些有趣的现象。在所有类型中，只有Ⅰ型人常常帮助别的成员以团队为中心进行协作，鼓励大家相互理解。其他类型的人要么在形成阶段就失去了耐心，想要快速开始下面的任务；要么专注于任务本身而不是周围的成员。因此，很多团队在人际关系领域都存在很多不足。在形成阶段，对于Ⅰ型人之外的其他类型来说，关键问题是要认识到人们之间相互了解的需要，要不断发现每个参与者潜在的才能。当然，小组领导可以组织一个活动，帮助成员之间相互熟悉；另外，感兴趣的成员也可以鼓励其他人积极参与，花时间相互认识和了解。

表9-4 每种性格类型在团队发展四阶段的行为表现

个性类型	形成阶段	磨合阶段	规范阶段	履行阶段
	专注于成员和工作	冲突	设定工作协议和共同目标	高水准的工作能力和团队协作
D型人	要么为团队建议发展方向，要么退到一边进行观察，决定是否要成为团队中的一员。有时会提出一些比较大的主张，不喜欢过分的规划，如果缺乏进展就会变得不耐烦	只要那种冲突紧张时间，接受那种紧张的交流状态，常是冲突对话的参与者，就会引导对话的发展。在压力很大、工作任务繁重的情况下，会通过冲突，把分歧看作是琐碎的、微不足道的；会通过幽默的方式来缓解紧张的形势	提出一些基本的建议，确保每个人都有平等的发言权。有时也会提出很少的关于每个人的建议，但对那些限制性的规范会强烈反对	对履行阶段的工作持中立态度，如果团队的工作让人激动，就会继续为团队的发展对自己不是很重要或者过于平庸，就会专注于自己的工作，同时观察团队的变化。有时在工作中会遵循自己个人的优先顺序，喜欢那些交流的任务和角色
I型人	尽早寻求小组的批准；为了阐述目标坚持自己的观点。鼓励人们做出自己的贡献；推动小组围绕中心目标运转	在很多时候，会变得漠不关心，认为冲突就是浪费时间，而且过于情绪化。针对一些快速达成的解决方案，会提出建议或者通过幽默方式分散别人的注意力	喜欢一致、统一、重新把小组的精力集中到结果上，以及如何高效地完成工作上。促使小组达成清晰的、共享的约定和共同目标	特别喜欢那些出色的团队成员提供意愿为出的辅导，帮助和辅导、鼓励，帮助那些成员表现得更好
S型人	会集中精力观察小组的动态发展过程，但必要时也会澄清问题或者确保那些受到伤害的人能够说出自己的感受。如果团队进展比较慢，就很难集中精力，也可能变得没有信心，退缩回避	感觉很不舒服，想要避开冲突。如果冲突中包含权力的因素，或者温用权力的人物参与到解决的程序中去，但大多数情况下会采取退避的态度	为了小组成员之间能达成共识而积极工作，确保所有人都能平等参与。对于规则强调一致，喜欢大家协调一致，讨厌那些专横的决定	非常喜欢履行阶段，在和谐的团队完成任务让他感觉愉快。会帮助其他成员专注于自己充分表现，自己表现在困难解决者，认可别人做出的贡献

第9章 团队发展和修复的流程

207

续表

个性类型	形成阶段	磨合阶段	规范阶段	履行阶段
	专注于成员和工作	冲突	设定工作协议和共同目标	高水准的工作能力和团队协作
C型人	也能认识到人际关系的重要性，但并不是太重视，依然强烈专注于目标。专注于任务，几乎不需要人际关系；在不影响自己任务的前提下，可能提出一些有关工作规划的建议	如果冲突不断扩大，为了避免愤怒和冲突，强烈希望跳过这个阶段。把冲突看作是需要解决的问题，运用领导权力进行解决，如果冲突继续就会变得烦躁、不安和沮丧	喜欢清晰的规则和结构，但要给自己保留足够的自主权。提出一些工作中如何更好协作的建议	比较喜欢履行阶段，对高成效、高质量地完成任务尤其看重。会将个人任务集中在自己胜任的范围内，特别期望别人承认和认可自己的专业技能

208

如果形成阶段的挑战被逐个排除，那么团队的磨合阶段 90% 的时间都会平稳度过。由于大家共同的目标和信任，这个阶段的冲突往往不会过于强烈；另外，即使出现了问题，大家也有勇气把它说出来。问题出现后如果不及时说明，它绝不会自然消失，稍后会更加强烈地爆发出来，以至阻碍整个团队能力的发挥。

有些团队甚至从未体验过冲突的感觉，这通常得益于有效的团队形成过程。在这些发展良好的团队里，如果产生了分歧，也不会演变成明显的或者隐藏的敌意，因为所有成员会把这些分歧看作是团队发展中的正常状态，就像人必然会得病一样，早治要比晚治好。在这种积极的态度下，成员会一起努力将这些问题快速解决。

在磨合阶段，除了大部分 D 型人和少数 S 型人，其他类型要么根本不愿意面对冲突，要么不能坚持较长时间去处理冲突。面对这些成员，我们应该鼓励他们更加直接地面对问题、解决问题。作为能够直面冲突的大部分 D 型人和少数 S 型人，也应该坚持初衷，彻底地处理冲突；当然，如果他们能够采取稍稍缓和的方法，可以分一些精力鼓励其他人积极地参与到讨论中来，这对于团队的整体发展大有好处。

四阶段中不同类型人的团队协作模式，直接反映了他们的团队协作能力，只有了解了这些行为和能力，才能更好地建设我们的团队，因为团队是人的集合体。

第10章 准备好去创建卓越团队吧

团队是公司必不可少的一部分，公司就是人与人组成的大的团队集群，几乎每个团队都可以变得更有效率。通过上面的学习，我们可以提炼出帮助团队成员以及领导者改善团队运作的一些要点。

（一）创建卓越团队的方略

第一，根据本章针对自己所属性格类型提出的想法和建议，努力改变个人行为。

第二，向团队领导者或者整个团队提出建议，指出团队目标以及成员之间相互依赖的重要性。为了帮助团队清楚表达自己的目标，可以这样引出话题："我们应该花时间讨论一下团队目标，这样就能确定大家是否想法一致。"如果各成员对于相互依赖的看法不太一致，可以提出自己的建议："让我们讨论一下彼此之间在工作上的依存关系吧，这样也可以确定我们是否为他人提供了必需的信息和工作成果。"

第三，建议团队领导者让大家尝试体验一下新的任务角色和关系角色。

第四，下面这些方法可以帮助团队顺利地通过发展的前三个阶段。

形成阶段：建议团队成员相互了解："我们互相了解一下彼此的背景，这样才能充分利用每个人的才能为团队做出贡献。"如果团队目前的发展方向还不清晰，可以建议："讨论一下我们团队在成立之初本来的目标或者原则，这样我们就能转向一个共同的发展方向。"

磨合阶段：鼓励团队成员分享自己内心真实的感受和观点："因为目前还不太清楚大家是否同意这个最近的决定，我觉得最好详细讨论一下这个问题。"

规范阶段：提出一些能够让团队更好协作的建议。比如："一个月里我觉得应该会面两次而不是一次，这样我们就能进一步了解公司最新的变化。你们怎么想呢？"

（二）卓越团队的性格视角——DISC 四型人的 4 种团队协作模式

第一，通过本章介绍的活动、工具和方法，确认自己的团队是否已经设定好清晰的目标，团队成员对彼此之间的依赖关系是否已经有了比较现实的理解。

第二，对团队和团队的定期会面进行设计，以帮助大家有效地度过前三个阶段：

形成阶段：围绕团队目标和中心任务，要求每个成员花 3 ~ 5 分钟介绍一下自己的背景和经验。

磨合阶段：对大家存在分歧的问题鼓励每个团队成员说出自己的感受和想法。

规范阶段：让每个成员说出自己关于工作协议和共同目标的看法，或者自己先提出一些建议，然后仔细聆听他人的反应。

第三，使用本章介绍的相关信息对每个团队成员进行培训，这样每个人都能更有建设性地为团队做出贡献。

首先，让团队成员分析一下他们共同的团队目标，然后参照本章前面【步骤2】中的活动、图表和解释，建议团队成员至少在一次会面中尝试一下新的角色。

其次，帮助成员了解团队发展的不同阶段以及 DISC 性格类型；使用本章介绍的团队发展四阶段模式个人行为和团队履行能力之间的联系。

最后，不管我们是团队成员，还是领导者，采取本章的信息和 DISC 工具都可以让自己所在的团队变得更加高效、成功和卓越。同时，还可以提高团队成员的情商。此外，团队成员还可以把自己掌握的新知识和新技能应用到其他团队中，这样自己不断提升的领导能力和团队协作能力，不仅可以让团队受益，还可以让自己所在的公司受益。

在了解了"团队发展和修复过程"的一些基本知识后，我们将思路再拉回前面的"团队进阶活动"，用 DISC 工具来分析每种性格类型在团队发展中的行为模式，从而了解这些行为背后隐藏的不同能力。

这次进阶活动达到了目的，使一个小组成功转变成一个真正的团队，开始了履行阶段的进程，目标是打造卓越的团队。以这次活动学习和掌握的信息为基础，团队成员不仅更和谐地在一起工作，而且一致同意采纳杨某的建议，转变人力资源工作的方式：从管理导向转变为服务导向。人力资源部开始焕发活力，朝着成为一个高效能和卓越团队的目标不断前进。

上述案例不仅介绍了这个团队如何成功转变，一步步实现这些目标的过程，同时也说明了每一个成员的团队行为，如何反映各自的类型特点和团队协作能力。根据下面四种关于团队行为的视角（上面介绍的四个步骤），我们开始对每种类型的行为进行解释和分析：

视角1：卓越团队的共同目标。

视角2：卓越团队的相互依存状态。

视角3：成员在团队中担任的角色：任务角色和关系角色。

视角4：不同性格类型在四个阶段中的不同行为表现。

10.1 主导型模式：可以合作，但需要领地

10.1.1 D型人团队行为特征

我们会重点分析权威D型人的行为，因为实干D型人包含了D型人绝大部分团队特征。

形成阶段：要么为团队建议发展方向，要么退到一边进行观察，决定是否要成为团队中的一员。

磨合阶段：只要人们是诚实的，就可以接受那种紧张的交流状态；经常是冲突的参与者，如果不是，就会引导对话的发展。

规范阶段：提出一些基本建议，确保每个人都有平等的发言权。

履行阶段：对履行阶段持中立态度，如果团队的工作让人激动，就会继续为团队出力；但如果团队的发展对自己不是很重要或者过于平庸，就会专注于自己的工作，同时观察团队的变化。

10.1.2 D型人团队行为分析

人物：吴晓静，权威D型人。

侯永利，权威D型人。

杨进贤，温和 D 型人。

从某种意义上来说，吴晓静和侯永利是被这个小组"放逐"的人，但是他们仍然具有强大的个人力量。比如，吴晓静就曾明确表示，这个团队应该和自己的社会价值保持一致："于仲元作为他的直接领导，但态度明显粗鲁，不尊重、忽视、冷漠；宋佳也没有设法为侯永利重新安排一个更合适的职位；其他成员眼看着他沮丧和迷茫，却无动于衷。有谁曾经关心过他吗？哪怕是一句安慰和鼓励的话。"

D 型人追求独立自主，但是只要团队成员非常出色，他们也不排斥相互协作。D 型人对于独立的追求等同于需要一块属于自己的领地，这和 C 型人需要自主权或者空间的感觉是不同的。所谓空间，是指"不要打扰我做自己的工作，我也不会打扰你"；而领地指的是扩展自己施展才能和承担责任的范围，就是让别人"快点离开，给我腾地方"。

吴晓静和侯永利都对这个部门深感失望。吴晓静认为："我应该是人力总监的，最起码我果敢坚决！"她还觉得侯永利被人故意压制："侯永利比这个部门中的很多人都更有能力。"侯永利觉得自己的才干和学识给于仲元带来了威胁，这种想法在听完于仲元下面的抱怨后更加坚定："进入这个团队以后，你以为你是谁？你向我汇报工作，却觉得自己比我懂得多，整天指手画脚。这些都需要花时间学习和历练，别以为你有个管理学硕士学位就什么都知道，你要学的东西还多着呢！"

D 型人喜欢从无序中寻找秩序，但是同过分有序相比，他们反而比较青睐轻微的混乱状态。对很多 D 型人来说，混沌世界更具有挑战性；而过分规律的环境或者情形根本无法激起他们工作的动力，也无法引发 D 型人把事情做大、纳入控制之中的热情。因此，D 型人希望在相互依赖的团队中出现一些稍稍有些无序的规划。

D 型人最通常的任务角色是他们总是和自己认可的团队目标保持一致；D 型人往往会努力阐明团队更大的目标，说服成员不能一味地只专注于策略或具体的目标。吴晓静认为这个部门缺乏自己的长远目标，但是目前首要的问题是解决宋佳的领导才能问题。D 型人往往对权力非常敏感，因为他们了解领导者在团队中的重要作用。吴晓静询问自己一个问题："宋佳是感受到我的威胁了吗？"这恰恰反映了 D 型人的敏感态度。

侯永利在刚刚加入这个小组时，曾经试图通过一些调查研究让其他成员开始专注于解决一些长远的问题。然而，几乎没有人为他的努力和想法提供支持："我所做的不过就是进行研究，提出建议以及询问一些疑难问题，而且绝大多数时间，他们根本忽略了我的存在！"

D 型人通常的关系角色是喜欢挑战，这从吴晓静和侯永利的行为中都能看出来。比如，吴晓静曾经挑战整个小组，她说："我们真的应该花些时间仔细审视一下我们的所作所为。侯永利是部门中的一员，虽然现在只是一名实习生。看看他为公司做了什么，难道不应该反思吗？"而侯永利对于仲元的请求实质上也是一种挑战："于仲元，你能告诉我原因吗？我到底做了什么，使你感到不满。"

在团队形成阶段，D 型人可能会做两件事情：要么为团队建议发展方向，要么退到一边进行观察。如果选择了后一种方式，这说明他们举棋不定，正在决定是否要成为这个团队中的一员。吴晓静和侯永利也只是部分投入到这次活动中，因为吴晓静正在考虑离开这家公司，而侯永利也打算去另一个部门工作，因此他们在活动的开始不会提出什么实质性建议，也并没有太坚持己见。

在磨合阶段，吴晓静和侯永利的行为发生了很大变化，他们表现得非常活跃，尤其是在讨论侯永利问题的时候。在大家讨论沙丽和于仲元冲突的时候，吴晓静和侯永利虽然发言不多，但却密切地注视着一切，他们想从中寻求两个问题的答案：于仲元能够礼貌和理智地处理冲突吗？这个团队能够诚实地对待大家的感受吗？如果这两个答案都是肯定的，吴晓静和侯永利才愿意谈及自己的感受。D 型人比较欣赏那种坦诚、直接的冲突，因此在磨合阶段往往表现得非常积极。然而，D 型人并不喜欢那些自己未加防备的冲突。在这次活动中，吴晓静和侯永利并不存在这种问题，他们非常清楚大家都要讨论哪些问题。

在规范阶段，D 型人可能会提出几个有关工作规则的建议，这些规则一般都会把团队中的每个成员涵盖在内。在这次进阶活动中，吴晓静和侯永利没有提出任何建议。毕竟很快要离开这个团队，对于如何让它变得更有成效，他们表现得都不是很投入。

当团队开始进入履行阶段，侯永利提出了几个有关目标和长远发展的建议；吴晓静也暂时打消了离开的想法，自告奋勇地承担了几个她认为比较重要的任务。D型人如果觉得自己要负责的任务比较重要，富有挑战性，他们就会很喜欢这个阶段，会全身心投入，愉快地与团队成员合作。然而，如果团队的目标或规划非常平庸，或者在实现过程中屡屡出错，或者进展缓慢，或者对自己不是很重要，D型人就会开始专注于自己的工作，同时观察团队的变化，甚至选择离开这个团队或这家公司。

吴晓静和侯永利的行为表现出了D型人的团队协作素质和能力：合作能力，控制和处理团队危机的能力，聚焦团队目标，规划能力，挑战团队问题，积极面对团队冲突，平等对待团队成员，协助团队发展。

如果D型人对团队充满信心，他们往往会成为团队中的积极分子，表现得非常热情、强硬。即使在他们沉默的时候，团队依然能感受到他们的气场，对他们予以关注。尽管侯永利觉得整个小组都忽略了自己，事实上也是如此，但是大家忽略的并不是侯永利本人，而是他提出的一些想法。这是因为他在整个人力资源部门的职位还太低，并且他的观点有些犀利，好像也含蓄地批评了整个小组。但是作为小组成员，其他人还是认可了他的存在，否则他与于仲元的冲突是不会引起大家关注的。

通过这个案例，我们还能了解到D型人另外一个比较典型的行为特征。尽管D型人外表上看比较坚韧、强硬，但是他们的内心世界非常脆弱，而这种感受也是他们极力想避免的。侯永利在这个小组，尤其是这次进阶活动的过程中感觉很受伤害。吴晓静挺身而出支持他，在某种意义上已经成了他的保护者，这是因为吴晓静从侯永利目前的状态中看到了自己加入这个小组时的窘况，产生了心理投射，而侯永利的脆弱感受让吴晓静更为痛苦。

10.2 依赖型模式：相互依赖，鼓励分享

10.2.1 I型人团队行为特征

我们会重点分析实干I型人的行为，因为实干I型人包含了I型人绝大部分团队特征。

形成阶段：尽早寻求小组的比准；为了阐述目标坚持自己的观点。

磨合阶段：很多时候，会变得漠不关心，认为冲突就是浪费时间，而且过于情绪化。

规范阶段：喜欢一致、统一，重新把小组的精力集中到结果上，以及如何高效地完成工作上。

履行阶段：特别喜欢履行阶段，尤其愿意为那些出色的团队成员提供鼓励、帮助和辅导，鼓励他人表现得更好。

10.2.2　I型人团队行为分析

人物：宋佳，实干I型人。

丁小芬，贡献I型人。

因为不知道同事会对自己的领导风格做出什么评价，宋佳最初感到非常焦虑。另外，这次进阶活动的目的也不是很明确，这让宋佳紧张不安。I型人认为清晰、适当的目标和自己以及所在公司的成功密不可分。宋佳的小组急切地想处理那些影响大家设定清晰目标的情绪问题，而负面情绪往往是I型人最不愿意面对的，宋佳由此产生的忧虑可以从她对进阶活动最初的评价中看出来："对于这些问题，我们能有什么办法？我怎么才能处理员工之间的冲突？你觉得这次进阶的日常安排真的能起作用吗？把我们的精力花在这些事情上真是浪费了所有人的时间吗？我们有进展吗？这次活动我们能实现自己的目的吗？"

相比较单独工作，I型人通常希望自己和团队成员之间有中等到较高程度的相互依存，但是团队成员必须具有相当的能力，并且愿意学习彼此的优点。宋佳觉得小组成员的能力都比较高，但是却不愿意相互学习，这给宋佳带来了极大的压力，同时也给她带来了解决这个问题的动力，她决心消除这个障碍，让小组中每个成员都学会分享。另外，I型人喜欢工作环境中充满更多的肯定因素，而非敌意。宋佳在活动中提出的问题，比如："我们是否开始下面的议题，或者这个问题还需要接着讨论？"反映了她解决问题的努力，她希望通过这种努力在小组成员之间建立起富有成效的、相互依赖的和谐关系。

宋佳通用的团队角色反映了绝大多数I型人在团队中的行为表现。I型人的任务角色是定义目标以及遵循一定的方针完成任务。除了提及自己的领导风格之外，宋佳面对小组成员所做的每一句陈述都体现了她这个角色。比如，宋佳不断使用的词语包括计划、目标、进展等。I型人的关系角色则是推动或者鼓励团队不断向前发展。比如宋佳说："我们是否开始下面的议题，或者这个问题还需要接着讨论？"直接反映了这一点；同时"请坦诚地告诉我，你们对我的领导能力的评价"，也反映了这一点。

在团队形成阶段，I型人往往通过仔细阐明团队的目标来展现自己的观点。宋佳在进阶活动一开始也是如此："我知道有一些严重和敏感的问题需要讨论，我的目标就是竭尽全力解决这些问题，能够为部门带来改变，同时继续为公司增加人力资源工作的价值。"在这个阶段，I型人通常还会努力赢取小组的认可，上面的开场白也反映了这一点：对于小组成员一致认为被忽略的两个问题，自己的领导风格和不愿意花时间调解成员之间的矛盾，宋佳决定采取行动了。

在磨合阶段，如果可以的话，绝大多数I型人根本不愿意面对冲突这个问题。宋佳背后对李勇的抱怨充分说明了这一点："把我们的精力花在这些事情上真是浪费了所有人的时间。"然而，宋佳很清楚自己这种避免冲突的态度是造成小组问题产生的部分原因，现在必须面对它。

在规范和履行阶段，宋佳同意了团队做出的每一个决定。如果成功度过了前两个阶段，I型人一般都非常喜欢后面的两个阶段。在规范阶段，他们能够感觉到，整个小组又重新把精力集中到工作上，大家和睦相处，积极沟通，协调一致努力达成目标。

履行阶段是I型人最喜欢的阶段，因为这时他们能够看到明显的成果。在这个阶段，I型人会为整个团队提供全面支持，鼓励所有成员表现出更好的状态，同时会竭尽全力，推动整个团队向前发展。

在这次活动中，宋佳唯一遗憾的地方在于悔恨以往对侯永利的态度。她感到自己对侯永利的领导完全失败了，同时还导致一些团队成员对自己的领导风格产生质疑和抱怨，甚至不再尊重自己，这让宋佳非常焦虑。她本来骄傲于自己的领导才干，但在侯永利和吴晓静的身上，却完全失败了。

宋佳的行为表现出了I型人的团队协作素质和能力：阐述目标，协调合作，学习和反思，分享能力，发现事物积极的一面，劝说能力，聚焦目标，推动和鼓励，采取行动，支持能力。

10.3　给予型模式：我为人人，人人为我

10.3.1　S型人团队行为特征

我们会重点分析探索S型人的行为，因为探索S型人包含了S型人绝大部分团队特征。

形成阶段：集中精力观察小组的动态发展过程，但必要时也会澄清问题或者确保那些受到伤害的人能够说出自己的感受。

磨合阶段：如果冲突中包含权威人物或者滥用权力的因素，就会参与到解决的程序中，但大多数情况下会采取退避的态度。

规范阶段：为了小组成员之间能达成共识而积极工作，确保所有人都能平等参与。

履行阶段：非常喜欢履行阶段，在和谐的团队里完成任务让他们感觉愉快。会帮助其他成员专注于外在表现，自己充当困难解决者，认可别人做出的贡献。

10.3.2　S型人团队行为分析

人物：于仲元，探索S型人。
　　　黄凯，关照S型人。

S型人认为团队目标与个人目标具有同等重要的意义。令人沮丧的是，于仲元觉得小组中每个成员都有自己的个人目标，但却缺乏团队目标以及团队成果。于仲元觉得自己就像在山上推石头的人，一次又一次地努力把整个团队聚集在共同目标周围，但一次次地失败。尤其是沙丽的自私行为，让他感到失望和痛苦。在于仲元看来，尽管沙丽并不是唯一的罪魁祸首，但却是达成共同目标的主要障碍。

和C型人一样，S型人希望团队目标能够清晰界定个人责任。然而和C型人不同的是，绝大多数S型人并不太欣赏个体高度的自治权。当然，一切都有例外，有时S型人也会反对和团队过于紧密的联系，希望限制越少越好，这往往是他们对团队极端失望下的一种压力反映。绝大多数S型人就是一种恐怖和

反恐怖的结合体，他们希望自己能与团队成员之间保持中等到较高程度的相互依存，但是每个成员都必须胜任自己的工作；大家为了共同的任务坚持到底；每个人都忠于团队，承担应尽的义务。S型人相信自己具有这些品质，因而希望别人也回报以同样的表现，这种互换可以给他们带来安全感。

S型人对于团队相互依存的看法可以从于仲元对沙丽的评价中看出来，比如："沙丽，我觉得你只是忠于自己，根本不忠于这个团队"，以及"你的确完成了交给你的一些任务，但也并不总是按时按质地完成"。

于仲元的行为体现了S型人在团队中经常扮演的任务角色：对团队探讨的信息进行评估。尽管这个角色和C型人表现出的评判性行为有些类似，但是S型人的评估过程不是为了分出哪些是好主意，哪些是坏主意，而是要预测一下某个点子是否会带来好的结果。在对这次进阶活动进行预测时，于仲元对很多事情都很担心：议事日程，需要花费的时间，咨询师是否具有相当的能力，等等。

在进阶活动中，于仲元表现出了S型人最典型的关系角色，虽然他们喜欢协调团队中人与人之间的关系，但很多时候也会表现出高度的质疑，尤其是在团队成员的表现不符合他们的期望时，S型人会在争辩时故意持相反意见。在沙丽回应了自己的批评之后，于仲元提出了一系列富有洞察力和尖锐的问题。他之所以这样做，是想确认沙丽所说的内容究竟是真实的，还是只是一种防御性的反应或策略。

于仲元在进阶活动中的行为举止，直接体现了S型人在团队发展的四个阶段的典型特征。

在形成阶段，于仲元只是安静地观察小组的动态发展过程，预测接下来会发生什么。同时他还帮助小组阐明了几个重要问题。进阶活动中，尽管于仲元在维护自己时感到有些紧张，但他还是鼓足勇气提出小组中的一些严重冲突急需解决。很多S型人坚持己见，只不过是为了大家能够多多听取那些受到伤害的成员的感受。在这个案例中，于仲元之所以这样做，是因为受到最多伤害的人是侯永利，而于仲元就是他最大的敌人，尽管于仲元本人并不这样认为，他认为受到伤害的是自己。

在磨合阶段，绝大多数S型人倾向于尽量保持低调，因为他们把冲突看作一种不安全的因素。但是和其他人一样，一遇到实际状况，S型人往往也不总是保持较低的姿态。S型人一般会对信息进行评估，同时在争辩时故意持相反意见，其他成员往往会把他们的行为解读为一种敌意。S型人的任务角色和关系角色表现为不断地提出问题，或者不同意别人的观点，这种行为方式往往会演变成一场冲突，有时是直接的，有时是潜在的。

在部门中，于仲元是冲突的重要参与者，在和沙丽交流意见时，他表现得相当活跃，比如："总是把自己的事情和需要置于团队利益之上，一旦到了该为整个团队做点什么的时候，你就会坐回到椅子上开始休息。"另外，他还指责侯永利："进入这个团队以后，你以为你是谁？你向我汇报工作，却觉得自己比我懂得多。"

在进入规范阶段后，于仲元感到非常疲倦，他开始变得沉默。然而事实上，绝大多数S型人在规范阶段都会表现得相当投入，努力在成员之间达成一些共识，他们建议或者支持的规范都比较注重保证所有人都能平等参与。于仲元之所以不太活跃，是因为这个阶段大家都在积极参与，而且提出的建议自己都非常赞同。

在履行阶段，于仲元表现得稍稍活跃一些，尤其是在设计目标和行动计划的时候。作为级别较高的成员，于仲元可以审视他人的建议，确保被采纳的都是一些实用、具体的策略。在这个阶段，S型人有时会在争辩中持相反意见，有时也会认可别人做出的贡献。进阶活动中，在理解了侯永利后，于仲元赞赏了他表现出的热情和才干；在活动结束后，他还直接走过去和沙丽聊天。尽管没有人知道他们谈了些什么，但是其他成员也都感受到了于仲元和沙丽之间逐渐形成的和谐：他们坐得很近，面带微笑，谈得比较投入。

在进阶活动之前，于仲元非常忧虑，如果我们处在他的境况下感受应该也是如此，只不过他焦虑的程度以及表现出的行为对S型人来说更为典型。比如，S型人总是事先设想最坏的情况，于仲元的感受就是这样："我应该说出自己的感受吗？我会被迫分享自己的想法吗？如果别人都表现得不诚实该怎么办？为什么宋佳一直都支持和袒护沙丽？如果我必须说出自己的看法，我该怎样去说？这次的咨询师真的有能力解决所有问题吗？"于仲元通过一些"假设分析"的问题，悲观地设想了最坏的场景，由于S型人自我怀疑的天性，于仲元在活动之前不断地询问自己究竟该如何去做。

S型人另外一个特点在于，他们总是密切注视权威人物行为。在进阶活动之前，于仲元在想："宋佳作为部门领导，为什么不批评沙丽，然而还支持她？"另外，他还在怀疑咨询师李勇是否有足够的才干，这是因为李勇作为咨询师，目前临时扮演着领导的角色，是这次进阶活动的主导者。S型人总是关注权威人物，在渴望得到安全和庇护的同时，也会怀疑他们的能力和意愿。

于仲元的行为表现出了S型人的团队协作素质和能力：团队合作，评估信息，洞察能力，观察能力，澄清问题，质疑能力，支持平等参与，审视和分析，认可和赞赏，预设能力，怀疑能力。

10.4 完美型模式：需要合作，但要有自主权

10.4.1 C型人团队行为特征

我们会重点分析观察C型人的行为，因为观察C型人包含了C型人绝大部分团队特征。

形成阶段：也会认识到人际联系的需要，但并不是太重视，依然强烈专注于目标。

磨合阶段：如果冲突不断扩大，为了避免愤怒和冲突，强烈希望跳过这个阶段。

规范阶段：喜欢清晰的规则和结构，但要给自己保留足够的自主权。

履行阶段：较喜欢履行阶段，对高成效、高重量地完成任务尤其看重。会将个人任务集中在自己胜任的范围内，特别期望别人承认和认可自己的专业技能。

10.4.2 C型人团队行为分析

人物：沙丽，观察C型人。

罗莉娜，完美C型人。

C型人喜欢清晰、实用、具体、可以管理的目标，在为员工提供服务时，沙丽设定的目标都符合这些标准。在进修活动之前，她认为部门根本没有自己

的团队目标。尽管沙丽不是唯一有这种想法的人，但是由于大家从没有讨论过这个问题，因此沙丽觉得只有自己才是唯一的、孤独的清醒者。在进阶活动进入设定目标的阶段时，沙丽提出了很多澄清性质的问题，她是想确认大家设定的团队目标都是确定可以实现的。

只要成员在完成自己的工作方面具有足够的自主权，C型人还是比较享受团队协作的。正如上面提到的，C型人需要的自主权是空间上的自由："不要打扰我做自己的工作，我也不会打扰你。"但是他们依然希望和团队成员之间保持较低程度的相互依存，相比于大的组织，他们更喜欢人数较少的团队。如果C型人拥有了更多的控制权或者在公司中担任了比较高的职务，他们也会乐于承担责任、自告奋勇做更多的工作，与团队建立中等程度的依存关系。在了解了相互协作的重要性以及加深了对同事的信任后，沙丽也愿意增强自己与他人之间的依赖程度。在解决了和于仲元之间的冲突后，沙丽感受到了更多的信赖。

进阶活动一开始，沙丽只顾想象于仲元可能表现出的言行，几乎没有注意整个团队。从某种程度上说，沙丽还待在自己的内心世界里。然而，她的任务角色还是很明显的：节约小组和个人的资源，高质量完成自己的工作任务。进阶活动中，沙丽指出时间是一个稀缺资源："我能理解为什么宋佳的时间总是不够用。"下面她还有几次提到时间，比如，她说："我们大家都面临着巨大的时间压力。"C型人通常会保护自己的时间和精力，因为这些资源在他们看来都是很有限的，他们不希望别人对自己提出过多要求，这样会过度分散自己的精力。

这样看，空间上的自主权和时间上的控制权，对于C型人来说特别重要，这是他们判断建立何种强度依存关系的重要衡量要素。

沙丽的关系角色，提供观察事情的新视角，也很好地诠释了C型人对人际关系的理解。比如，她说："难道不应该把自己负责的工作放在最优先的位置上吗？"通过这个表述，沙丽不仅在为自己辩护，同时也试图影响小组从一个更大的视角去观察他们的工作方式。上面的话隐含的信息就是："我们应该首先专注于那些最优先的任务，也就是为员工提供服务。如果这个工作都不是最重要的，那还能是什么？"

虽然有些时候，把时间花在人际交流或者闲聊上是必需的，但绝大多数C型人都认为这无关紧要。基于这个原因，C型人在团队形成阶段的"彼此了解"部分总是表现得不够耐心，他们希望能够直接专注于团队目标。沙丽为这次进阶活动设定的最初目标就是让于仲元停止对自己的攻击，一旦冲突得到解决，她就准备好审视团队的目标了。

C型人通常不喜欢磨合阶段，他们总是想尽量避开冲突。因为解决冲突要消耗大量的精力，处理分歧也往往需要双方分享彼此的感受，这对C型人来说是比较困难的任务，这主要有两个原因：第一，C型人一般不太关注自己的情绪，有时可能根本不了解自己的内心感受。第二，即使C型人清楚了自己的想法，他们也不愿意和他人分享。不幸的是，沙丽正处在冲突的中心，她无路可逃，唯有直接面对。问题虽然被有效解决了，但是沙丽也感到了疲惫，C型人总是这样，在激烈的情感交流之后，他们的心神都像被耗尽了一样，感到无力和疲倦。

在规范阶段，C型人又会变得精力充沛，这是因为冲突化解了，他们喜欢对充满希望的未来进行设想，当然也希望对团队的规范施加一些自己的影响，因为崇尚秩序、规则和制度是他们的天性。另外，C型人也想确定，新的规则仍然（或者是否）可以为个体提供足够的自主权。对于每个成员必须承担一项重要的团队任务这样的规范，沙丽勉强同意了，尽管已经很忙，她还是从中选择了一项合作者具有相当才干的工作，因为与有才干的人合作，可以节约时间和资源。只要给C型人保留足够的自主权，他们是愿意为团队做出贡献的。

当团队进入履行阶段，C型人往往会充满热情。一旦觉得他人的工作可以信赖，他们也会承担更多自己比较擅长的任务，这样既能为团队做些事，也能提高工作效率，节约时间。进阶活动的最后，沙丽感到很愉快，这是因为她对团队重燃起了希望，自己的才能得到了肯定和认可。

在这个团队中，沙丽面临的形势对任何人来说都比较困难、富有挑战性，但是这尤其让C型人感到惧怕。事实上，我们甚至可以说这是C型人所能想到的最可怕的梦魇，因为它包含下面这些内容：处在紧张情绪的中心点；同时需要表达自己的感受；由于是一次封闭式的进阶活动，谁也不可能无故离开房间；每个人以后都要承担更多的工作，尤其与自己的工作无关的团队任务；谁也不清楚未来究竟会怎样。从最开始，人们就无法对这次持续两天的活动做出任何预测，难怪当一切结束后沙丽会觉得如此轻松。

沙丽的行为表现出了 C 型人的团队协作素质和能力：目标界定，自主工作，时间控制，支持和服务，专注目标，设想未来。

第四篇
领导素质和能力

CHAPTER 4

根据研究，管理的失败往往源于情绪能力的缺乏。因为领导者所面临的情绪问题是复杂的，也是苛刻和不可预知的，充满了无穷的变数；但也是令人兴奋和有益的，它要求无论在充满压力还是令人愉快的环境中，领导者都要具备自我管理以及和团队成员有效交流的能力。因此，领导者必须花时间进行坦白的自我反省，换句话说，就是要不断地"复盘"，在自我否定和自我肯定中进行"领导力转变"，最终使技术和技巧型的领导才能成功转变为技艺型的"领导艺术"。那些成为非凡领袖的人，无论是国外的杰克·韦尔奇、郭士纳、巴菲特，还是任正非和马化腾，他们在努力迎接一些事先根本无法预料的挑战过程中，他们的领导力获得了从量变到质变的成长。

卓越的领导力表现为多种形式，它并不专属于某种类型的人。然而，每种类型的人通过努力，都有可能成为适合自己天性的领导者，都具备成为卓越领导者的优势。D型人具有行动素质，是卓越的战术型领导者；I型人具有交互素质，是卓越的交际型领导者；S型人具有思辨素质，是卓越的战略型领导者；C型人具有支援素质，是卓越的支持型领导者。但在领导力转变过程中，也包含一些可能导致自身失败的劣势。

笔者将介绍四种类型的领导力，在每种类型的领导力中，将从三个方面描述领导力发展与提升方案（见图11-0）：

首先，每种类型的领导者，都会衍生出不同的领导素质和能力。

其次，每种类型的领导者，在领导力成长过程中，他们的领导能力都具有"优势"；同时，由于管理盲区的影响，每种领导优势也会伴随着"劣势"，所谓劣势，是指那些阻碍他们成功进行管理的因素。领导优势和劣势构成了每种类型的领导风格和行为。

最后，提出六条改善每种类型领导者领导风格的建议，使领导行为朝正向发展。

因此，DISC四种类型的领导者分别具有四种"天赋能力"：D型领导者的核心能力是"战术能力"；I型领导者的核心能力是"交际能力"；S型领导者的核心能力是"战略能力"；C型领导者的核心能力是"支持能力"。

但这并不是说他们就只能具有自己独特的能力，作为一名管理者，随着职位和管理范围不断扩大，他们在发挥自己"天赋能力"的同时，必须有意识地学习自己所欠缺的能力。比如D型领导者应该学习"战略、交际和支持能力"。

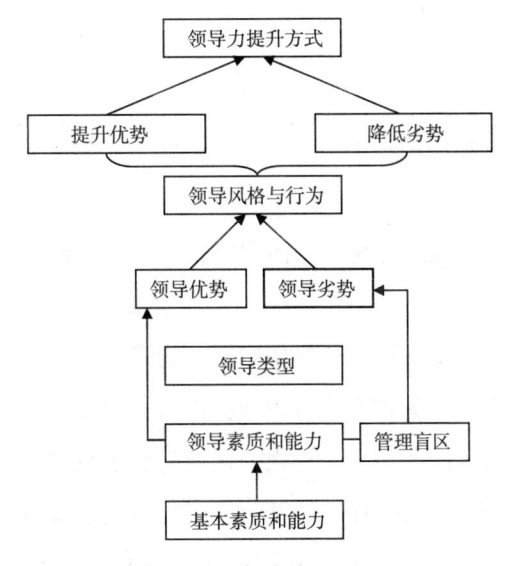

图11-0　领导力发展与提升

领导力是一种综合性能力，战略、战术、交际、支持是领导力的四种构成要素，只有平衡发展，我们的领导力才能趋向完整，这是一个艰辛但充满快乐的过程。

第11章 战术型领导者

D型人的行动素质和能力决定了他们的领导素质，使D型人成为战术型领导者。

D型领导者的行动素质可以这样来定义：为了改善自身状况而做出各种巧妙且明智的行为。无论是为了快速有效地推进事业而做出的决定，还是为了使事业变得更加完美而付出的努力，总之，任何有利于自身行动的行为都是行动素质作用的结果。和所有人一样，D型领导者也希望上级或下属能对自己的才干表示欣赏，而且只要稍加留意，我们就能发现D型领导者的行动素质。的确，行动素质是四种素质（行动、交互、思辨、支援）中最直观的一种，具体明晰，便于观察。造成这一现象的原因在于，行动是一种战术，是一种即时、具体的谋略和技巧，战术往往随着行动的发生随时随地出现在工作现场；而支援和思辨素质则较为抽象，通常都发生在幕后，难以察觉，不为人知。

受到行动素质的影响，D型领导者的核心能力是对战术成功的运用，这种高超的"战术能力"，使D型领导者具备极强的谈判能力和适应能力，总是随时随地关注现实情况的变化，然后聚焦目标，以便抓住时机，随机应变，实现既定目标。

11.1 D型领导者的4种潜能–行动与战术

11.1.1 谈判能力：通过谈判解决问题 – 卓越的谈判专家

D型领导者能够轻松地与各种类型的人进行谈判，是天生的"谈判专家"。当然，能够反映他们这一特点的名称还有很多，例如，"排解纠纷的人"或"作战指挥官"。D型领导者善于息事宁人和消除矛盾，并且能够游刃有余地化解各种危机；在同样的情况下，其他类型的领导者要想解决问题往往需要大费周折且耗时费力。这种谈判风格是对行动智能做出的最好和最有力的诠释，任何有益于解决问题的方式都可以被 D 型领导者采用，并且会立刻投入使用。有关过去和未来的事情，一切都存在商量的余地，只要能够解决当前的问题，即使牺牲对过去的反思和对未来的规划，也在所不惜。

在收购其他亏损公司，同时又想将员工、专利、证券和资产纳为己有的时候，许多大型机构的决策层首先会想到派一名 D 型领导者去处理这些事务。D 型领导者利用他们"谈判"的技能，顺利地接收了这家小公司，同时完成了所有交接工作，将被收购公司纳入了母公司的管理和运行体制。在处理整合事务的过程中，D 型领导者还被母公司授予了全权行事的权力，全面负责所有的接收工作，并且可以根据情况，采取任何必要的措施，以确保接收工作的顺利完成。

通常情况下，这一接收过程不会持续太长时间，因为 D 型领导者拥有一种超常的行动能力，他们果断敏锐，善于沟通协调，能够使其他人都积极配合自己的工作，齐心协力推动接收计划的实施。

D 型领导者善于排解纠纷，态度坚定，胸有成竹，自信满满，完全能说服他人加入自己的事业中来，听从他们的决定和指挥。即使他们对自己的决定或行为稍有怀疑，D 型领导者也绝不会将这种不自信和疑虑的情绪传染给身边的人。

D 型领导者的这种自信与他们强烈的现实观念密切相关。不知为何，相对其他类型的领导者而言，D 型领导者的目光格外犀利，任何现实情况的变化都逃不过他们的眼睛。或者说，他们比其他人更加贴近现实；面对问题或矛盾，其他人往往在不知不觉中将自己禁锢在自我观念当中，D 型领导者却不会受这种局限。

很多时候，其他人大都倾向于戴着有色眼镜来看待问题，习惯、出身、学历、家庭，或者情感、取悦他人的需要，这些五彩斑斓的眼镜恰恰会让原本清晰可见的事实变得模糊不堪，成为束缚他们的枷锁。善于谈判和说服的 D 型领导者却从来不会让这些有色眼镜干扰自己的视线。当他们身处困境时，D 型领导者不会像个不经事的孩子，迷失在茂密的森林中；相反，他们更像一只狡猾的狐狸，时刻留意着自己的脚步，寻找走出迷雾的机会和方法。D型领导者也绝不会让任何观念或事物阻挡自己前进的步伐：流程、制度、政策、战略、计划、协议等都不能阻碍D型领导者实现目标的行动。在善于谈判的D型领导者眼中，任何事、任何人都有商榷的余地。

当坐在谈判桌前，其他类型的领导者也许会在陈述自己的某些观点时有所保留，或者认为某些自己做过的事情没有任何商议的余地。这些人会先入为主地设定自己的立场和谈判条件，例如，在谈判中讨价还价的筹码。他们心里总是打着自己的如意算盘，期盼能够以少量的牺牲换来自己想要的谈判结果。D型领导者不会这样做，他们既不会因为某些限制而投鼠忌器，也不会对任何情况和事物有所保留。D型领导者会在仔细审视藏在壁橱中的物品后，大方地说道："嘿，看看这些东西，真不错，让我们来谈谈如何处理它们吧。"这种对现实的敏锐观察力往往使D型领导者在谈判中占据了天时和地利，使对方看起来像个班门弄斧的学徒。马云、雷军就是善于谈判的D型领导者，他们的说服力举世无上，成就了他们巨大的事业。

11.1.2　应变能力：灵活运用生存战术－"危机解决专家"

在灵活运用生存战术方面，D型领导者高超的应变能力同样无人能及。

作为一名开拓市场的指挥官，D型领导者的任务就是率领团队向对手发动一波波市场攻势，去占领市场，慢慢蚕食对手的市场份额。当团队成员和资源已经渗透到了对手的领域，D型领导者的目标就会变得更加简单和清晰，他们会调整战略方向，聚焦目标，调动一切资源，带领团队冲入对手的市场，然后暂时停止进攻，进行战略决战前的部署。对于哪些物资应当抛弃，哪些又应当随时携带，D型领导者无疑享有最权威的发言权。

商场如战场，作为一名开拓市场的指挥官，D型领导者必须拥有一种争分夺秒的时间紧迫感，对现在和此地的情况做出准确无误的判断，从而以迅雷不及掩耳之势做出决定：哪些资源应当投入到吸引客户方面，哪些资源应当投入到市场宣传和品牌建设方面，哪些资源应当用于吸引人才和培养团队方面。这些决定的目的只有一个：快速占领市场，将对手挤出这个领域。因此，如果股东和决策层需要一名能够拓展市场的CEO或总裁作为企业的指挥官，他们需要的不是一名只会循规蹈矩和照本宣科的指挥官，也不是一个因为担心长远规划无法实现或害怕失败会招致惩罚而畏手畏脚的领导，更不是一个过度关注自我得失的人。在商场上，生存就是王道，至于其他的任何顾虑，我们都可以统统抛弃。对于D型领导者而言，只有安全进入对手的领地和成功地实现目标才是最重要的，与之相比，其余一切都可以忽略不计。

当然，D型领导者的应变能力并不限于拓展市场方面，在遇到危机时，D型领导者同样能够帮助企业化解危机，成为"危机解决专家"。

有一家发展前景很好的公司，股东和董事会曾经通过各种渠道招募过许多行业的佼佼者担任CEO，但这些CEO却往往铩羽而归，因为任何一名空降的CEO，在几个月内，不是主动辞职就是被董事会解雇。因此，这家企业被业界和猎头界称为"CEO的坟墓"，名声越来越糟糕，面对巨大的市场和内部管理的混乱，董事会忧心忡忡，心急如焚。

原来，这家企业从创立开始，管理层就分裂为两个对立的派系，两个派系之间争斗不断，为了占有企业资源，明争暗斗，互相拆台，连客服都感觉到了这种对立和冲突。但两派在一件事情上似乎达成了共识：挤走CEO，控制企业的经营权。长期以来，在两个派系的共同努力下，这一目标倒是从未失手过，所有空降的CEO都被挤走了。没有人能够解决这一难题：两派的斗争愈演愈烈，客户的利益遭受了损失，员工的职业发展受到了遏制，市场份额逐渐萎缩，企业的运营管理混乱不堪，人员流失严重，甚至出现了管理人员中饱私囊、损害企业利益的事情。面对这些困境，股东虽然表示了强烈的反对却也无可奈何。最后，董事会只得孤注一掷，通过猎头重新聘任了一位CEO，这位CEO恰恰是一名D型领导者，如果这位CEO也铩羽而归，企业将面临大股东撤资的危险。

三个月后，企业的派系之争突然偃旗息鼓了，所有员工组成了一个统一而团结的整体，在日常管理中，互相扶持，共渡难关，逐渐使企业出现了新的气象。这位D型领导者深知如何在这样危急的情况下化解员工之间的纠纷，他运用自己的谈判能力和随机应变的能力，使员工们和睦相处，和谐工作。如果在企业工作的是另一批不同的员工，这位CEO依然有办法使他们能高效地工作。

D型领导者从来不会让已经过去的事情成为束缚自己的枷锁，并且总是能够从新环境中找到机会。无论从哪个方面来说，D型领导者都显得实际和现实。当他们处理各种具体问题时，只要能够解决问题，D型领导者都愿意尝试任何方式和方法，愿意做任何事情。他们不仅拥有敏锐的观察力，而且无时无刻不在观察周围的动向，所以，D型领导者总是对组织内的各种实际情况了如指掌。他们能够从细微处观察社会关系网，还能准确掌握其中的运作方式，这种观察日复一日，无时无刻不在运转；D型领导者还能够觉察出工作中的故障和错误搭配，然后采取对策逐个击破，设法纠正和弥补。在D型领导者的领导下，组织中的所有工作都会按照一种有效和经济的方式快速地运行。当遇到危机和问题时，D型领导者不会与系统作无谓的斗争，相反，他们会最大限度地利用手头的资源使工作步入正轨。

此外，身处团队核心位置中的D型领导者还能激发团队成员的才能，这也是其他类型的领导者无法做到的。在D型领导者的推动下，任何事情都可以做到，他们最善于口头安排工作，以及在现场做决定；他们不喜欢，甚至反感各种常规性的书面工作。这些"危机处理专家"能够防微杜渐，坚决将一切可能出现的问题或阻碍工作进展的障碍消灭在萌芽状态，解决这些"可预见的危机"。因此，在D型领导者的运作下，组织中所有的工作都处于平稳运行的状态，他们的工作效率高，而且十分关注团队成员的工作条件和工作满意度。D型领导者有一种天生的责任感和保护欲望，他们绝不会任由自己的员工在不必要的艰苦条件下工作，所以，D型领导者往往都很关心下属的福利，并尽其所能，利用各种方法，努力提升员工的工作满意度，当然，这一切都是为实现目标服务的。当D型领导者意识到赞赏可以为自己带来丰厚的回报时，他们会将自己对员工的欣赏表达出来。事实上，D型领导者对员工的赞扬可能显得过于频繁，而且有的称赞显得有些名不副实，但这的确是一种增强员工归属感的行之有效的策略。作为团队的核心，D型领导者往往会在下属尚未完成工作之前就对他们大加赞赏，表示鼓励，鼓励他们为工作投入更多的时间和精力。因为

D 型领导者知道：即时的赞赏比最后的表扬更能激发员工的工作热情，得到的回报也更多。

上面案例中的 CEO 就是运用这些策略成功解决了企业的危机，化解了错综复杂的人际关系，使企业恢复常态、走向正轨。

11.1.3 聚焦能力：关注任务，聚焦目标，直击事物的本质

D 型领导者关注任务，聚焦目标，这种能力往往使他们能快速抓住事物的本质，集中精力，排除干扰，取得成功。

D 型领导者不喜欢别人对自己的工作指手画脚，而标准的工作流程往往会让他们感到焦躁不安，失去耐心。D 型领导者更愿意按照自己的意愿行事，他们会时不时地忘记早已商定的工作方案，或是没能及时将自己工作中的失察告知别人，而这种率性的冲动会使他们的对手或下属感到不悦。此外，D 型领导者的粗心大意也常常会激怒身边的工作伙伴，有时候，他们还不按要求做准备，使团队成员不得不应付意料之外的尴尬场面或难题。有时，D 型领导者明明向对方做出了承诺，最终却没有兑现。对于那些指望他们兑现承诺的人而言，D 型领导者这种言而无信的行为给他们带来很大困扰。

D 型领导者为了专注目标，往往不太愿意处理那些琐碎的交际事宜，而且还经常否定自己以前做出的但尚未实现的决定。因为，他们聚焦现在，将全部精力都投入到了此时此刻、当下当地所发生的事情中，因而常常会忘记之前做过的承诺和决定。对 D 型领导者而言，昨天已经一晃而逝，与昨天有关的记忆也随之被忘却；唯有当前的需求才享有压倒性的优先权。由于受到这种力求生活在"现在"和"这里"的聚焦模式的影响，在他们的对手和下属眼中，D 型领导者常常显得有些难以预测和捉摸不定。另外，在无须进行危机管理的时候，D 型领导者又会固执己见，而且领导模式过于单一和僵化。但这种聚焦能力在很多时候会给 D 型领导者带来意想不到的收获，因为商场瞬息万变、企业管理复杂多样、员工的心理多种多样，为了企业的生存，必须要聚焦现在，集中精力做大市场份额。D 型领导者有句口头禅"没有生存就没有发展，为了生存就要做好现在"。

11.1.4 适应能力：能够轻松自如的适应任何新环境

撰写目标计划或阐述基本观点和原理，往往会使 D 型领导者失去耐心。

他们宣称"这些都是毫无意义的工作，浪费时间，损耗资源"。D型领导者自身的灵活性很强，能够随时调整对自己的要求或对别人的期望。D型领导者大都思想开明，对他们而言，转变自身观点并非难事，一旦下属提出了比自己更详细和精确的建议，只要有利于目标的实现，他们会立刻做出回应。因为D型领导者完全能够轻松自如地适应任何新环境。所以，在D型领导者的带领下，各种针对组织内部改革的方案总是能够得到顺利平稳的实施。事实上，D型领导者一直都在寻找变化的机会，他们从来不会浪费时间和精力去思索改变之道，D型领导者的改变都来自行动本身，只要对目标实现有好处，就可以转变。

面对危机，D型领导者清楚地知道哪些事情是可以改变的：程序、规则以及人员。他们喜欢承担风险，喜欢面对挑战，喜欢不确定的环境，也喜欢涉足危机管理。当D型领导者帮助企业解决了难题，或使一家公司免遭破产的厄运，或使一家企业摆脱了财物赤字，D型领导者往往会显得异常兴奋和精力充沛。

我们不妨试想一下另一种场景，如果让D型领导者参与并维持一家企业的运作；或让他们经营一家业绩良好的公司；或让他们保持公司现有的运作状况，同时为公司设计经营目标和管理规则，并强化员工的责任感。对这些工作，D型领导者不仅没有兴趣，反而会成为"麻烦制造者"。有些D型领导者可能会在工作中做出一些恶作剧，从而为自己创造实践行动的机会。他们就像是无所事事的消防员，为了能让自己大展拳脚，甚至不惜成为纵火犯。这就是试图让这些"纠纷解决者"安于现状所付出的代价。安逸稳定的工作根本无法让D型领导者体会到工作的乐趣，因为他们感到这种工作毫无意义，根本不值得他们施展自己的才能，简直是在浪费时间。久而久之，他们自然会觉得百无聊赖，然后他们会没事找事，自找麻烦，使企业陷入危机，反而成了"危机制造者"。

我们看到，无论企业的规模大小，都需要D型领导者来化解危机。可是，一旦危机解除，D型领导者应当随即离开现在的工作岗位，转向处理新的危机。让他们从事那些违背自己领导特质的工作，无论对D型领导者而言，还是对公司来说，都是百害而无一利的决定。作为D型领导者的上司，我们应当确保他们工作的机动性，把他们放到合适的工作岗位上，并尽可能安排他们从事处理紧急或突发性的工作，最大限度地发挥 D 型领导者灵活多变的适应能力。

1992 年，IBM 陷入了经营困难和转型的危机，整个企业人心浮动，管理混乱，内部派系斗争不断，导致市场份额大幅萎缩，业务的各个板块全面失守，被 HP、戴尔、微软挤得毫无还手之力，濒临破产。1993 年，董事会在股东的支持下，力排众议，任命毫无 IT 背景的前美国烟草公司 CEO 郭士纳担任 IBM 董事长兼 CEO。

郭士纳是典型的 D 型领导者，运用自己高超的谈判能力、杰出的应变能力和适应能力、精准的聚焦能力，用了 9 年时间，断臂求生，使 IBM 度过了危机，并成功转型，成为全球最大的软件供应商。2002 年，当 IBM 再度从废墟上崛起，走向正轨，开始良性运转的时候，郭士纳功成身退，辞去一切职务，将 IBM 交给以稳健著称的帕米萨诺。这一决定是正确的，因为 IBM 现在需要一位以稳健为主的 CEO，而帕米萨诺恰恰是一位稳定型（S 型）的领导者。在帕米萨诺的经营下，IBM 重新称霸 IT 业，成为受人敬仰的蓝色巨人。

通用电气的杰克·韦尔奇，同样是一位 D 型领导者，当韦尔奇使通用电气从萎靡不振中崛起后，也选择了急流勇退，将通运电气交给了影响型（I 型）领导特质的伊梅而特。

对于那些因为种种原因不得已留任，并主管公司内部某项特定工作的 D 型领导者，决策层应该如何使用呢？答案是：给 D 型领导者配备一个性格互补的团队，以确保各项工作的顺利开展。

一家企业销售部门的总监是一位 D 型领导者，在人力资源部的建议下，经营层为这位总监配备了一支性格和能力互补的团队：

善于分析和合作的谨慎者（C 型）。负责制定和管理各项规章制度，同时保障各类物质和资源的供给。C 型人可靠而且值得信赖，他们不仅能及时提醒 D 型领导者有关会议预约和最后期限之类的信息，还能协助"健忘的" D 型领导者按时设定各种常规日程的时间和地点。

善于个人发展、鼓励和人际协调的影响者（I型）。I型人懂得如何保持和谐融洽的人际关系，还特别善于沟通、协调和鼓励，以提高团队内高涨的工作士气。

负责市场研究和规划的稳定者（S型），S型人擅长思考常常被D型领导者忽视的长远规划，并能专心致志地书写各种计划和流程，以备将来使用。

一旦有了这样一支性格差异、优势互补的团队，善于谈判和化解危机的D型领导者就能高枕无忧地继续施展自己行动和战术的优势，将其他流程和维持性的工作交给团队成员去完成。这样，在这个团队中形成了一个"双赢"的局面，公司获利，他们的个人价值和优势也得到了体现。

D型领导者的管理盲区与其他三种类型的领导者不同，他们的管理盲区恰恰就是上面四种能力的负向反映。谈判能力可能会变成顽固的狡辩；应变能力可能会使他们变得过于现实；聚焦能力可能会使他们过分看重眼前和局部；适应能力可能会使他们变得随波逐流。这些管理盲区都会影响D型领导者领导能力的正常发挥。

总之，作为一名行动型领导人，D型领导者通常都有耐心且思想开明，他们性格坚韧，工作方式灵活多变，适应力高，目标感极强，能够适应和处理各种不利的局面。D型领导者从来不会把任何可能出现的失败，自己的或别人的，当成是一种威胁，所以D型领导者乐于承担风险，并且常常鼓励团队成员也这样做。伴随各种新的事实和境况的出现，只要有利于目标的实现，D型领导者可以随时改变原有的观点和立场。在他们看来，这样做并不会对自我形象造成任何威胁。因为他们是"积极行动"的倡导者。

D型领导者的目光向来只聚焦在眼前发生的事物上，至于过去所发生的一切，他们很少会放在心上。D型领导者也不会大费周折地试图了解事件的潜在动机或背后隐含的逻辑意义。因为他们是"现在就干"的坚定守卫者。

D型领导者也不会对团队成员进行批评，面对团队成员的行为，他们会以一种极其实际的态度予以接受，将这些当成改变现实、实现目标的积极因素和推动力。因为他们是"活在当下"的最好诠释者。

11.2 变劣势为优势-6种领导力提升方略

11.2.1 领导风格和行为

D型领导者的任务就是在自己果断的带领下,让团队中有才干、可靠的员工各司其职,并赋予他们应有的权力,发挥团队的整体优势,推动团队迎接挑战,不断向前发展。

D型领导者的另一项任务就是让团队成员在工作的时候充满激情、敢于创新、勇于冒险,这样才能为公司创造最新、最重要的商业机会。他们眼光敏锐,善于观察周围的一切,能从众多商机中选择利益最大的一种或者几种,然后果断出击,实现目标(见表11-1)。

表11-1 D型领导者优劣势比较

领导优势	领导劣势
支持团队成员成就自己	过于耗费心神
直接的	受控制的
自信、权威	苛求、粗暴
具有高度战略性	对自己和员工的期望过高
克服阻碍	没有耐心
果断	专制、鲁莽
精力充沛	如果员工的工作效率太低,就会非常生气
保护下属	如果员工不按预期行事,就会感到被愚弄和利用
推动项目向前发展	瞧不起软弱的团队成员
富有想象力	冲动的
充满热情,聚焦	精力不集中
好奇的	反叛的
积极投入	回避痛苦的感觉
多任务处理能力	对他人的情感前后不一致
乐观	对负面反馈意见反应过度

续表

领导优势	领导劣势
思维敏捷	对自己的行为极力辩护
可以接受完全不同的信息	讨厌平淡的生活

11.2.2　领导力提升方式

（1）工作时永远不要对团队成员大声吼叫

感到沮丧的时候，甚至并没有针对任何特定个人的时候，都不要提高嗓门，大声吼叫所换来的结果是员工的畏惧、不满和厌恶，往往会使D型领导者得不偿失。

（2）在责备团队成员时要非常小心

当D型领导者负责的事情没有像计划的那样进行，或者没有取得成功，这时D型领导者更要注意自己的在团队成员面前讲话时的音量、提问的方式和布置工作的方法，不要让员工感觉你是在责备，是在推卸责任。被批评，尤其是无端的批评，会使员工的自尊心遭受打击，感觉被侮辱和轻视。导致员工不愿再坦率交流，这对于有效解决问题是毫无帮助的。

（3）要考虑团队成员相反的观点

D型领导者每天都应该反省，考虑一个问题："今天谁提出的什么意见，很有道理，但我没有接受，这是什么原因造成的？"D型领导者要记住，当员工能坦率和真诚地向自己提出不同意见时，应该感到庆幸，这是员工接受和信任自己的表现。

（4）放慢自己的脚步

D型领导者至少要放慢50%的个人速度，多关注团队其他成员的感受，说话不要那么快、那么多，要学会长时间的呼吸。

（5）学会发现团队成员的批评中包含的正确观点

D型领导者在面对批评时不要立刻开始自我辩解，不要转而指责对方，或者针锋相对，以批评对抗批评。因为"以牙还牙"一定换来"以眼还眼"，多数情况下，员工的这种反抗不会体现在表面，但会反映在工作中，影响任务的高效完成。遇到这种情况，D型领导者应该扪心自问："这些批评意见中哪些内容是正确的？我能从中学到什么？即使不正确的意见，也是对我工作的一种勉励。"

（6）坚持完成自己的任务

当D型领导者开始运行一个项目时，要坚持完成，不要半途又开始其他新的项目。同时要关注团队成员的工作状态和工作满意度，仔细评估团队完成新项目的可能性，发挥团队中其他成员的优势，积极听取员工对新项目的建议。要记住"自己喜欢，并不一定代表团队成员也热衷"。

第12章 交际型领导者

I型人的交互素质决定了他们的领导素质，使I型人成为交际型领导者。

I型人的交互素质体现在他们善于与人打交道的天赋之中，只是表现形式略有不同：有时会像导师那样引领个人发展，有时又像拥护者一样帮助调解人际纠纷。和其他人一样，I型领导者自然也希望自己特有的才能得到人们的赏识。然而，I型领导者所擅长的交互素质，却是一种抽象和极其难以言明的才能，观察起来并不容易。即便如此，辨明和发现I型领导者的交际才干并给予高度评价，都会使我们受益匪浅。

I型领导者更倾向于扮演导师和拥护者的角色。当他们驻足于这些交互型角色中时，I型领导者都会感受到一种强烈的职业成就感和个人满足感：他们觉得自己正在帮助他人，并以此来保证团队和组织的正常运转。

I型领导者最核心的素质是"交际能力"，这是他们天生具有的一种技能。而交际能力最重要的展现形式便是"激励能力"和"感染能力"。

12.1　I型领导者的3种潜能-交互与交际

12.1.1　交往能力：懂得换位思考，具有高度的同理心

交往能力是一种运用策略，是巧妙得体地处理人际关系的一种潜在能力。在这里，"策略"并不等同于D型人所使用的"战术策略"，I型人的策略其实是一种比喻，用于描述I型人高超的人际交往技巧，或者说，是I型人敏锐的感受力。无论是前者还是后者，它们都是I型人所擅长的，同时也是他们的兴致所在。

I型领导者很早便开始以这种极度敏感的方式与人交往，以至于人们会

忍不住猜测这是否是一种天赋：借用情感共鸣和交际技巧来维护和完善人际关系。

的确，伴随个体的成长，尤其是在工作关系中，一方面，D型领导者的"战略执行能力"会越来越娴熟，C型领导者的"支持护卫能力"会越来越强，S型领导者的"战略预想能力"也会越来越高；另一方面，I型领导者也会不甘落后，他们那与人相处的交际水准也会稳步上升。I型领导者像是练就了一双慧眼，用眼睛发现各种可能性，从而把握机会让潜在的人际关系得以发展。同时，I型领导者借助自己那流利的语言表达来调和与化解人际交往中的矛盾。在交往能力的帮助下，I型领导者总能迅速地发现人们或事物之间的共同点。

由于"天赋异禀"，I型领导者不仅能够以一种积极的方式阐述自己的观点，还懂得换位思考，具有高度的同理心，常能设身处地为对方着想。此外，I型领导者在比喻性语言的帮助下，甚至可以轻松且流畅地将原本并无关联的两件事物天衣无缝地联系在一起。这样，占据了"人和"的I型领导者在人际交往中自然会所向披靡。无形中，I型领导者在交往中也对其他人的观念和行为产生了不可小视的影响：不仅鼓励对方成长，还帮助他们调解差异、平息矛盾、化解烦恼，甚至能启发个体的心灵，使他们成为一个和谐的统一体。

I型领导者之所以如此喜爱交际，原因在于分裂、隔阂和敌视常常会让他们感到无比的烦恼和焦虑。矛盾和争论会让I型领导者心绪不宁，而分歧和争辩会令他们紧张不安，甚至连S型人所坚持的一丝不苟的精神和犹豫不决的性格也会让I型领导者情不自禁地产生抗拒心理。I型领导者认为，所有这些差异和争辩都是强加在人性体验上的人为概念，是一种"人性的枷锁"。相比之下，I型领导者更愿意关注那些"共享体验"和"具有普遍性的观念"，因为这能让每个人获得相似的智慧和潜能，同时使人与人之间的差异最小化。

12.1.2　激励能力：具有强大的感召力－催化剂式的领导

I型领导者有一种渴望与人共事的强烈愿望，因此，把他们比喻成团队的"催化剂"再合适不过。作为导师和拥护者，I型领导者有一种与生俱来的力量，能够源源不断地为人际关系注入活力，使团队拥有丰富的产出。

I型领导者能够发掘人性中最美好的一面，并且信奉以人为本的处世原则。他们关注的焦点是企业或组织中的人，而不是自己的身份或地位。I型领导者会采用一种人性化的方式来处理各项事务，并且会将同事、家人和朋友的个人发展视为己任。从这点来说，I型领导者好比一种化学媒介，在化学混合物中充当催化剂，激活其他潜在物质或刺激它们的形成与成长。遇到一位I型领导者，团队中每个成员都有可能受到他们的催化、激励和鼓舞，甚至启发，然后充满热情地去完成I型领导者交代的任务。

当I型领导者掌管人力资源工作时，这种催化剂式的领导者很快便会显现出他们对个人发展的浓厚兴趣，这时他们关注的焦点也往往集中在发掘员工的潜质上。因此，在I型领导者心中，组织自身的发展只能位居第二。

因为这种领导风格，I型领导者在组织中必然倡导民主与参与。他们的理想就是要构建一个和谐、以人为本的工作环境；在I型领导者眼中，制度、文件、项目和产品不过是这一目标的附产品，而不应该成为工作的主要目标。人人享有投票权、建议权、参与权的工作氛围会让I型领导者感到神清气爽；对待下属，I型领导者总是极富同情心，当员工向他们述说自己的工作困难时，I型领导者会立刻放下手头的工作，采取换位思考，耐心、认真和积极地倾听，并且还会以一种真诚的态度关心员工的个人问题。

不过，有些时候，I型领导者会发现，为了与员工保持这种密切的联系，他们往往需要付出巨大的代价：投入大量的时间和精力，几乎无暇关注自己。I型领导者总是将员工的需求摆在第一位，并且会快速、积极和热情地做出回应，帮助员工解决困惑，将自己大部分时间都用于满足员工的需要。I型领导者会慷慨地让出自己的时间，却经常忽略了自己的家庭义务或其他社会职责；有时，他们甚至会放弃必要的休息和娱乐时间。如果I型领导者想改变这种心力交瘁的状态，恢复原有的精力，就必须学会规划时间，使自己有时间充电，能够养精蓄锐，投入未来的工作中。

一旦I型领导者能够适当地平衡工作和私人空间，他们就能成为所在组织热情洋溢的代言人。在I型领导者任职的组织，无论是公司、公共服务机构，还是学校和政府，他们无时无刻不在寻找组织内美好和光明的一面，并且会做出积极的回应；此外，I型领导者还非常乐于谈论自己发现这些美好事物的经过。

I型领导者擅长欣赏和夸赞，他们会耐心、专注和积极地倾听同事的述说，然后以丰富的语言信息和热情的肢体语言给予回馈，让团队成员感受到自己的付出得到了百分之一百的关注，同时也意识到领导对自己的重视。在唤起情感共鸣这一天赋的帮助下，I型领导者似乎很清楚如何在适当的时候用适当的语言来表达自己的赞赏之情。

这种催化剂式的领导风格，让I型领导者特别关注员工的个人成长，因此，任何针对他们自己和所在组织的鼓励和肯定都会被I型领导者视若珍宝。另外，谈论和传递负面信息会让I型领导者感到举步维艰，在面对那些反对、否定或阻碍进步和发展有关的话题时，I型领导者常常感到不知所措，难以启齿。在这个过程中，I型领导者会采取降低自己需要和渴望的方式，来满足团队成员的需要和渴望；有时候，他们甚至可以牺牲自己的愿望。于是，I型领导者自己的问题或要求再度被其他人的问题或要求取代，因为I型领导者都是事事以他人为先。与谨慎者（C型）一样，I型领导者也常常会感到过度劳累，更糟糕的是，他们的付出还经常得不到他人的欣赏和认可。因此，对于I型领导者而言，为了避免这种费力不讨好的情况频繁发生，他们最好能够定期检查自己的目标、需要优先解决的问题、意图和计划，看看它们是否偏离了正常的方向。

12.1.3 感染能力：具有与生俱来的感染力 – 卓越的公共关系专家

I型领导者大都能够与同事和睦相处，并且很受欢迎，具有强大的感染力。他们十分享受自己与他人之间这种和谐融洽的关系，而那些善于表达的I型领导者还会主动寻找和建立这种人际关系。处在高位的I型领导者，比如，企业的高级管理人员，他们通常为人随和，无论在工作中还是私下里，I型领导者都喜欢和自己的下属打成一片。他们会频繁地走访各个部门，与自己的员工进行交流，了解员工所遇到的问题和感受以及他们的快乐。I型领导者往往会与同事建立一种亲密的私人关系，对他们而言，工作不仅意味着任务和目标，还是他们获取社交满足感的源泉。

I型领导者堪称公共关系专家，这得益于他们与生俱来的感染力，他们往往是整个团队的精神支柱，激励、鼓舞、勉励；也是组织中的宣传者，劝说、联络、沟通、协调。I型领导者能够与各种类型的人和睦相处，建立积极的联系，并能用自己的真诚打动和感染客户，使客户与自己的公司合作。如果被赋予创造和管理的自由，I型领导者会如鱼得水，能最大限度地施展自己的才能；相反地，如果他们被各种强制性的工作标准包围，就会变得沮丧，甚至会变得愤恨不平。I型领导者身边的人往往会被他们的个人魅力所吸引，变得真诚、忠实和努力，为了完成I型领导者交办的任务，会心甘情愿地付出。

在I型领导者强大感染力的召唤下，团队成员都喜欢与他们共事，因为I型领导者通常会积极地支持和关注员工的观点。在这一点上，他们和D型领导者一样，总是能够将工作变成一件快乐的事情。此外，I型领导者还会将自己以人为本的人性化观点引入领导团队中去，使其他管理人员也关注人的重要性。而且，与其他类型的领导者相比，I型领导者凭借敏锐的洞察力，还能看到调动员工的积极性给公司和团队带来的改变，并洞察出这种改变背后隐藏的社会效益。

如果一个公司或团队中缺少了I型领导者，这个团队或公司的成员可能会觉得工作氛围冷漠、枯燥、乏味、沉闷、无趣，缺少人文关怀。这种负面情绪不断扩大，最终会给团队或公司带来不良后果：工作效率低下、产出率低、人浮于事、互相推诿、管理混乱、士气低落、抱怨不断、离职率高等。总之，如果少了I型领导者这个催化剂和润滑剂，整个公司就会缺少一种蓬勃向上的团结精神和工作热情。尽管这个公司拥有强大的客户资源和市场前景，但是负责客户关系和市场推广的员工会对公司和自己所处的职位感到不满。这种不满若得不到及时处理，必然会导致员工忠诚度、归属感和价值感的降低。最终影响公司的发展。很多市场前景优质的公司最终破产或发展萎靡不振，往往不是被外部力量击败，而是被内部不和谐的人际关系摧毁。如果能够有I型领导者从中周旋和调解，原本波涛汹涌的局势很快就能变得风平浪静，因为I型领导者的感染力能化解冲突，团结一切。

12.2　领导力短板：I型领导者的管理盲区

12.2.1　过分依赖认可

与其他领导者相比，I型领导者能更加清楚地看到债务和资产之间的转化关系，尤其在处理人际关系问题时。I型领导者通常都很豁达，也很健忘，昨天发生的不愉快或负面事件，今天就会忘得一干二净。那些快乐或正面的事情，他们却总是记忆犹新，因为对过去和未来，I型领导者总是抱有一种浪漫主义的观点；在众人面前他们始终保持着快乐的理想主义的形象。自始至终，I型领导者都保持着异常旺盛的精力，只不过，这些活跃的精力似乎需要一种新的热情力量刺激才会迸发出来。从这点来看，I型领导者对过去事件的关注程度也会略微有所降低。通常来说，他们会尽量把自己的失望或沮丧情绪隐藏起来，来避免这些源自低潮时期的不愉快情绪给他人造成的不便或烦恼。

I型领导者对别人的欣赏往往随感而发，所以他们的赞赏大都是不假思索，脱口而出。I型领导者在倾听时不仅满怀热情而且带有赞许的感情，使倾诉者能够获得一种完全被接受和认可的感觉。I型领导者既然付出这么多，他们的心中也渴望获得回报：得到人们的赞许。I型领导者珍视并牢记工作伙伴对自己的赞赏，并且对赞美者的赏识，哪怕这种赏识是间接和隐晦的，也会由衷地心存感激。无论是对人还是对事，I型领导者都会关注积极的一面，所以，对他们而言，积极的鼓励远比负面的批评更有号召力。即使已经获得了团队成员的肯定和赞许，I型领导者仍然会全心全意地贡献自己的力量，提高产出，激励团队。可是，如果他们的付出没有得到相应的肯定，或者不断遭遇否定或指责，I型领导者就会变得灰心丧气、沮丧、痛苦和不安，并且开始在团队或公司以外的地方寻找自己应得的认可和赞许。

如果认为I型领导者"与众不同"，或者觉得他们的贡献"别具一格"，I型领导者同样会高兴得心花怒放。他们希望自己不仅能从上司那里获得这样的赞许，更希望从同事或下属那里得到相同的认可。所以，I型领导者在面对负面批评时，心理素质和应对能力远不如其他三种类型的领导。当I型领导者遇到负面批评时，哪怕只是"需要改进""有些不足"这些寻常性的反馈时，无论这些评价多么准确，也无论做出这些评价的人在措辞上多么小心翼翼，他们的情绪都会立刻一落千丈，甚至还可能不知所措，惊讶不已。对I型领导者来说，认可他们的情绪和肯定他们的付出同样重要，他们希望团队成员能够同时对二者给予赞许和接纳。

12.2.2 过度崇尚和谐

有时候，I型领导者会认为，根据个人的喜恶，而不是公司的利益，做出某些决定是非常有必要的。生性敏感的I型领导者总是既想帮助下属又想取悦上司，为了做到兼顾，他们不得不疲于奔命：在满足下属需求的同时也达到上司的要求。

I型领导者常常会被两组对立的团队同时看作是拥护者，造成这种尴尬局面的不是别人，正是他们自己。因为I型领导者总是心怀善意，不忍拒绝，也不想看到对方失望和沮丧，他们会满怀同情地倾听双方的陈述，并对双方的立场和观点都表示理解。I型领导者这种共鸣式的回馈方式往往会令对立双方都得出一个结论：领导站在自己这边。事实上，I型领导者只是渴望与所有人都建立融洽的情感联系，保持团队的和睦与和谐，于是，他们总是情不自禁地向所有人示好，同时试图取悦他人。

12.2.3 过度表露人性

当I型领导者感觉自己受到了缺乏人性的对待时，比如只把他们当作一位发号施令的上司或处理工作的机器，I型领导者往往会勃然大怒。他们希望人们能够透过身份和地位，看到潜藏在自己心中的人性和良知。I型领导者所做的一切都是他们亲身劳动和真诚付出的成果，这些成果都属于他们，而不是地位、身份、名誉和头衔的功劳；I型领导者是这样认为的，自然希望其他人也这样想。在工作中，无论人或事的背景是多么严肃和正式，I型领导者都会从一种人性化的角度，带着浓厚的个人情感来看待和处理一切，哪怕受到他人的怀疑、排斥、警告和指责。I型领导者这种我行我素的行为方式和工作模式，很可能会激怒他们的上司，同时给同事和下属带来烦恼。

此外，I型领导者还会沉溺于自己所钟情的事物当中，并且会因为对某人的偏爱而忽视另一个人，他们也不打算对这种行为做出合理的解释。当然，I型领导者这一做法必然会引起团队其他成员的恼怒。在某些强调和需要理智的场合中，I型领导者往往会因为坚持表达自己的情感而受到指责和非议。他们会毫无遮掩地公开支持团队中的弱者，还会含沙射影地指责那些过于冷漠，缺乏同情心，自私自利的人。I型领导者有时还过于热心，给予团队成员不必要或不需要的帮助。

I型领导者会在自己的职权范围内营造一种人性化的工作氛围，让团队每个成员都享有宽松的自主权。这种领导风格通常能使团队或公司健康地发展，然而，由于团队成员享有较大的行动自由，在某些时候，会使上面下达的命令得不到切实有效的执行。坚决贯彻上级的指令，I型领导者自然责无旁贷，但这违背了他们的领导风格，可能会使他们在选择职业时受到一定的限制，同时也会阻碍I型领导者晋升的空间，还会影响他们领导才能的发挥，也不利于他们树立积极的自我形象。如果I型领导者管辖的团队受到上司的批评，或者他们的工作进展不顺利，会打击I型领导者的信心，使他们灰心丧气、精神沮丧，并一味地进行自我批评和自我否定，还会将原本属于他人的过失也归到自己头上。

12.2.4 过度掩盖矛盾

I型领导者另一个管理盲区在于，他们往往会尽可能避免不愉快的发生，或许他们希望，如果能够推迟面对问题的时间，这些问题可能会随着时间的流逝自动消失。有时候，I型领导者自以为找到了摆脱困境的简易方法，能够暂时放松一下，然而，他们事后发现，这一看似有效的办法却引起了更大的麻烦。

此外，I型领导者还会情不自禁地去挽救他们眼中的"制度受害者"，而转眼，他们自己却陷入了两难的境地：究竟效忠于自己的公司，还是对自己的团队成员保持忠诚？尽管I型领导者竭力避免团队成员依靠自己，但事实上，创造这种依赖关系的正是他们自己。团队成员往往会倒向I型领导者，希望在I型领导者那里获得支持、赞许、肯定和指引，渐渐地，需求越来越多，要求也越来越过分，最终需要变成了依赖，要求变成了索取，I型领导者的精力也会伴随团队成员需求的满足而逐渐消耗殆尽。对此，I型领导者常常会感到困惑，他们根本不知道这是如何发生的，也完全不知道该如何阻止这样的情况一次又一次发生。其实，制造这种"管理困境"的是他们自己，解决这种困境的也只有I型领导者自己。

总之，I型领导者的领导风格有两大特点：独特的个人魅力和强大的感染力，以及对人性的渴求和对他人强烈的责任感。I型领导者通常巧言善变，并且通过语言表达自己的关心和热情。他们具有亲和力、感召力、同理心、高超的洞察力，不仅能察觉出存在于组织内的各种可能性，还能发现团队成员的潜质和实力。

I型领导者深谙人际相处之道，并且具备卓越的人际管理技巧，是名副其实的人力管理专家。作为一位实施民主化管理模式的领导者，他们允许团队成员各显其能，各施所长。在那些推行以人为本的公司中，崇尚自由的I型领导者往往如鱼得水，表现极佳。通常，I型领导者能够精确地感受到公司内部的工作气氛和人际状态。面对复杂的环境，他们反而镇定自若，往往表现得很有耐心，并且能够一直等到适当时机的到来，才迈出前进的步伐。I型领导者完全有能力胜任公司管理者的角色，尤其是高级管理岗位，更有利于他们发挥领导天赋。

I型领导者凭着自己的善良、正直和高超的领导能力，必然会成为一名所有人都看得见的代言人式的好领导：不仅是企业的代言人，也是所有员工值得信赖的代言人。

12.3 变劣势为优势：6种领导力提升方略

12.3.1 领导风格和行为

I型领导者的任务就是评价每个团队成员的优点和缺点，然后鼓励和推动员工为实现公司、团队和自己的目标不断努力。

I型领导者还有一项任务就是在团队成员理解了公司、团队和自己的目标后，求同存异，创建一个能够达成最终成果的环境（见表12-1）。

表12-1　I型领导者优劣势比较

领导优势	领导劣势
建立出色的人际关系	迁就、讨好
认同和理解别人的感受	不够直率
支持、慷慨、积极	很难拒绝别人
乐观、热情	不被赏识时变得愤怒
讨人喜欢	意识不到自己的需要

续表

领导优势	领导劣势
负责任、认真	过分强调人际关系
洞察别人的需要	当他人被错误对待时感到愤怒
激励他人	意识不到"自己的给予是为了索取"
以任务和成功为导向	过于偏好竞争
精力旺盛	并不总是非常友善
很好地理解员工的心声	生硬，强势
善于解决难题	隐藏内心的感受
乐观、积极	过于分散自己的精力
具有企业家精神和能力	没有足够的时间关注自己的人际关系
自信、果断，敢于面对	对别人的感受觉得不耐烦
达成结果	相信自己的形象真实地反映了自己

12.3.2 领导力提升方式

（1）I型领导者应该学会说"不"

在适当的时候对工作说"不"，以免过度消耗自己的精力，透支自己的能量，影响健康，牺牲对家庭和子女的关注，或者出现内心紊乱，使痛苦、沮丧、愤怒和不满不断积累。

（2）I型领导者应该减少团队成员对自己的依赖

把工作交给同事去处理，让他们做决定、寻找解决问题的路径，而不要事事都亲自处理。

（3）I型领导者在进行管理的时候，应该多一些客观、少一些情绪化

当I型领导者亲切地对待那些让自己感觉良好的员工时，同时对那些挑战或厌恶自己的人给予否定时，要记住"三思而后行"，因为自己所做的评价和决定不一定是最好的。要更多地关注策略和工作本身，而不是人。

（4）I型领导者应该多关注一下自己的行为对他人的影响

I型领导者对目标实现和效率的双重关注可能导致对人的忽视。他们应该告诫自己"在每次做决定以及对结果要求非常严格时，别忘了分析一下可能对别人造成的影响"。

（5）要学会减轻自己的竞争意识

记住，不是所有的事情都是一场竞赛，非要分出胜负。不要把和别人的谈话变成一场针锋相对的辩论。I型领导者要注意发挥自己坦率、包容和友善的特点，重视与别人进行协作的重要性。

（6）有意识地完全了解真实的自己

I型领导者天生具有"进行自我实现，发现真我"的天赋，只是有时会被压力、焦虑和不安遮蔽，转向对工作和目标的关注。当I型领导者感觉偏离自己的这种天赋，应该有意识地停一会儿，反思自己的行为，然后将偏离的行动调回正常的轨道。

第13章 战略型领导者

S型人的思辨素质决定了他们的领导素质，使S型人成为战略型领导者。

S型人的思辨素质体现在管理领域，是对战略规划的擅长，就是我们常说的"战略能力"。S型领导者总是与战略紧密相连，或直接或间接，他们的领导风格就是"制定战略，分析战略，实施战略"。无论是S型企业家，还是公司的各级管理人员，他们都是大大小小的"战略管理专家"。

S型领导者的战略能力体现在他们卓越的系统工作能力上，即找到实现某个明确目标所需要的复杂方法，无论是作为规划复杂秩序的协调专家，还是作为建造复杂结构的制造专家。相对于D型领导者"战术能力"和谨慎者（C型）的"后勤能力"，S型领导者对战略能力的观察显得更加困难。因为战术和后勤是两项具体而实际的操作能力，因此，它们比抽象的战略规划能力显得更加直观。如此一来，虽然S型领导者和其他领导者一样，也希望自己所擅长的能力获得上司、下属和同事的欣赏，但是他们又对这些人是否能够明白自己的战略能力表示怀疑。

S型领导者的"战略能力"，在工作中具体表现为：协调、创造、预想、目标控制和怀疑五种能力。

13.1 S型领导者的5种潜能-思辨与战略

13.1.1 协调能力：具有强烈的规划意识，对各项工作都了然于心

在处理系统工作时，相对于组织而言，协调能力更专注秩序。这些具有强烈规划意识的S型领导者对于各项工作都了然于心：想做什么以及什么时候能完工。而在指导他人按照自己的行动方案工作时，S型领导者也表现得极其果

敢且毫不羞涩。同样，按照 S 型领导者表现能力的强弱，协调能力又衍生出两种能力：善于表达的指挥能力，矜持内敛的策划能力。

（1）指挥能力

拥有指挥能力的 S 型领导者最擅长排列等级秩序，这是一种与生俱来的天赋。他们能够征募任何可用的人力和物力资源来满足执行某项战略计划的需要，然后发布一系列命令，来确保战略目标的达成。拥有这项能力的 S 型领导者，也被称为"指挥领导人的人"。在商业领域，他们凭借出众的指挥才能，调兵遣将，指挥团员攻克一个个难关，所向披靡；向下属发布指令，分派任务，以及挑选达到预期目标所需要的最有效的人力和物资。尽管 S 型领导者为数不多，而且在各种劳动群体中所占的比例也不高，但是他们的指挥能力却是所有 S 型领导者当中最容易发现且最引人注目的一项天赋。因为拥有这项能力的 S 型领导者总是大方地站出来，成为各项行动的指挥者。

（2）策划能力

拥有这项能力的 S 型领导者堪称排列次序的"策划大师"。他们能针对任何一个复杂的项目，井然有序地安排各种连续性的操作行为，不仅会将所有可以预测到的紧急状况都包含在计划以内，还会采取各种有效的措施确保项目的顺利实施。S 型领导者就像雄鹰一样，用他们锐利的目光从高空纵观全局，将一切都尽收眼底。

一旦确立了目标，S 型领导者会立刻着手制定战略战策，设定各项事务的优先级，并且制作细致和精准的流程图，力求在实现目标的同时将时间和资源的浪费控制在最低限度。

S 型领导者善于制定针对偶然性事件的应急方案，但不擅长制定强调内部有机结构的组建方案：前者侧重于应对某事发生或不发生所带来的结果，而后者主要体现复杂结构的有机构成。

在工作中策划能力不像指挥能力那样引人注目，但是，无论是作为领导的得利助手，还是作为领导者，拥有策划能力的 S 型领导者完全有能力胜任肩上的职责。只不过，面对明确的目标，当团队成员束手无策，拿不出高效率的实施办法时，策划能力往往可以统筹兼顾，让所有事情重新步入正轨。

13.1.2　创造能力：善于探索，富有创新精神

S 型领导者的创造能力体现在精巧的组织工作方面。这些善于探索的 S 型领导者常常会被各种科学原理所吸引，并善于用它们来解决实际问题，以及创造有用的模型和原型。此外，这些资讯性的 S 型领导者往往更倾向于展现自己的工作项目和进展，而不是指引他人服从秩序。

拥有创造能力的 S 型领导者会根据脑海中明确的功能设想来设计或组织事情。正是这种创造能力，才使组织与时俱进，不断创新，适应复杂和变化的商业环境。可以说，他们是最富创新精神的领导者。

策划能力最初也会使 S 型领导者从设计工作入手，可最终还是回到协调性工作中；创造能力会使 S 型领导者没有丝毫指挥他人的欲望，相反地，他们会专注于探索，收集各种信息，然后汇集在一起，设计具有超前意义的事物。因此，尽管他们的创造最终会给企业带来丰厚的回报，从这点来说，拥有这种能力的 S 型领导者也算是性格"外向"。但是，在实际工作中，创造能力往往得不到团队成员的欣赏，因为这种能力的释放是循序渐进、潜移默化的。

此外，创造能力还使 S 型领导者设计和创建了工作中的许多工具，从公司的信息化系统，到企业的组织架构，再到质量过硬的产品，无一不是他们的杰作。一套完整的信息化系统，一个设计好的产品固然是直观的，但是，创建这些工具的操作过程并没那么一目了然，便于观察。因此，对于 S 型领导者，人们了解更多的往往是经他们创建的成品，而不是他们设计和创建这些成品的能力。

13.1.3　预想能力：擅长思辨和战略规划 – 预想家式的领导

我们可以把 S 型领导者称为"预想家"，因为他们拥有一种预见能力，能够预想组织的未来目标，然后开始构思战略发展规划，从而确保以最高效的路径实现目标。

S 型领导者常常为自己的创造力和技术能力（包括管理技术）感到自豪，并且希望通过自己对各种系统要素的天生领悟将复杂的事情简单化，令脑海中的模型和构思跃然纸上，同时不断提高自我挑战的难度。面对来自有关战略性工作的召唤时，S 型领导者通常会欣然受命，如果工作性质要求他们创造某种新事物或原理，S 型领导者甚至会表现得乐不可支。

作为一名卓越的预想家式的领导，S型领导者的预想能力包含8个要素，这些要素构成了他们的领导风格：

- 提出一个远景目标，并对这个目标一再重申和肯定。
- 坚持不懈地在追随者中传播这一目标。
- 建立强大而稳定的团队。
- 寻找足智多谋的得力助手。
- 鼓励创新。
- 劝服而绝不强人所难
- 用故事来影响团队成员
- 以绩效为本。

按照S型领导者的管理风格，他们认为，无论自己属于何种类型的管理者，都应当将脑海中对各种事件的假想清楚且反复地告知身边的追随者；与团队成员保持密切而频繁的接触，从而加深并巩固与他们的关系；不断寻找和发现从团员成员身上所迸发出来的智慧火花；同一种欣赏的眼光来看待团队成员所带来的有益改变，并将自己对他们的这种赞赏之情明确地表达出来；坚持为团队成员的行为提供令人信服的理由；讲述一些团队成员感兴趣的逸闻趣事，使他们保持快乐的心境；最后，始终关注他们的绩效，以绩效管理和目标管理的方式来提高他们的工作效率。

S型领导者的管理风格最后必然要以"绩效管理"和"目标管理"的方式展现出来，可以说，他们是名副其实的"绩效专家"。这又会衍生出一种与预想能力紧密相关的能力：目标控制能力。

13.1.4 目标控制能力：擅长制定周密的目标，并保证目标的实现

S型领导者懂科学、重视技术且擅长系统工作，正因为这样，他们思想开明，非常乐于看到和接受新的美好事物，并且十分重视和支持与此相关的研究、开发和管理工作。组织中，特别是商业和企业组织，目前存在的事物可能会随时发生变化，而事实上也经常如此。S型领导者对所有的规划、步骤以及工作都心存怀疑，就是自己制订的计划，最终不能实现目标，他们也会坚决地推翻。因为S型领导者善于反思、反省和复盘，在他们的意识中，只有那些符合目标的实用性标准和事物才能得到S型领导者的认可，并继续存在下去。

S 型领导者这种怀疑精神使他们具有了另一种相关能力：观察能力。当 S 型领导者运营和管理一家企业时，拖沓、推诿、投机取巧、延迟等，这些破坏企业和谐，阻碍目标实现的行为都难逃他们的法眼，一旦发现，S 型领导者就会坚决地予以取缔，就像外科医生切除病人体内的一颗恶性肿瘤一样。

I 型领导者和 C 型领导者（C 型谨慎者）常常会在不知不觉中成为帕金森定律的受害者，或者偏离目标，或者安于现状，放任官僚主义在企业的生长和蔓延。而在同样情况下，S 型领导者则会予以坚持不懈，甚至无情地反击。他们绝不能容忍自己管理下的企业出现任何形式的官僚主义，任何地方、任何时候都不行。因此，一旦发现任何降低组织效率的因素出现，S 型领导者就会立刻将它们迅速地扼杀在萌芽之中。

13.1.5　怀疑能力：具有怀疑精神和高超的观察能力

S 型领导者对目标的控制是通过绩效管理来实现的。绩效管理是一种卓越的领导模式，对 S 型领导者来说，长远的战略规划自然享有最高的优先级，而战术变化与行动、后勤部署与支援、交际协调与交互只能尾随其后。

事实上，这些预想家式的 S 型领导者所制定的战略规划不仅影响深远，而且包罗万象，涵盖了所有与目标实现有关的设想。S 型领导者还试图借此预测，为后续工作所需的战术行动、后勤支援和人际沟通制订实施计划，从而使那些具备不同能力的人可以各施所长，确保各项工作的顺利进行和完成。

D 型领导者、I 型领导者和 C 型领导者（C 型谨慎者）可以分别为组织提供战术应变和即兴发挥，人际交流和调解，支持和后勤维护，却偏偏无法做出战略安排和布局，尤其是在需要考虑诸多要素的大型组织中，因为这是 S 型领导者的特长。S 型领导者能快速而轻松地完成各种多元化分析和流程图的制作工作，而对其他类型的领导者而言，这无疑是一项费时耗力的艰巨任务。借助这些分析工具，S 型领导者会以雄鹰那样高瞻远瞩的视角纵观全局，制定出包含所有应急措施在内的目标实施规划，然后制定周密的绩效管理制度，保证目标的实现。

如果没有 S 型睿智的领导者，组织内的各项目标很可能会短视和功利，或者因为拖沓而迷失在前进的道路上；而缺乏长远规划，还可能造成不断试错，甚至各种与实现目标无关的方式方法也会不断地繁衍和频频跳出来。这些问题，不仅会阻碍团队成员的视线，还会增加运营、管理和沟通成本，降低工作效率，拖延目标的实现。一旦组织的运作方式不再严格地效忠于目标，帕金森定律中"方式决定结果"将会成为组织的主宰者，使组织不断偏离轨道，最终走向失败。而能确保组织始终运行在正确轨道上的正是S型领导者的战略预想能力，以及效率至上的实用主义。

13.2　领导力短板：S型领导者的管理盲区

13.2.1　崇尚简洁的表达方式

尽管S型领导者能够规划和设计出一个组织十年后的远景，并且绘制出战略蓝图，但是，S型人"抽象的语言使用方式"和"实用主义"的行为特征常常会引发反作用，阻碍他们的表达和传递方式。

对S型领导者而言，将这一预想表达出来却是一件相当困难的事情。人们之所以愿意跟随S型领导者，就是因为他们对未来远景的预想的确令人着迷。可是，有些时候，S型领导者却常常迷失方向，因为他们崇尚简洁、讨厌赘述。当S型领导者在陈述自己的观点时，他们言简意赅，往往不会复述自己的观点；也不会将话说得过于明白，常用一种隐喻的方式传递信息。他们总是想"一点点暗示就已经足够了"。

对于暗示，S型领导者始终认为，只可意会而无须言传。他们采用的是一种经济高效的交流方式，对于显而易见的事实，S型领导者不愿多费时间和口舌。因为说得过多、太直观、过于明白，在他们看来，会让自己显得愚蠢而天真，还会有辱听众的智商。而抽象、隐喻和简单，可以减少沟通成本，提高效率。但是，让S型领导者没有想到的是，这种"过于抽象"的实用主义交流方式，在有些时候，恰恰会影响他们观点的传递，使接受者产生"信息失真"，为后续工作的实施埋下了风险的种子。

13.2.2　热衷于抽象的战略分析

S型领导者关于自己设想的谈话常常带有较高的技术含量，会使用很多专业化的技术术语，并且会采用极其复杂的模型和流程图来展示"方式与结果之间的关系"。当然，在 S 型领导者看来，这所有的一切不仅直观而且易于理解，于是，他们自然也希望自己的下属能够快速领悟这些术语和模型。然而，很多情况下，面对 S 型领导者细致、精确和复杂的分析，他们的下属往往一头雾水，倍感压力，会因为不解和困惑感到沮丧。

13.2.3　不愿表达欣赏之情

S 型领导者不是不知道对他人表示欣赏的重要性，只不过，他们一向都不愿赘述那些极其明显的事实，这也是他们不善于表达欣赏的原因之一。S 型领导者总是以为，如果一名下属出色地完成了工作；而且无论是在这位下属看来，还是其他人看来，业绩又是如此明显，那么，作为领导，还需要说什么呢？

S 型领导者认为，如果将自己的赞赏之意溢于言表，那个做出贡献并接受赞赏的下属也许会认为"领导为什么会这样说？我出色地完成了工作，这难道不是显而易见的事实吗？领导这样说有何目的呢？"如此一来，由于担心自己这样做反而会被认为是想利用他人，S 型领导者在表达赞赏之情时往往显得犹豫不决，假设推断最终战胜了事实。

S 型领导者不愿意表达欣赏之意，还有一个原因，就是当他们的上司赞扬自己工作出色的时候，他们常常会觉得尴尬。所以，S 型领导者主观地推断，如果自己也这样做，那只会令下属感到尴尬和不好意思。因此，当 S 型领导者认为"其他人发现自己的口头称赞不是表达得很隐晦，就是过于私人化而与工作无关"时，他们往往不会称赞上司或下属的付出和成就。

当一名员工完成了某项任务时，即使只是一件很小的工作，他们也需要从领导那里获知"自己的工作成绩得到了认可和接受"。对员工来说，这很重要，而且这与他们已经为此获得了报酬这一事实没有任何关系。如果一家企业希望员工能够全力以赴地工作，尽职尽责，除了按时发放薪酬外，还必须对他们的工作成绩给予认可和欣赏，从而满足员工更高层次的精神需要。而且，对给予欣赏这件工作，领导者必须亲力亲为，因为只有领导者才有资格以公司的名义，向员工表达一种来自官方的赏识。

S 型领导者或许能够意识到员工需要获得赏识，可即便如此，在有些时候，由于上面两个因素的影响，他们仍然感觉难以启齿。因此，在这方面，S

型领导者非常有必要向I型领导者学习"激励和表扬的能力"。

13.2.4　忽视他人的情绪

S型领导者的另一个缺陷在于，由于他们通常都着眼于长远规划和全局利益，有些时候，他们会忽略对团队成员情绪的关注，无论是正面的还是负面的情绪。因此，S型领导者的下属往往认为他们冷酷、不近人情，高高在上，不太愿意接近自己；而S型领导者的同事在和他们交流时也会觉得拘谨和不自在。于是，S型领导者会被排除在各种工作之余的聚会活动之外。

对于S型领导者而言，首先，他们本来就不擅长闲谈；其次，他们喜欢独自思考，总是一心一意地专注于工作。这种工作至上的态度也使S型领导者很难以一种轻松的姿态与下属谈论那些琐碎的话题。

13.2.5　期望过高

在人际交往中，S型人非常关注对方的专业和能力，尤其是对方的思辨和研究能力。而作为领导者，他们往往会给人留下这样一种印象：他们只关注和重视那些最聪明的下属、同事和上司。无论是对自己还是对别人，S型领导者都期望过高，有时候，这种期望甚至超出了他们能够表述的范围。因此，S型领导者要牢记德鲁克的那条定理"一个具备强大优势的人也同样拥有其异常脆弱的一面"，这就是常说的"尺有所短，寸有所长"的道理。

由于S型领导者往往会不断提高对自己的要求，他们绝不能容忍自己或他人犯两次同样的错误。在工作和实践中，偶尔犯错是可以原谅的，但绝对不能忘记；对S型领导者而言，同样的错误如果犯第二次，那简直无法想象，不能原谅。

总之，如果不考虑S型领导者的其他特征和品质，他们的领导风格有两大特点：第一，S型领导者有坚定不移的实用主义精神，这意味着他们会认真细致地研究方法与成效之间的关系。明确的目标是一切行动的前提，唯有如此，人们才能识别、掌握和运用为这一目标服务的各项操作方法。第二，S型领导者有一种一如既往的怀疑精神，以及钟情于"找问题"的本性。任何方式和方法都必须经过他们的审查，从而排除各种低效率的隐患。他们从来不会机械地运用传统的方式和方法，相反地，任何方法必须通过S型领导者完备的战略分析，与新方法进行竞争，唯有提高效率的方法才能胜出并应用于实践。

13.3 变劣势为优势：6种领导力提升方略

13.3.1 领导风格和行为

S型领导者的任务就是创造一个结构清晰、和谐友善的工作环境，并给予团队成员关照与支持，促使大家共同努力完成集体计划。

S型领导者的另一项任务就是发展创造性地解决问题的环境，让每个团队成员都有一种归属感和安全感，觉得自己是团队中不可或缺的一员，从而促使问题最终得到解决（见表13-1）。

表13-1　S型领导者优劣势比较

领导优势	领导劣势
老练，圆滑	逃避冲突
通过关注运营的细节抓住关键、战略远见	有所保留
悠闲、轻松	认不清轻重缓急
稳定、沉稳，稳健	拖沓、犹豫延迟、瞻前顾后
包容、协作	面对压力时采取消极抵抗的方式
发展持久的人际关系	优柔寡断，为了和睦选择顺从
耐心	不确定性
支持、关照	精力分散、疲惫
负责任、责任感强	忧虑、焦躁
有实际经验	过于顺从或过于挑战
协作、协调和平衡	不喜欢模棱两可
战略性、全局感，预见性	分析能力会暂时中断
才思敏捷	把自己的想法强加于人
坚定不移	防御性强
善于预见问题，有前瞻性	牺牲自我、否定自己

13.3.2 领导力提升方式

（1）要学会更多地表达自己

取代那种首先要了解别人想法的行为方式，应该敢于表达自己的看法和感受，然后听取他人的反馈意见。

（2）强调那些最重要的事情

谈话时切忌长篇大论，列举太多的细节、模型、数据和专业术语；要向 D 型领导者学习聚焦，尝试突出那些自己认为重要的论点，就像是进行 PowerPoint 演示一样。

（3）完成办公桌上堆积的工作

不要因为自己手中堆积了太多的工作，阻碍公司或团队的正常运转。

（4）要学会处理好自己和权威人物的关系

认真思索一下自己以往与上司以及权威人物之间的关系，尤其是那些破坏自己职业生涯或伤害了其他同事的事件，然后从中吸取经验。

（5）要学会控制自己的焦虑情绪

刚发现一些焦虑的苗头时就采取措施，积极干预和控制，然后通过一些方式来减轻焦虑的破坏性，比如谈话、散步、听音乐、旅游或者其他有效的方法。而不是设想一些最坏的场景。记住"烦恼并不能解决问题"。

（6）要培养和发现旗鼓相当的对手

在热切地寻找忠诚的同时，别忘了从和自己志趣相投的同事以及下属中间发现、培养一些真正的对手。要记住"真正的对手才是自己作为领导者成长和发展的推动力"。

第14章 支持型领导者

C型人的支援素质决定了他们的领导素质，使C型人成为支持型领导者。

支援素质，也叫后勤素质，是一门关于获取、分配、使用和补充物资的能力和技巧。后勤部署对任何机构：公司、学校、军队，甚至家庭的正常运转，都具有至关重要的作用。而C型人在这方面的表现极富创造性，他们总是能够在适当的时间、合适的地点，安排正确的人做正确的事，从而确保每项工作都能按部就班地完成。尽管C型人同样可以通过学习和锻炼拥有其他三项素质：行动、思辨和交互，然而，对他们而言，培养和实践支援技巧不仅更加容易，同时也更富有乐趣。

C型人作为领导者，无论是担任制定和管理规章的管理者角色，还是确保后勤维护的保管者角色，他们都能巧妙地处理与事物和服务相关的工作。和其他三种类型的领导者一样，C型领导者也希望自己的支援素质能够得到其他人的欣赏。幸运的是，支援素质和行动素质一样，十分便于观察和发现。这是因为后勤部署的对象都是具体而实际的日常事物，而交互和思辨是一种抽象的行为，对象不是难以目测的人际交往和关系，就是错综复杂的战略和假设。

C型领导者的支援素质突出表现在卓越的"支持部署能力"上。在熟能生巧的规律作用下，C型领导者拥有了无与伦比的管理、保管及支持能力。当C型领导者的职业角色要求他们施展这些能力的时候，他们总是显得踏实而可靠。因为C型领导者深知，他们应当尽心尽力效忠自己的雇主，只有这样才能在领取薪水时问心无愧。

14.1 C型领导者的3种潜能——支援与部署

14.1.1 安定能力：善于建立细致的规则－安定剂式的领导

作为公司中的一员，C型领导者能够对效力的公司或机构起到一种稳定和加固的作用。所以，人们常常把他们称为"安定剂"。C型领导者的能力体现在制定日常、程序、规则以及各项草案之中。他们善于起草沟通规则并会一直跟进和监督，直到工作圆满完成。

C型领导者有耐心、考虑周全、稳妥、可靠，而且行动和思考都井然有序。作为C型领导者的下属，员工知道自己可以依靠那些熟悉和始终如一的规则。员工知道，在C型领导者的悉心指导下，所有工作人员、资源以及商务合同都能保持一种井井有条的状态。作为公司的"安定剂"，C型领导者会仔细识别并了解自己的职责，同时，也会以同样谨慎仔细的态度指出下属的职责。尽忠职守和遵守规则的员工会得到C型领导者的赞赏和嘉奖。

此外，C型领导者也是名副其实的"传统主义者"，他们会小心并且充满感情地保护、培养组织内的传统。C型领导者比其他人更加了解严格的传统观念给人们带来的宽慰和归属感，以及给员工和客户带来的永恒不变的安定感。如果组织缺乏应有的传统，C型领导者很可能会将建立传统视为己任，并会以最快的速度建立起一套基本的惯例、规则和仪式：在公司工作20年以上的员工都能获得一块金表；每当有新员工加入时，要举行午餐会以示欢迎；每年一度的舞会等。C型领导者所做的一切只有一个目的：使组织内部保持稳定。

稳定是任何一家公司或组织都必须经历的发展阶段，然而，在经过一段时间之后，几乎所有的组织或公司都会呈现出一种过分稳定的趋势，进而成为帕金森定律"方式支配结果"的牺牲品。这条定律告诉我们，在任何组织中，操作成本的提高并不一定带来产量的增加，也就是说，组织中的官僚主义将会日趋严重。通常来说，旧组织的官僚主义往往比新组织更加显著，这种投入与产出的非正比关系似乎只是时间作用的结果。现在，我们知道了，C型领导者大都致力于维持组织的稳定性，因此他们往往更容易成为帕金森定律的牺牲品。

为了使生产过程保持稳定，C 型领导者很可能会制定大量且烦琐的规则，按照常规性的方式管理企业和员工，而不是重新设计或改革组织流程。

然而，与 C 型领导者这一观点相矛盾的是，唯一能确保生产统一性的方法恰恰是采用多样化的管理模式。相同的管理模式并不意味着能取得相同的结果，因为组织，特别是企业，环境无时无刻不在变化，供应商在发生变化，劳动力市场在发生变化，就连客户也在发生变化。在生产过程中，唯一持续不变的，就是环境始终在变化。因此，为了获得相同的生产结果，领导者不得不随时变革管理和操作流程，而这正是 C 型领导者不愿看到的事情。当然，假如 C 型领导者能够时刻提防帕金森定律的破坏，或者，能牢记另一条他们更愿意接受的法则的提醒，即墨菲法则"任何可能出错的事情最终难免都会出错"，以及"所有的事情都消耗了过多的成本并推延了太长的时间"，C 型领导者就会懂得在适当的时候做出必要的改变。墨菲法则甚至建议 C 型领导者能够适当地调节自己与生俱来的传统主义，并适当培养自身的灵活应变能力。

在这方面，D 型领导者是他们学习的最佳对象。

作为传统主义者，C 型领导者往往都有一种抵制变化的倾向，所以他们时刻都在约束自己的行为，以确保不会做出任何过分的举动，也不会停滞不前，正如当初 C 型领导者在制定规则、制度和标准操作流程时所真诚期望的那样。如果 C 型领导者真的这样做了，他们就会不由自主地成为组织健康成长道路上的障碍，而 C 型领导者这种"善意或不当"的行为会令自己和他人的努力付之东流。

C 型领导者的下属必须兢兢业业地工作，因为他们自己就是如此。一项预算之所以能被采纳，是因为它包含在之前的财务预算当中。相对于收益成本，C 型领导者关注更多的是操作成本。因此，C 型领导者应当定期检验操作成果，消除那些无益于收益的多余流程。如果 C 型领导者能够用一种仔细而审慎的态度来对待目标和成果，就像他们时刻关注规则和流程一样，他们一定能够出色地完成自己的领导职能。

14.1.2 赞赏能力：拥有推己及人的赞赏方式

既然对于任何一名领导者而言，对下属的贡献表示欣赏是一种强有力的领导方式，那么，C 型领导者又该如何表示赞许之意呢？如果说，优秀的员工都明白"响鼓不用重锤敲"的道理，那么，C 型领导者又该如何给出恰如其分的一击呢？他们如何让自己的下属，包括上司知道，自己已经注意到了他们的工作，并且意识到了他们的贡献？

每当这时，性格特征便会展露无遗，而C型领导者的特点就是必须服务他人，满足他人的需要，履行自己的保护职责。C型领导者似乎从童年时代就感受到了这些义务和职责，并且始终认为"我们必须通过为他人付出这种方式，来赢取自己享受的一切以及生活的每一天"。C型领导者总认为，社会、组织、家庭有恩于自己，作为回报，他们必须马不停蹄地工作。此外，C型领导者往往会用自己渴望证实自身价值的需要来要求他人。如此一来，在C型领导者眼中，唯有那些最恪尽职守的员工才值得赏识。

C型领导者一向严于律己：必须以辛勤付出换得属于自己的一切，包括他人对自己的赞赏。以己度人，作为领导者，在C型领导者的眼中，唯有那些最勤勉努力、尽忠职守的下属才值得赞赏，而凡是没有达到这一标准的员工将被视为不勤奋者。C型领导者认为，名不副实的荣誉，将荣誉授予那些不该享有该荣誉的人，只会有损士气。因此，在C型领导者赞赏词典中：只有冠军才能赢得最多的奖赏，而亚军和季军也可以获得少许荣耀，至于其他人，由于他们不够勤勉，所以什么也得不到。

C型领导者这种推己及人的赞赏方式，在一定程度上可以打破管理者"做老好人"的领导模式，因为不加区分地滥用赞赏，不仅会使努力的员工心灰意冷，还会助长组织中"干好干坏一个样"的不良风气，但是这种领导风格也有其局限性。

作为管理者，传统的C型领导者最好能够审视一下这种"领导艺术"，即只有那些真正得到嘉奖的人才能得到自己的欣赏，况且这种出类拔萃的员工往往也是凤毛麟角。用过高的道德和工作标准去要求大多数人，会导致两种严重后果：无人可用；没有得到表扬的员工会产生逆反心理，他们会用怠工、偷懒和推延来抗议。这样大量的工作就会落在几个"企业劳模"身上。C型领导者没有意识到这种情况，反而认为他们的用人方式是正确的，"看吧，没说错吧，那些员工果然不努力"，C型领导者便会继续表扬那几个勤勉员工。这样便导致了恶性循环，得到表扬的总是那几个人，工作最繁重的还是他们。日积月累，整个团队的工作效率和成绩越来越糟糕，C型领导者就会将责任归结到那些"不勤劳"的员工身上。最终，那些被不断赞扬的勤奋的员工会产生不公平的感觉，或者学习那些不勤劳的员工，或者提出辞职；那些没有得到欣赏的不勤勉的员工，或者继续怠工，或者选择离开。直到这时，C型领导者才会意识到问题的严重性。

14.1.3 后勤部署能力：确保信息通畅，能高效地上传下达

无论做什么，C型领导者总是井然有序，所以他们希望下属也能和自己一样井井有条；此外，他们还坚决主张守时和依照计划行事。当C型领导者能为自己的工作制订计划并坚定不移地执行时，通常是他们最开心的时刻。C型领导者喜欢让事情保持一种清楚明了的状态：任何事情一旦发生应当迅速解决；在尘埃落定之前，他们很可能坐立不安，直到有关材料、人员、事件和日程都安排妥当，他们才会稍感放松。

C型领导者会竭尽全力确保信息流通渠道的通畅，从而使各种信息能顺利、高效地上传下达，保证组织内各级别的员工都能及时获得所需信息。C型领导者拥有调查和记忆大量工作细节的才能，并且能将这些细节信息直接应用到实际工作中。C型领导者能成为员工信赖的上司，在C型领导者上司眼中，他们又是工作异常勤奋的下属。

C型领导者始终信奉按劳取酬的理念，无论是作为他们的上司还是下属，都可以依靠他们来了解、遵守、执行各项规章制度。同时，员工也很清楚，C型领导者会一视同仁地对待所有人。

C型领导者能有条不紊地举行各项会议；在与同事相处的过程中，又显得谦恭有礼、端庄文雅，直到双方成为熟识的朋友。在处理各项事务时，他们始终保持仔细周全的工作作风；面对组织规则和雇主，他们一如既往地忠心耿耿，从不忽视任何细节问题。

14.2 领导力短板：C型领导者的管理盲区

14.2.1 过分关注事情

在讨论事情的时候，C型领导者往往希望同事能快速切入正题，接着做出

决定，然后开始讨论下一个议题。他们希望听到的是充分的事实证据，而不是抽象的理论。虽然在面对数据时，C型领导者总是显得从容不迫，但是假如他们面对的是人，尤其是那些比自己轻佻、不负责任和不可靠的人，C型领导者这种泰然自若的神情会立刻消失得无影无踪。尤其面对的是各个方面都与自己截然相反的S型人，C型领导者会显得茫然不知所措。

C型领导者会尝试以一种清晰明确的态度与同事进行交流，但一经发现对方违反了公认的程序和规则，他们会立刻给予警示。然而，C型领导者的警示往往是一种公开性告诫，而不是私下里善意的提醒，而且有的时候，措辞中还会夹杂着一些不必要的严厉批评。对C型领导者而言，评判他人的缺点远比评价他们的优点更容易。在C型领导者看来，个人的实力是一种显而易见和意料之中的品质，因此根本无须妄加评论。C型领导者通常很吝啬自己的赞赏之词，除非他们确信对方完全值得自己赏识。与此同时，接受他人的赞赏对C型领导者而言，同样是一件困难的事情。C型领导者的管理风格是：与其对员工的才能与成就表示欣赏，倒不如直接给予他们荣誉、奖品、称号和物质奖励，以及他们向往的职务。因为，对C型领导者而言，这种方式更容易做到。

要想让自己的能力得到最大限度的施展，C型领导者必须有意识地训练自己，使自己能够注意到人们所取得的细小成就，并且毫不吝啬地奖赏那些获得成就的人，因为他们毕竟取得了成就，哪怕这些成就与自己的期望不同。C型领导者需要锻炼双眼的发现力，发现在他们眼中"不勤勉，效率最低"的员工所做出的细微贡献，无论这些贡献多么微弱，都要给予赞赏。

14.2.2 过于苛刻

C型领导者乐于履行自己的职责并因此受到他人的尊重；同时，那些放弃自己职责，并且无视操作标准的人，会令他们感到不齿和恼怒。C型领导者实在难以理解，为何有人会对自己的职责、工作计划，还有分内的责任，毫不知情，或漠不关心。对C型领导者而言，最后期限相当重要，如果有人忘记了这些重要日期和时间，他们会一反常态变得很不耐烦。

有时，这些让C型领导者难以容忍的事情，会使他们变得吹毛求疵，因为一些细小的过失而大声地警告同事，会让共事者感到恼羞成怒。C型领导者永远只关注那些最顺从、最恭敬的员工；同时，总是忽略那些时常质疑权威的人所做出的贡献。因为他们就是这样的人，在 C 型领导者的意识中，谦恭和顺从权威，是非常重要的品质。C 型领导者的这种管理风格，常常会令同事心生不满。此外，C 型领导者时不时显露出来的倦态和忧虑的神情也会令同事感到厌恶。

当工作因为某些无法预测的复杂因素而延误时，C 型领导者可能会表现得极不耐烦。在做决定的时候，他们往往一味求快，经常会忽视许多需要处理的新情况、新问题、好想法。此外，C 型领导者在做事情时还常常带有成见：有的人很勤奋；有的人则无视规则，不守规矩。而且，C 型领导者还认为应当将自己的这种观点告知当事人。从这种立场出发，他们的人际关系自然不容乐观，对 C 型领导者而言，剑拔弩张的局面是家常便饭，而造成这种紧张局面的恰恰是他们惯于批评和指责他人的本性。

在过于疲劳或感到气馁时，C 型领导者又会流露出悲观的本性，只关注他人性格中消极的一面，而忽视了积极的一面。

如果 C 型领导者不能有意识地改变自己，克服自己性格和领导风格上的盲点，他们很有可能会在人际交往中屡屡犯错，而人际交往能力又是他们性格中的短板。C 型领导者会在毫无意识的情况下，将他们原本"这是一种不好的行为"这种观点，逐渐演变成"这是一个无药可救的人"这种固化信念。所以，C 型领导者的团队中最好搭配一名 I 型领导者，充当他们人际交往中的催化剂：引导他们关注个人发展，同时保持良好的上下级关系。

总之，如果一个组织或公司的领导团队中没有 C 型领导者，那么，许多重要的细节问题都将被忽略：设备的利用率可能会降低，组织内对各部门资源和人员分配的管理可能会出现混乱，具有深远影响的重大决定可能由不恰当的人做出。没有 C 型领导者的有效调控，各种人力和物力资源的浪费必然会增加。总之，没有 C 型领导者这种"安定剂"式的传统管理者，组织会像少了一根定海神针：规则和制度的缺失，秩序和惯例的混乱，仪式感和庄严感的紊乱。组织可能始终处在变动不断、动荡不安中。

C 型领导者所从事的工作能够起到稳定和巩固组织的作用。他们以任务为导向，果断而坚决，而妥善安置工作能够给 C 型领导者带来莫大的满足感。对于组织的价值，他们有一种严肃而实际的认识，并会竭尽所能维护这些价值。C 型领导者深知规则、秩序和传统的重要性，并且始终对它们心存敬意。他们坚忍、有耐心，工作时稳重踏实且注重实际，时刻关注着工作耗时、节约成本等具体问题。C 型领导者谨慎细致、内敛谦逊，很少会犯实质性错误，而且吃苦耐劳、信守承诺，是值得信赖的领导者。在采取行动前，他们往往首先权衡行动会产生何种效果，同时会试图了解行动的实际成效。C 型领导者信奉"三思而后行"的格言，并且会依据自己的尝试来做决定。

14.3 变劣势为优势：6 种领导力提升方略

14.3.1 领导风格和行为

C 型领导者的任务就是设定清晰的目标，监督、督导和鼓舞他人更高质量地完成任务。

C 型领导者的另一项任务就是通过调查、审议和规划，创建一个有效的团队，促使所有系统配合良好，然后提供后勤支持，使大家为了一个共同的使命而努力奋斗（见表 14-1）。

表14-1　C型领导者优劣势比较

领导优势	领导劣势
使用实例进行引导	对刺激易起反应
努力追求质量	过于挑剔
追求完美	受到批评时开始自我辩护
有组织、有秩序	意识不到自己的愤怒
稳定、安全	过于关注细节
感觉敏锐	爱控制
诚实	固执己见
爱分析	割裂

续表

领导优势	领导劣势
具有洞察力	冷淡
客观	过于独立
有条理	有保留
充分规划	对人际关系不够重视
紧要关头有卓越表现	不愿意和他人分享信息
坚持、坚忍	顽固
老练	对他人挑剔

14.3.2 领导力提升方式

1. 把"有效"而不是"正确"作为衡量标准

每次在对别人产生强烈不满、在坚持己见，或者在相信某种特定做法才是正确的时候，C 型领导者要学会尝试询问自己一个问题："正确或者有效，我更倾向于哪一个？"

2. 把工作更多地委托给别人

C 型领导者应该记住下面几个原则：把整个任务委托给别人，而不只是其中的一个部分；主动和对方讨论一下任务的目标、时间规划、交付条件以及实施过程；定期察看工作效果；积极地评价可以带给别人鼓励。

3. 让工作充满更多乐趣

C 型领导者应该让工作少一些紧张，多一点快乐。比如，把最喜欢的照片放在桌子上；把好喝的茶和点心与大家分享；显示自己的幽默，让他人感受到自己轻松的一面；传阅一些有趣的文章，包括少许的"心灵鸡汤"。

4. 专注于团队的相互依赖关系

帮助团队改善彼此之间工作的衔接，加强协作关系，而不是将精力放在如何发挥个体才干和自主权方面。这方面，要向 D 型领导者学习。

5. 更多地关注人际策略

了解到哪些人将要参与任务后，试着以有效的方式影响他们，而不是对这些社会关系采取忽略、视而不见或者不够关注的态度。这方面，要向I型领导者学习。

6.停止过度分析和战略制定，赶快行动

想并不等于做，分析不等于实际，战略也不等于行动。况且C型领导者并不具有制定战略的天赋，他们制定的战略往往具有理想化的烙印，可行性不高。要记住："我们宁可在行动中犯错误，不断改进，或者在不太确定如何操作的情况下寻求专家意见，也要快速转到行动的轨道上去。"这方面，要向D型领导者和S型领导者（制定切实可行的战略）学习。